手作创意双肩包

Big Shiny
Backpacks

吴珮琳　张芫珍　著

中国轻工业出版社

作者序

ABOUT DISIGNER

后背包是很方便的包款，不管要把多少东西带出门，只要塞进去，帅气地往后一背，轻轻松松，还能空出双手做事，所以一向是全家大小都爱用的包款。至于设计上的不易之处是，要比一般包包多考虑背法的平衡，和如何背得有型不落俗套。而在顾及包型的大小与平衡之际，更尝试融入多种背法，让后背包也能有肩背、斜背或手提的功能，展现更丰富的层次感。

能完成这一群后背包宝宝真的很有成就感，很开心能有这个机会，与好友 Kanmie（凯咪）合著了这本书，合作的过程互相学习、彼此分享、鼓励，非常难得，我很开心也很珍惜。也感谢促成这本书诞生的各位！把这本书献给热爱手作的朋友，希望在大家享受手作生活的同时，这本书也能参与其中，做点贡献。而有大家的支持，我们也会更加加油、更进步，不断分享手作乐趣！谢谢大家！

/胖 咪

不管是小旅行还是爬山、逛街、散散步等，不同的场合，可以根据需求背着专属后背包。从草图到挑选布料，打版制作，一直到完成作品，整个包的制作过程充满惊喜与乐趣，脑海里无时无刻都在想着有关包包的制作。当作品完成时，是喜悦的，是幸福的。

喜欢自己正在做的事，做自己喜欢做的事。不知不觉手作已经融入我生活的一部分，不可或缺，谢谢家人的支持与体谅。为家人，为朋友亲手制作一个包，是幸福的，是快乐的。同一个包款，尝试着不同的配色与布料，也能创造出独特的风格。希望此书可以带给读者不同的手作灵感与收获。

/Kanmie

手作创意双肩包

胖咪手作

Kanmie 手作

手作创意双肩包

多点巧思，
一种包款可以有不同的风格，
女孩背清新，男孩背有型，
走！我们一同出游去！

香草集
折盖包

优雅的包款及背带造型绝对不会撞包喔！

✼ 完成尺寸：
宽30cm×高30cm×厚16cm

【裁布表】 数字尺寸已含缝份；纸型未含缝份，需另加缝份。缝份：未注明=1cm。

部位名称	尺寸	数量	烫衬	备注
表袋身				
前袋身	依纸型 A（要画出弧形口袋轮廓，并依口袋轮廓画出缝份）	1	轻挺衬	袋口缝份不烫衬
表后袋身	依纸型 A（不用画出弧形口袋）	1	轻挺衬	
表袋盖	依纸型 A1	2	轻挺衬	缝份不烫衬
造型口袋	依纸型 B	表 2	轻挺衬	缝份不烫衬
		里 2	轻挺衬	缝份不烫衬
口袋	① ↔ 22cm × ↕ 40cm	1	轻挺衬	
袋底	依纸型 D	1		X 皮革免烫
里袋身				
前、后袋身	依纸型 A（不用画出弧形口袋）	2	轻挺衬	
里袋盖	依纸型 A1	2	轻挺衬	缝份不烫衬
口袋	① ↔ 22cm × ↕ 40cm	2	薄衬	
水壶袋布	② ↔ 30cm × ↕ 38cm	1	轻挺衬	缝份不烫衬
袢扣布	依纸型 C	4	硬衬	缝份不烫衬
袋底	依纸型 D	1	厚衬	

【其他材料】

★ 2cm皮条：110cm×2条。
★ 20cm长皮扣×1组。
★ 宽2cm棉织带：15cm×3条。
★ 2cm日形环×2个、2cm口形环×2个、内径3.8cm圆形环×1个。
★ 磁扣×1组。
★ 铆钉×数组。
★ 皮尾束夹×4个。

※ 由于皮条较厚，所以日形环要挑同尺寸里较大的较好用哦（请看配件图2的大小对照）。

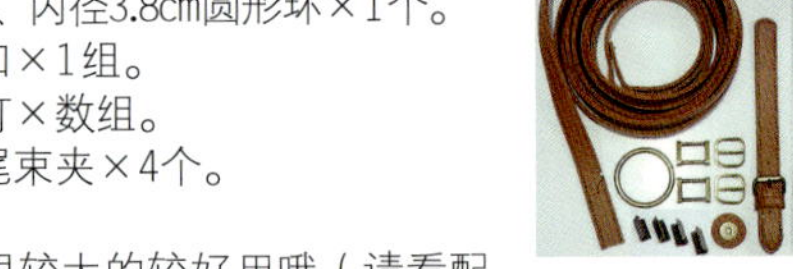

配件图1　　配件图2

【裁布示意图】（单位：cm）

香草集棉麻布（幅宽 110cm×46cm）

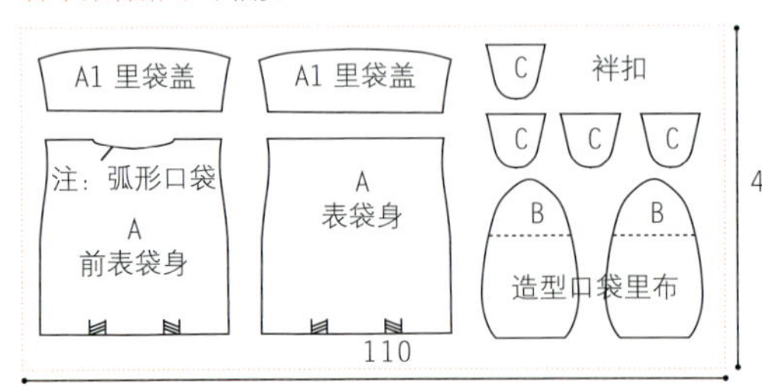

草写文字薄棉布（幅宽 112cm×40cm）

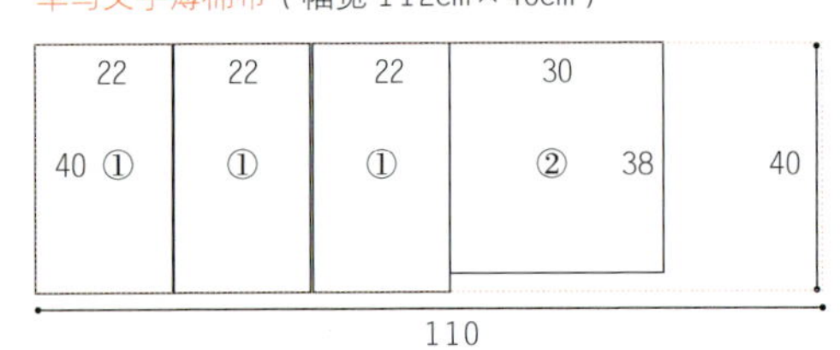

原色棉麻布（幅宽 110cm×26cm）

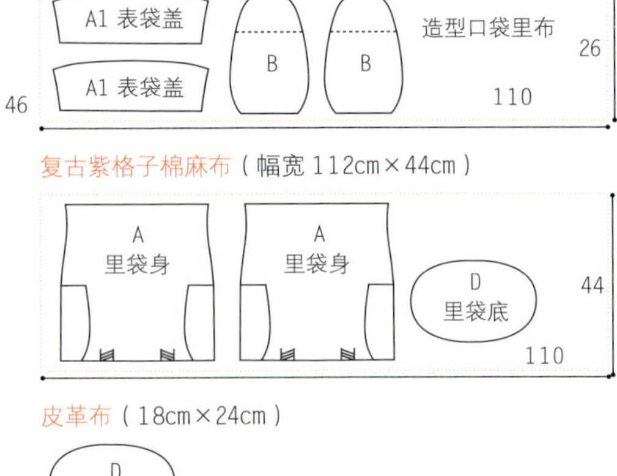

制作表前袋身

❶制作弧形口袋。裁一片口袋布①，置于前袋身中央，并与之正面相对。只需车缝弧形处，车好后剪锯齿状。

❷翻回正面，压线固定（下针时，请车于缝份外一点，有利翻正喔!）。

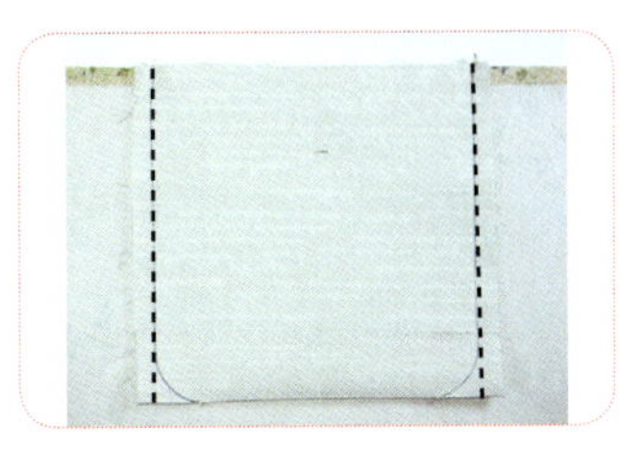

❸口袋布往上折，与袋身布平齐。将两侧口袋布缝合。

❹袋身布与袋盖布A1正面相对车缝。

❺缝份倒向袋盖布，由正面压线固定。袋角用三角形回针车缝，加强耐度。

制作表后袋身

❻15cm织带2条穿入口环后内折5cm，如图平行车于袋身两侧。

❼15cm织带1条穿入圆形环后对折，如图距置中车缝于袋身上缘。

❽同步骤3车合袋身布与袋盖布。并将圆形环织带四周加强车缝固定。

制作造型口袋

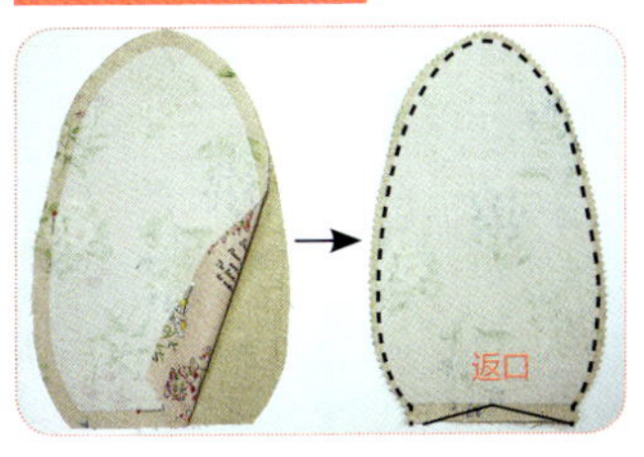

❾将造型口袋B表、里布正面相对，除返口处其余缝合。缝份剪锯齿状，翻回正面压线固定。共完成两个口袋。

❿依袋身纸型先画出两侧口袋的位置，再把两个口袋的各半边，先车于后袋身的左右两侧。袋角用三角回针车固定!

⓫再将其中一侧口袋的另外半边，车于前袋身。

⓬前、后袋身正面相对，缝份车合起来。注意勿车到造型口袋。

⑬缝份烫开，由正面压固定线。口袋下缘则疏缝固定。在此完成了一个口袋的固定。

⑭将另一侧口袋的另外半边也同样车于前袋身，此时可倒着车固定线，会比较顺，接着同步骤12、13完成第二个口袋固定。

组合表袋身

⑮依打折记号，将袋身褶份疏缝起来。

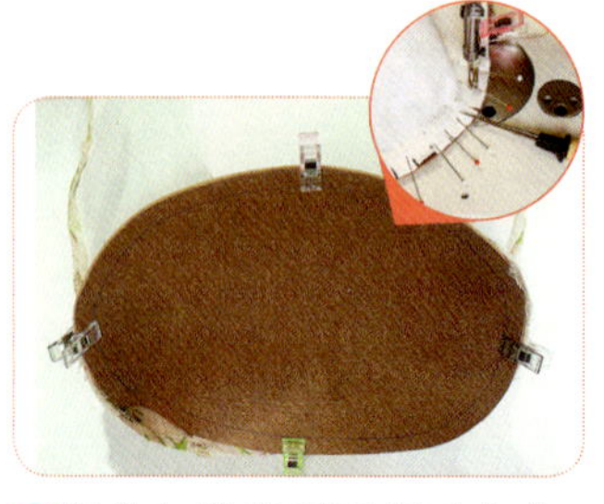

⑯袋身与袋底正面相对车合。车合时袋身立起，并于缝份剪芽口，换上单边压布脚则可顺利车缝。圆弧剪锯齿状后翻正即可。

制作里袋身

⑰袢扣布C4片，两两相对车缝U形，剪锯齿状后，翻正压线并安装磁扣。

⑱袢扣布置中车于袋盖（有磁扣那面与袋盖正面相对）。

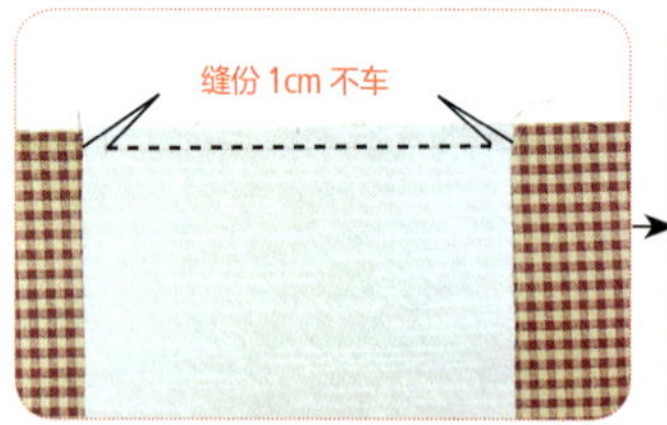

⑲口袋布①与袋身A正面相对对准中心点，避开缝份车缝一道固定，再将缝份内折先用珠针固定。

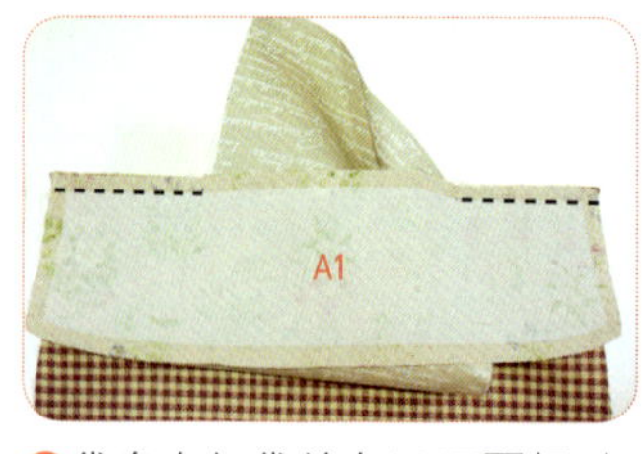

⑳袋身布与袋盖布A1正面相对，避开口袋布位置、车缝两侧。再将口袋布①由洞口拉出。

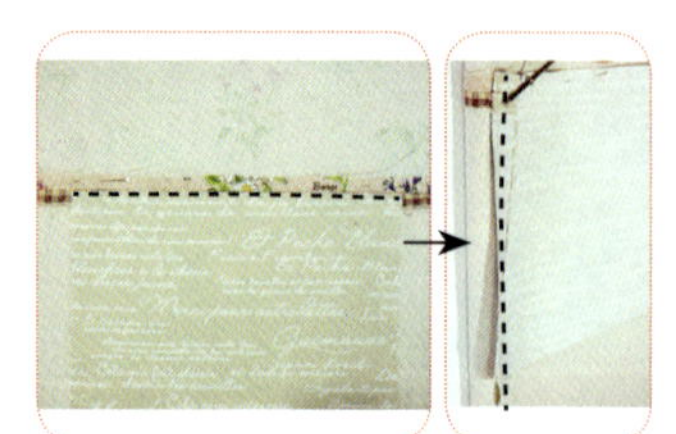

㉑缝份整烫后，避开口袋布两侧缝份，在上缘压线固定。接着将口袋布往上折对齐袋盖缝份。将口袋布两侧缝合。

㉒翻至正面，如图压线固定。同步骤完成两片里袋身。

制作里袋身夹层

㉓水壶袋布②上下对折，车缝下缘缝份。翻正后，在上下车压固定线。

组合里袋身

㉔左右对折后，如图距放好并疏缝起来。

㉕前后袋身正面相对，车缝一侧缝份。

㉖缝份倒向任一边，车压固定线。同法，车好袋身另一侧缝份。并压线固定。

组合表里袋身

㉗组合里袋身与袋底，同15~16步骤，将里袋身折份先疏缝，再和袋底车合。

㉘在表、里袋口，剪几道浅牙口后，将缝份烫折。

㉙里袋身放入表袋身中，袋口对齐。车缝袋口一圈固定后，再车压一圈装饰固定线。袋身完成。

㉚制作背带，110cm皮条穿入日形环再穿入袋身的口形环，再返回穿入日形环，皮条尾用束夹夹压好，再用铆钉固定起来。

㉛皮条另一端，穿入圆环，用束夹夹压好，铆钉固定起来。另一皮条做法相同。

㉜在袋盖中央钉上长皮扣（磁扣公扣）。

㉝相对应位置，缝上磁扣母扣，完成。

哈欠猫
三用包
完成尺寸：
宽32cm × 高32cm × 厚9cm

时尚的黑白设计，
最能成为出门的穿搭单品。
侧背显得成熟，
斜背显得俏皮，
后背显得悠闲，
任何时刻都能完美呈现。

【裁布表】数字尺寸已含缝份；纸型未含缝份，需另加缝份。缝份：未注明=1cm。

部位名称	尺寸	数量	备注
表袋身			
前后袋身	依纸型 A	2	厚衬
拉链袋盖	① ↔ 17cm × ↕ 5cm	1	轻挺衬 ↔ 16cm × ↕ 3cm
拉链口袋	② ↔ 20cm × ↕ 40cm	1	免烫
袋底	依纸型 B	1	
包绳条	③ 3cm × 105cm	1	
里袋身			
前后袋身贴边	依纸型 A1	2	
前后袋身	依纸型 A2	2	
拉链口袋	④ ↔ 23cm × ↕ 50cm	2	
袋底	依纸型 B	1	

【其他材料】

★椭圆形转锁2×4.5cm×1个。
★5V拉链（布宽3cm之拉链）：18cm×2条、15cm×1条。
★宽3cm棉织带：46cm×2条、110cm×2条。
★3cm日形环×2个、3cm口形环×2个、内径3.8cm圆形环× 2个。
★直径0.3cm塑胶条105cm。

【裁布示意图】（单位：cm）

哈欠猫棉麻布（幅宽 110cm×40cm）

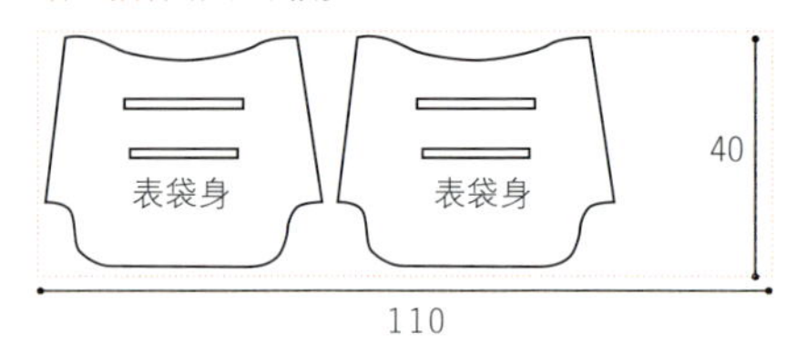

灰色尼龙防水布（幅宽 150cm×55cm）

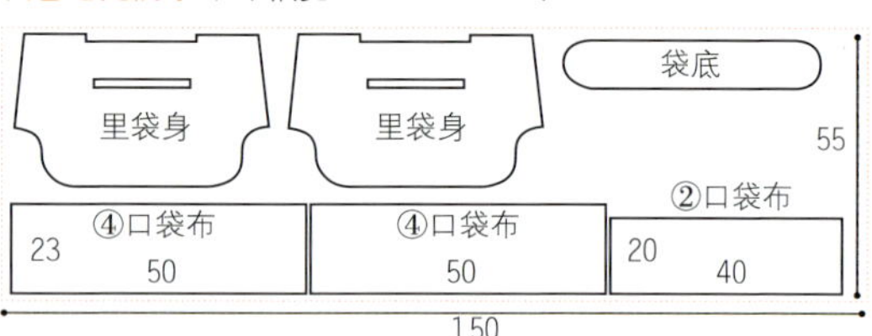

千鸟格棉麻布（幅宽 110cm×13cm）

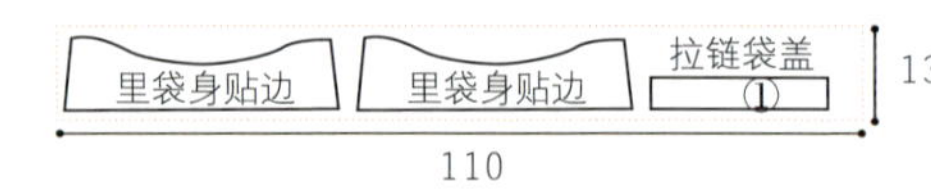

黑色皮布

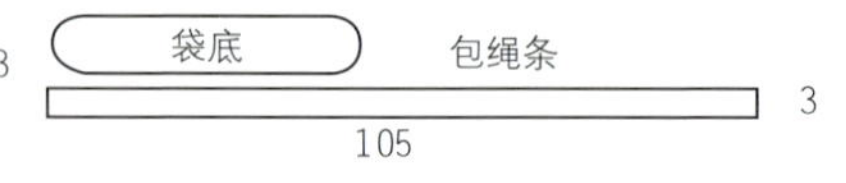

制作有盖一字拉链口袋

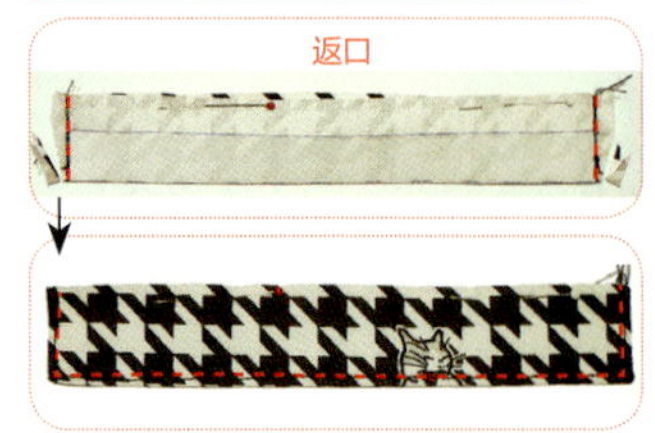

01拉链袋盖布①对折，车缝两侧0.5cm缝份后，将直角处缝份如图修剪掉，由返口翻回，车压固定线。

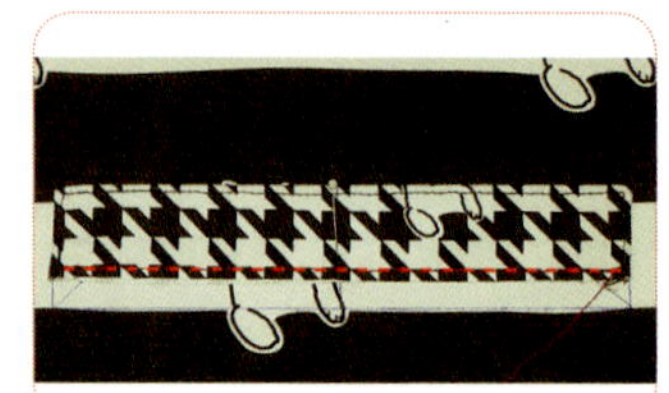

02在后袋身A画上拉链框，拉链袋盖置于拉链框中央（原返口在下），做疏缝固定。

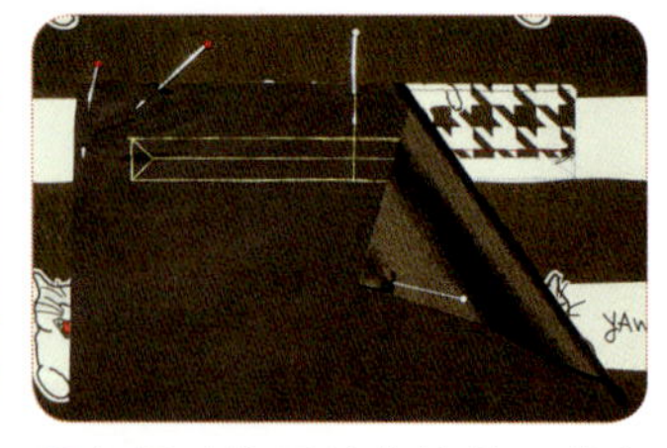

03在相对位置放上拉链口袋布②与袋身正面相对。

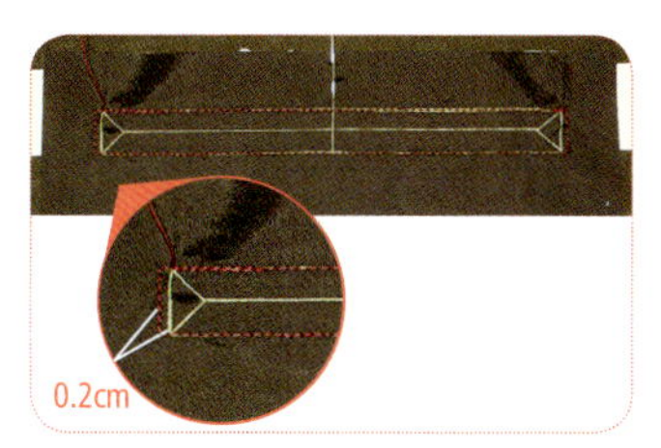

04车缝拉链框。左右要多车出0.2cm，这样袋盖比较容易翻出。

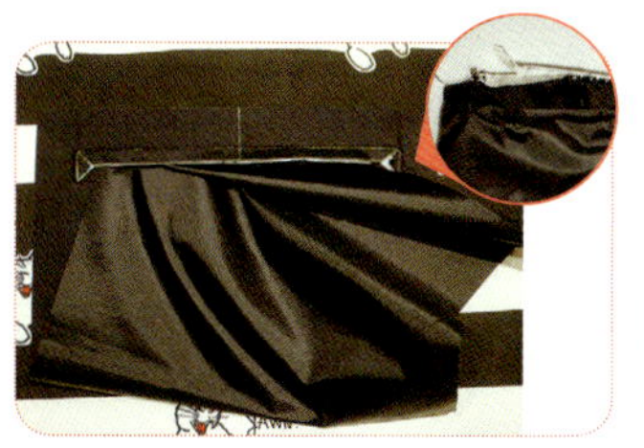

05依线剪出框口。再将整片布翻进框口内。并将袋盖多余的缝份剪剩约0.3cm即可，可使上方拉链框不致过厚。

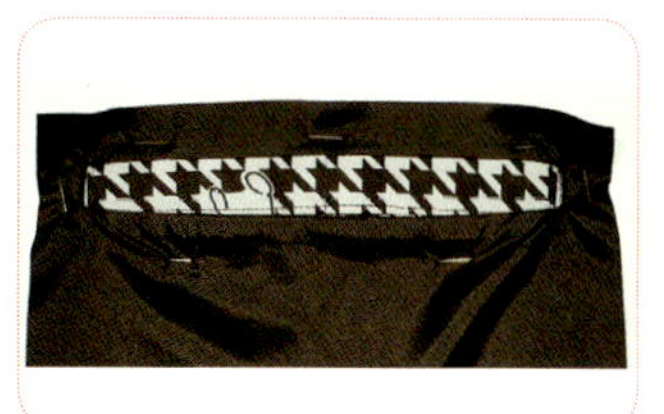

06确实将拉链框边的布整理好。

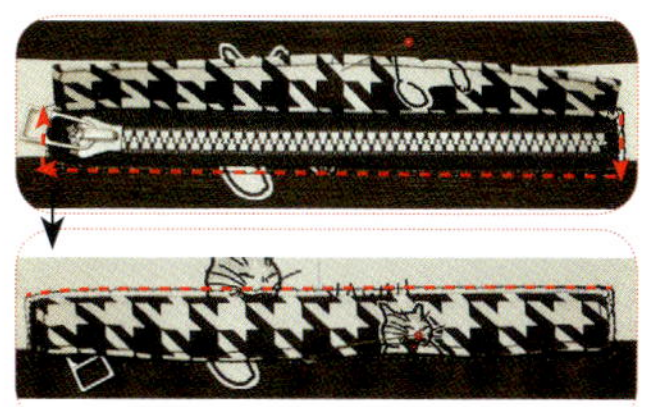

0715cm拉链固定拉链框内，依箭头方向车合。续将袋盖翻下，最后再车压上缘处。

08将口袋布向上折，三边车缝起来。注意：只车口袋布，不要车到袋身。口袋完成。

组合表袋身

09依袋打折记号，车缝褶子，并将前后袋身正面相对，先车缝一侧缝份。

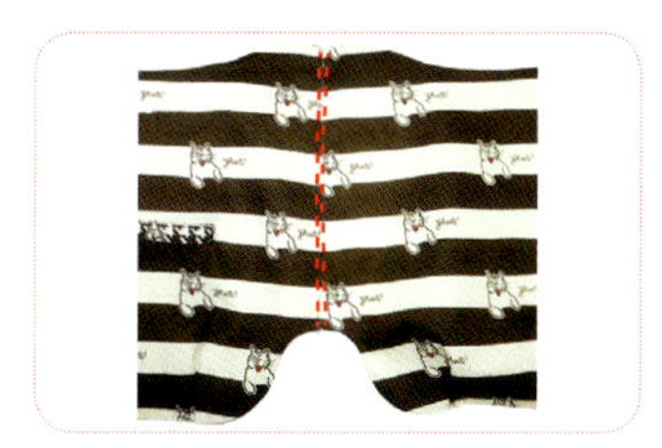

10将缝份倒向后袋身，车压0.5cm固定线。

11另一侧缝份也依相同车法车缝。

1246cm织带穿入圆环后，反折13cm固定。完成两条。

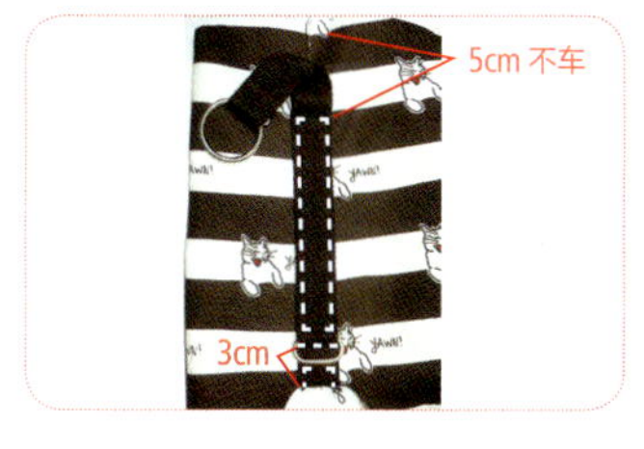

13将织带下端穿入口形环后，依图示距离，将织带车固定于袋身侧边。注意口形环与下端留有3cm距离，较不影响之后的车缝。

14完成袋身两侧边的织带固定。

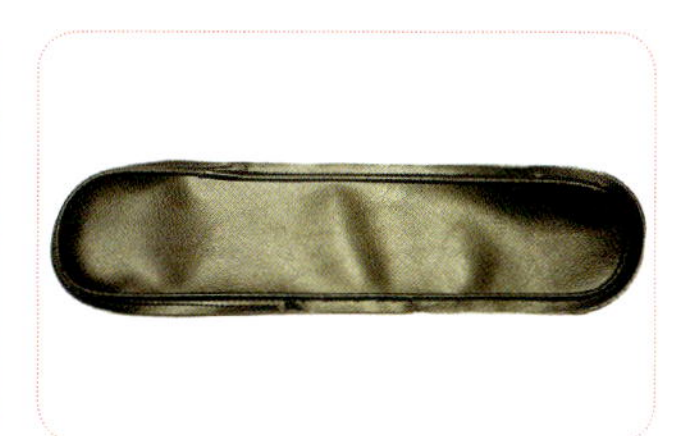

15依156页【皮革包绳】法，运用包绳条③、塑胶绳，将袋底包边一圈。

制作内袋贴边拉链口袋

⑯找出袋底与袋身四周的置中点，正面相对确实夹好，接着用单边压布脚，车缝固定袋身与袋底。

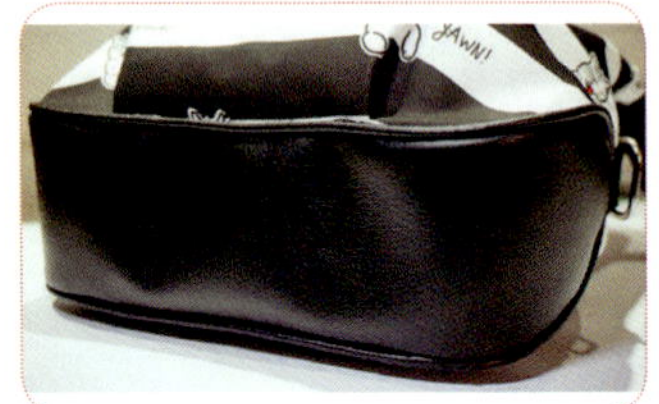

⑰翻回正面，完成。

注：车时请袋底在下，袋身在上，立起来慢慢车，转弯处剪牙口有利制作。

⑱拉链口袋布④与袋身正面相对、置中放好，依纸型画上口袋框。

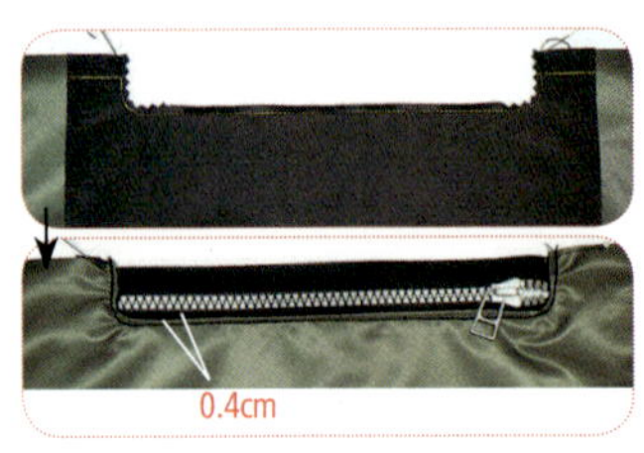

⑲依框线车缝好，再将圆角处的缝份剪成锯齿状。将口袋布翻到背面后，放上18cm拉链，车缝固定。

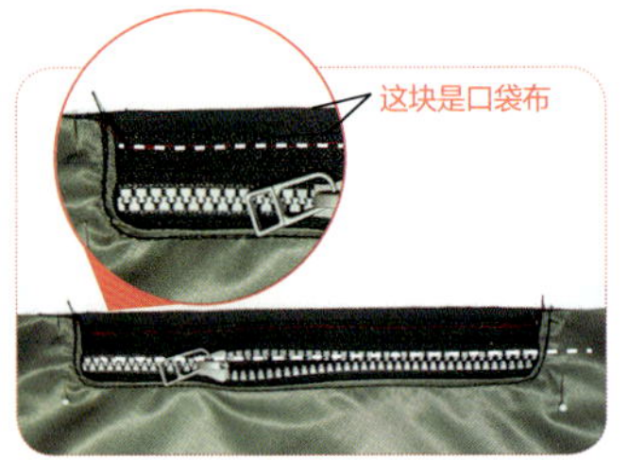

⑳背面口袋向上翻折，与袋身缝份边缘对齐，再将口袋布与拉链车缝起来。

㉑将口袋布两侧车缝起来。注意：只车口袋布，不要车到袋身。

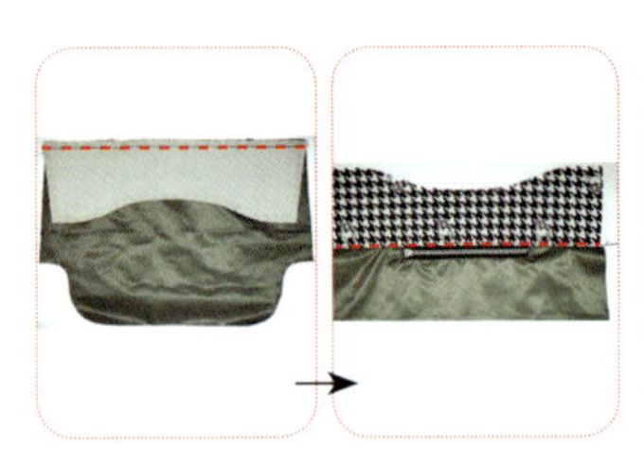

㉒袋身贴边、与袋身正面相对车缝。缝份倒向贴边，车压0.5cm固定线。

㉓同方法，完成前、后袋身。

㉔依袋身打折记号，将前、后袋身折份疏缝固定。

组合里袋身

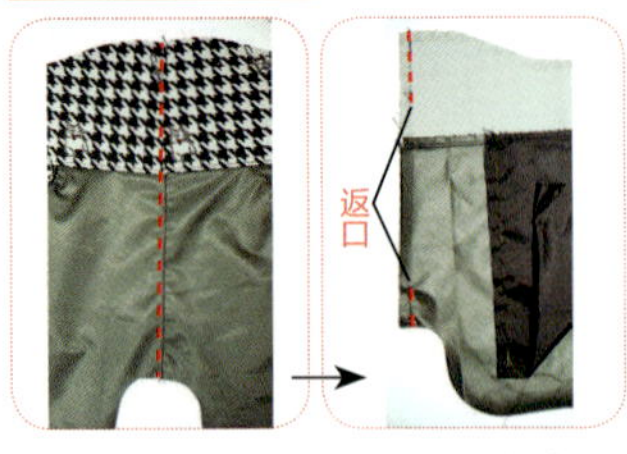

㉕前后袋身正面相对，先车缝一侧缝份。缝份倒向任一边后，车压0.5cm固定线。另侧则是留下返口，其余做车缝。

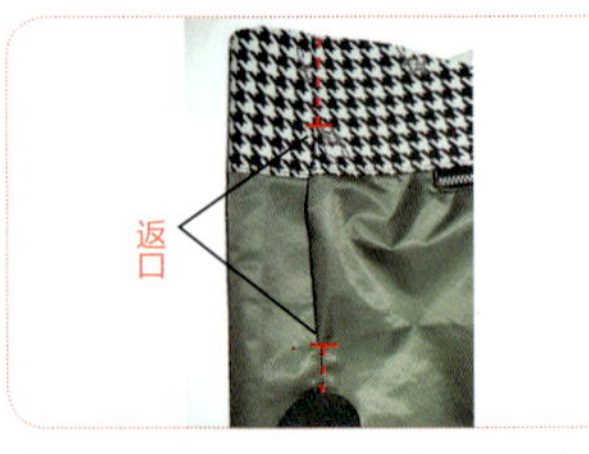

㉖将缝份倒向任一边后，除了返口，其余车压0.5cm固定线。

㉗组合袋身与袋底，同步骤16将袋身与袋底剪牙口做接合。

组合表里袋身

㉘在前袋身贴边A1，依纸型指定位置安装公转锁。里袋身完成。

㉙将表袋身正对正套入里袋身。要特别注意前后袋身的位置，转锁方向才会对。

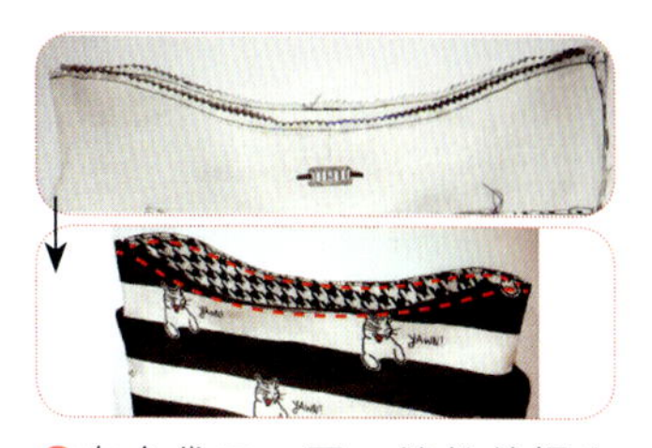

㉚车合袋口一圈。缝份剪锯齿状。再由里袋身返口翻正。沿袋口车压一圈固定线。再缝合返口。

㉛利用拆线器将转锁框的内圈记号的布片裁掉后，锁上转锁框。

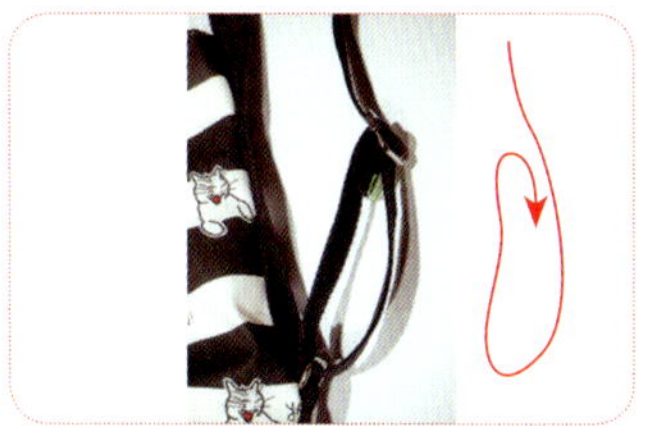

㉜110cm织带穿入日形环后，再穿入袋身的口形环。再返回穿入日形环，车缝固定好织带尾。

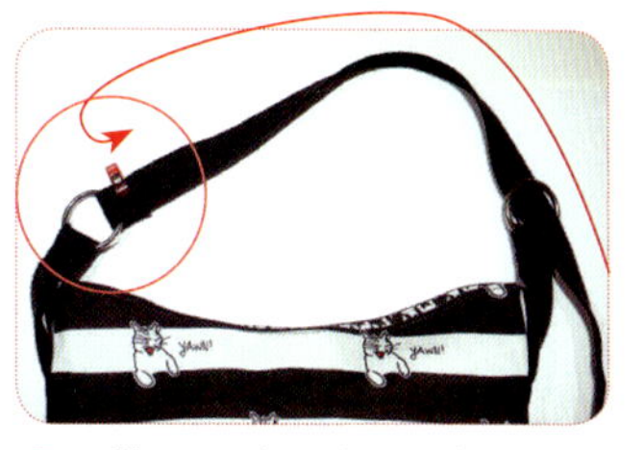

㉝织带另一端，穿过2个圆形环后，车缝固定起来。

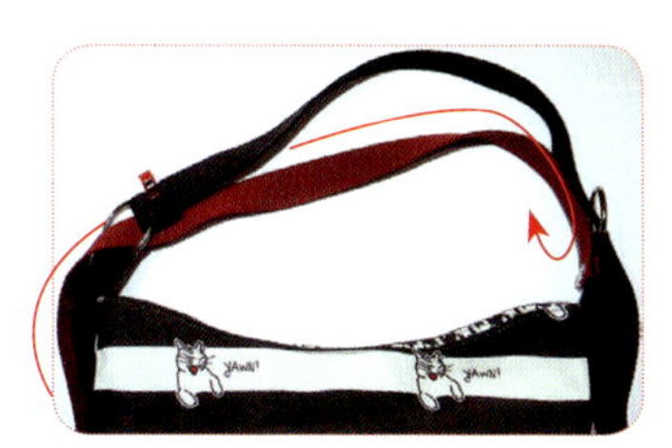

㉞另一条110cm织带（以红色做示范），同步骤32穿入日形环、口形环、车缝固定好织带尾。织带另一端穿过同侧的圆形环，最后在另一侧的圆形环的下方车缝固定（不用穿过圆环）。

㉟完成。

Darjeeling

午茶时光休闲包

不同的背法，包型的正面会转向！
经过巧手的设计，背带不只是背带！

✻ 完成尺寸：
宽20cm × 高31cm × 厚20cm

侧背时，
口袋正好在方便拿取的位置，
不只是造型
还是贴心思考的设计！

【裁布表】数字尺寸已含缝份；纸型未含缝份，需另加缝份。缝份：未注明=1cm。

部位名称	尺寸	数量	备注
表袋身			
主袋身表布	①↔66cm×↕33cm	1	
造型拉链口袋	表：纸型A	2	请注意左、右裁布方向
	里：纸型A	2	请注意左、右裁布方向
	拉链挡布②↔4cm×↕4cm	4	
内袋	③↔15cm×↕30cm	2	
袋盖	表：纸型B	2	
	里：纸型B	2	
拉链口布	表：④↔28cm×↕4cm	2	
	里：④↔28cm×↕4cm	2	
	拉链挡布②↔4cm×↕4cm	2	
袋底	纸型C	1	
织带饰布	⑥4.5cm×110cm	2	
里袋身			
主袋身	①↔66cm×↕33cm	1	
口袋	⑤↔20cm×↕40cm	2	
袋底	纸型C	1	

【其他材料】

★5V拉链：双拉头40cm×2条、35cm×1条。
3cm织带：10cm织带×2条、110cm×2条。
★皮扣×2组、皮标×1个。
★3cm三角D形环×2个、日形环×2个、
背带钩×2个、口形环×1个、背带皮片×1片。
★铆钉×数组。

【裁布示意图】（单位：cm）

午茶时光图案布（幅宽110cm×35cm）

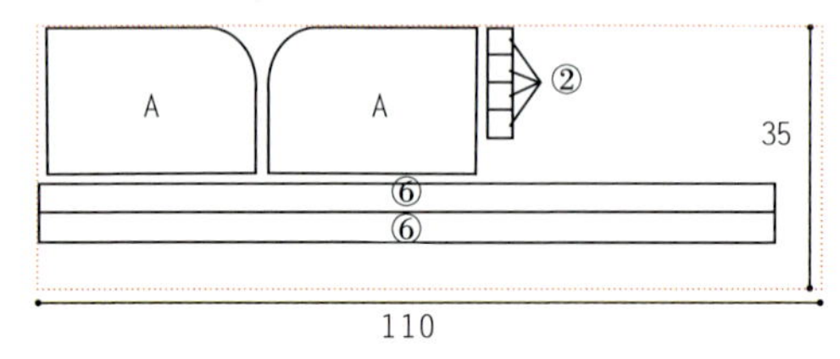

格子布（幅宽110cm×35cm）

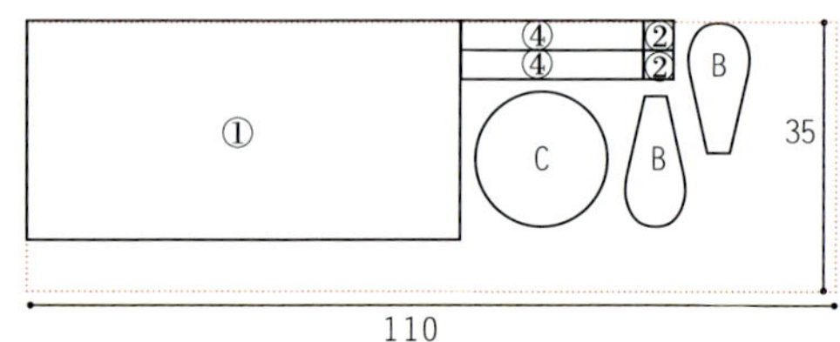

咖啡纹饰布（幅宽70cm×40cm）

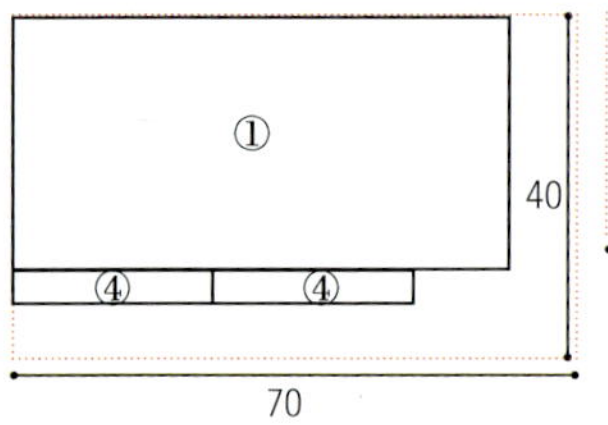

仿麂皮布（幅宽50cm×30cm）

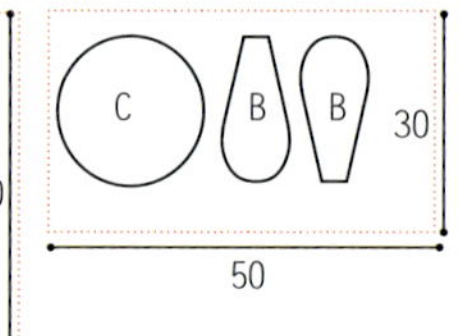

焦糖色布（幅宽50cm×30cm）

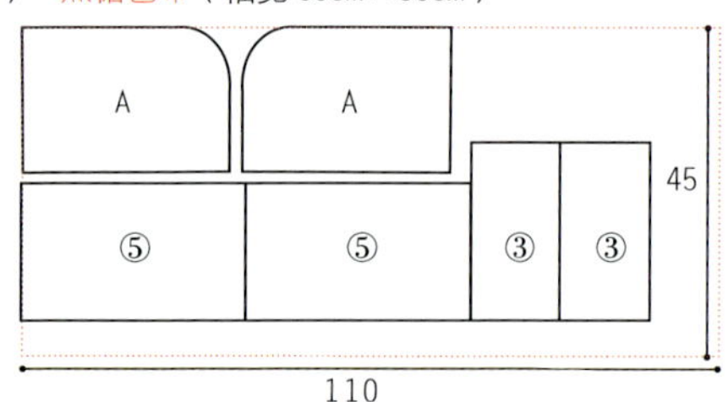

制作造型拉链口袋

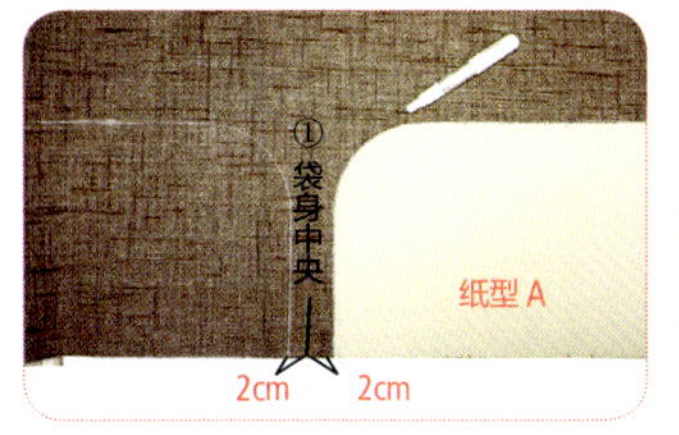

01在主袋身表布①，依图距摆好纸型A画出拉链对齐线。需注意左、右纸型的摆法。

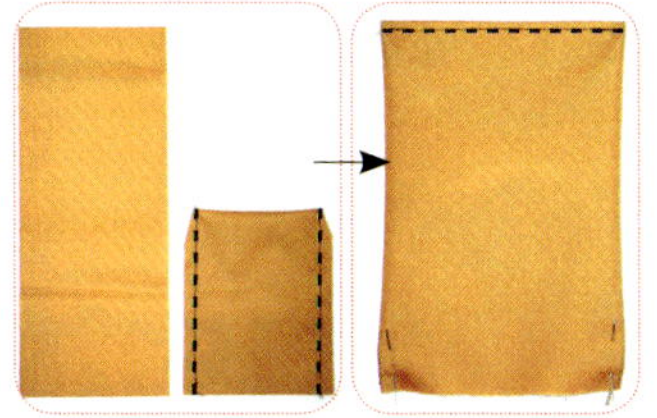

02将内袋口袋布③对折车合两侧，并修剪直角缝份后，翻回正面，在上缘压一道固定线。

03将内口袋布分别车于主袋身的框线内，可依喜好车分隔线，完成两个内口袋。

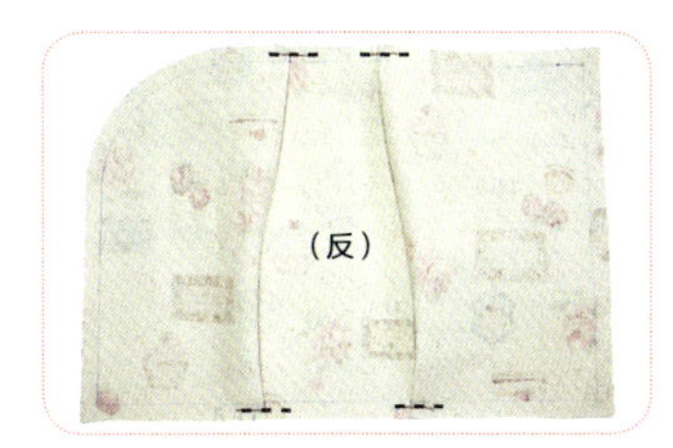

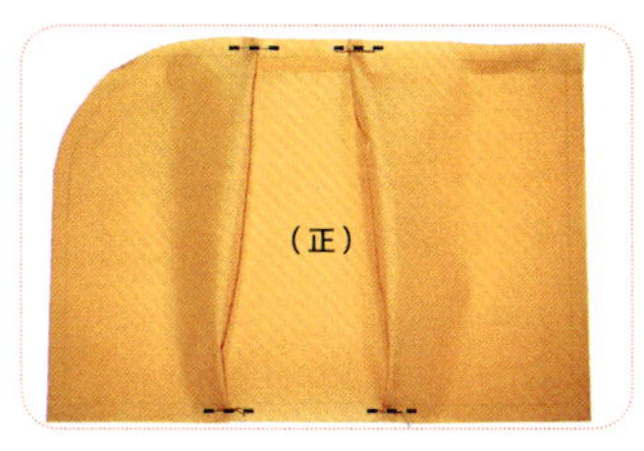

04取拉链口袋表、里布，依纸型上记号车好折线。请在表布之背面画折合记号、里布之正面画折合记号，则可使折出的方向一致。

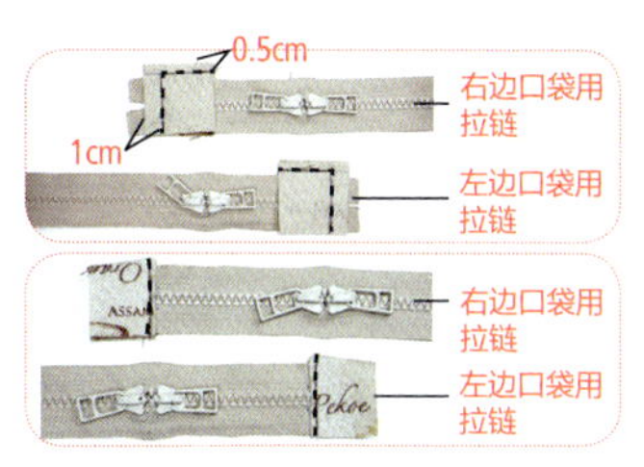

05备双头拉链，取一头车上拉链挡布，如图。上方缝份只需车0.5cm。修剪直角缝份后，翻正，压线。

06取左边口袋与拉链正面相对，拉链挡布对齐下方。拉链尾端如图折起，侧边则与布距离0.5cm，先做疏缝。

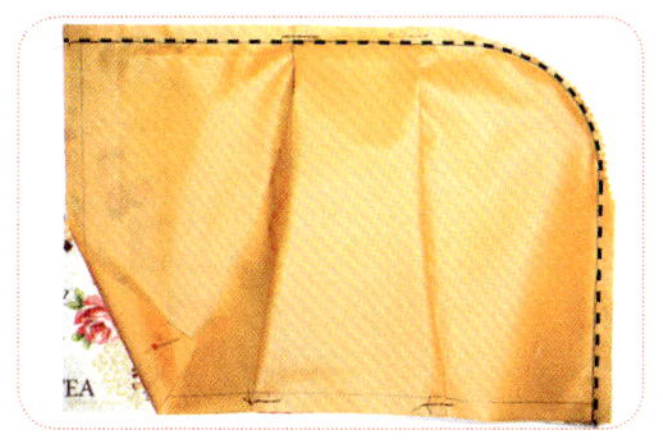

07将拉链表里布正面相对夹车拉链。圆弧处需剪锯齿状，再翻回正面，压线。

08续将拉链另一侧去对齐与主袋身布的对齐线，圆弧处可用珠针固定。图示中出现微小波浪属正常，不用剪芽口。

09依自己顺手方向，车缝固定拉链。拉链的尾端记得要折入。口袋布尾端车缝固定，其余两侧则先疏缝。

10接着也用同法，完成右边造型拉链口袋。

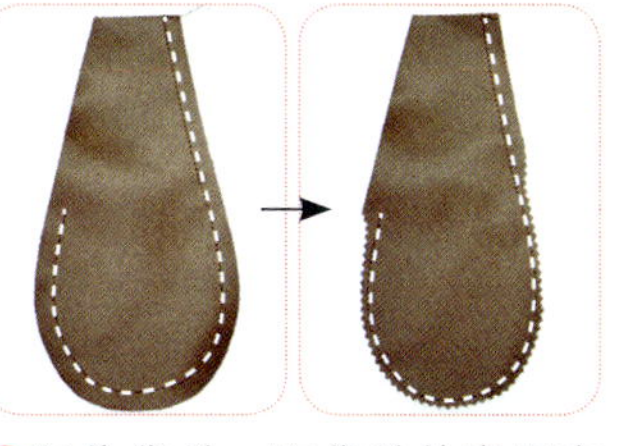

11制作袋盖，取袋盖的表里布正面相对车缝，一侧需留一返口，将圆弧处剪锯齿状。

⑫由返口翻回正面，将返口缝份折入。由正面再压缝一圈。

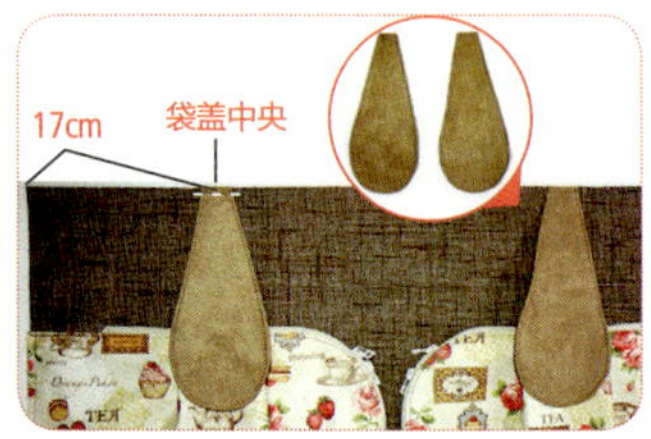

⑬共完成两个袋盖后，并车于主袋身上方。

⑭10cm织带套入三角D形环后折入3cm，分别车于袋身两侧（口袋打折处的旁边）。

⑮接着将袋身正面相对折后，单侧车合。再将缝份刮开，并压线。

⑯抓出袋身与袋底四周中心点对齐，于袋身剪牙口，立起来车合。

⑰车完后，缝份剪锯齿状，再翻回正面。

⑱取④及40cm拉链，依157页【拉链口布制作法】做出拉链口布。

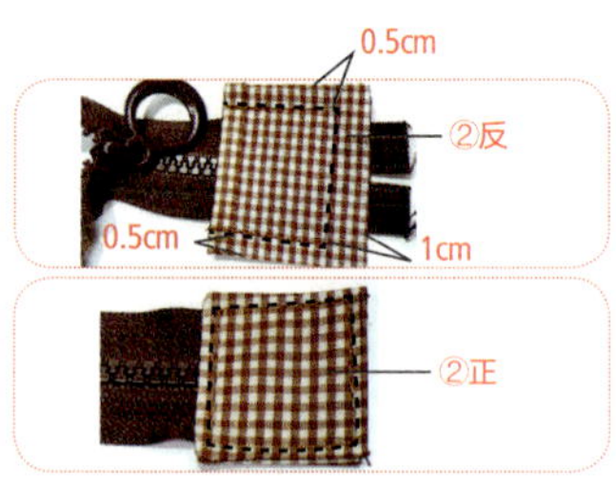

⑲尾端则利用拉链挡布②夹车。上、下方缝份只需车0.5cm。修剪缝份后再翻正、四边压线。

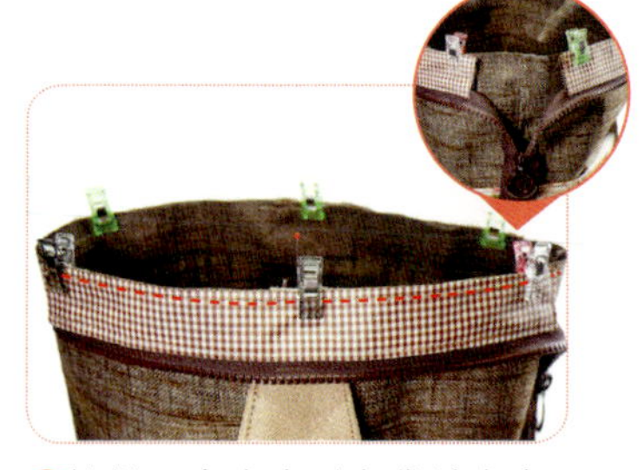

⑳拉链口布中央对齐袋盖中央，与袋身正面相对疏缝固定。需注意，拉链尾端是置于后袋身（也就是袋身接合处）。

㉑制作织袋，将织带饰布⑥缝份折入后，车于110cm织带上。

㉒将织带头车于前袋身中央。

制作里袋身

㉓里袋布可依自己喜好先车好口袋（图为建议距离）。

㉔续将里袋身正面相对折、单侧边车合，并预留大返口。

㉕组合里袋身与袋底，车合后将缝份剪小。

组合表里袋身

㉖将表袋身套入里袋身中，正面相对，袋口对齐车合一圈。再由里袋身返口翻回正面后，再缝合返口。

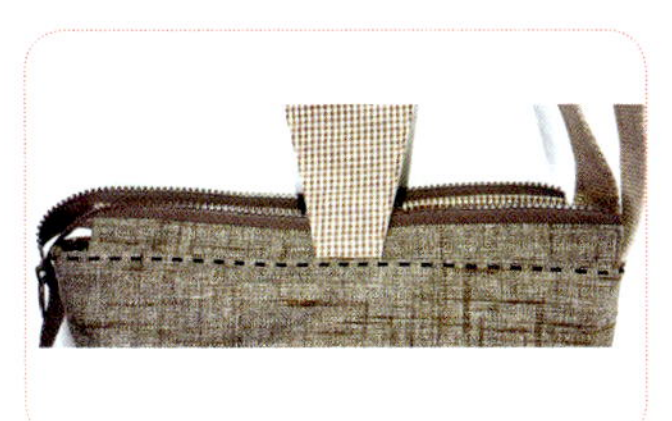

㉗避开袋盖与织带，将袋口压线一圈。

㉘拉链尾端先用珠针固定于里袋身（要试拉看看拉链顺不顺）；再于表后袋身寻找适合处车合拉链尾端固定（最好可于原有缝线上重叠车，较为美观）。

㉙于后袋身安装皮片与口形环。

㉚前袋身织带用铆钉加强固定。手缝上皮标。

㉛将织带重叠、一起穿过后袋身的口形环后，2条织带再分别穿入日形环、套入背带钩、再返回穿入日形环，固定。

㉜背带钩钩住D形环。

㉝于袋盖缝上皮扣公扣。再将袋身拉平后，正确找出皮扣母扣位置，缝上即完成。

法式风情双口金包

完成尺寸：
宽29cm × 高27cm × 厚14cm

一个人的悠游，
找寻路上随时的惊喜、
或是悸动的浪漫……
立体的法式风情双口金包，
前后左右皆能收藏，
大大小小冒险的收获。

【裁布表】数字尺寸已含缝份；纸型未含缝份，需另加缝份。缝份：未注明=1cm。

部位名称	尺寸	数量	烫衬	备注
表袋身				
前、后袋身	依纸型 A	2	厚衬	袋口缝份不烫衬
小口金包	表：依纸型 B	2	厚衬	袋口缝份不烫衬
	里：依纸型 B	2	薄衬	
侧袋身	① ↔ 14cm × ↕ 77.5cm	1	厚衬	袋口缝份不烫衬
侧身口袋	② ↔ 14cm × ↕ 32cm	2	轻挺衬	缝份不烫衬
口金拉链布	③ ↔ 35cm × ↕ 4cm	4	厚衬	
前袋盖	表：依纸型 C	1	硬衬	
	里：依纸型 C	1	轻挺衬	缝份不烫衬
后拉链袋盖	表：依纸型 D	1	硬衬	
	里：依纸型 D	1	轻挺衬	
拉链口袋	④ ↔ 20cm × ↕ 40cm	1	薄衬	
里袋身				
前、后袋身	依纸型 A	2		
侧袋身	① ↔ 14cm × ↕ 77.5cm	1	轻挺衬，中央再贴一层 ↔ 12cm × ↕ 20cm 硬衬	袋口缝份不烫衬
口袋布	④ ↔ 20cm × ↕ 40cm	2	薄衬	

【其他材料】

★ 20cm×7cm微Π字形支架口金×1组、15cm×7cm半圆支架口金×1组。
★ 3V拉链：35cm×1条、30cm×1条、15cm×2条。
★ 2cm织带：10cm×4条。
★ 2cm皮条250 cm×1条、皮尾束夹×2个。
★ 2cmD形环×4个、日形环×2个、3cm口形环×2个。
★ 皮扣×1组、拉链皮挡片×2组。
★ 蕾丝片×2片。
★ 四合扣×1组。
★ 铆钉×数组。

【裁布示意图】（单位：cm）

法式风情布（幅宽 110cm×50cm）

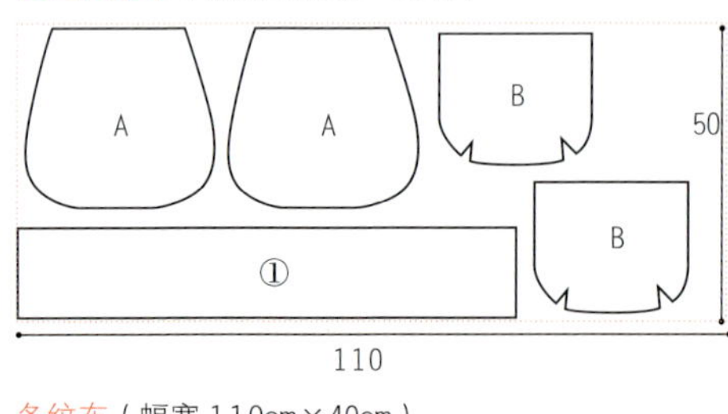

英文草写布（幅宽 110cm×80cm）

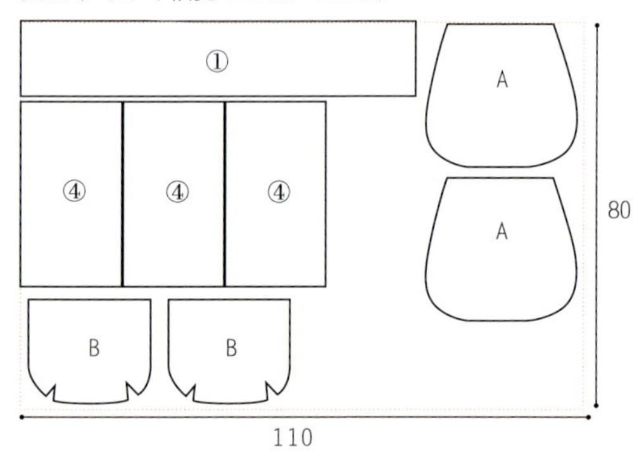

条纹布（幅宽 110cm×40cm）

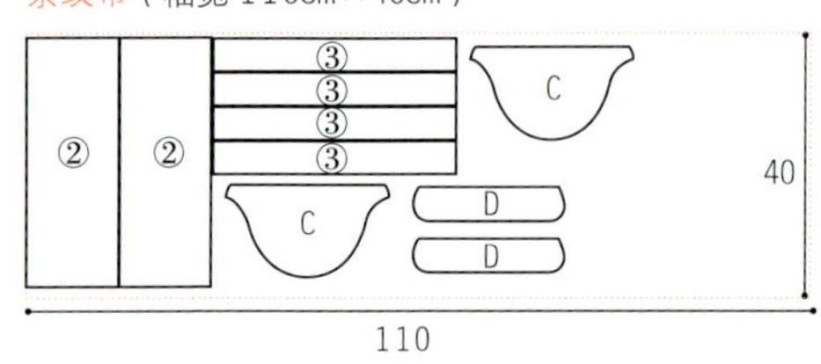

制作表前袋身

01取袋身前片A小口金B表布各一片，正面相对，依纸型B所画之U形车合A与B。

02将A袋身的表布先折叠起来，用夹子固定，再将小口金包表、里布B共4片之底角折份车好。

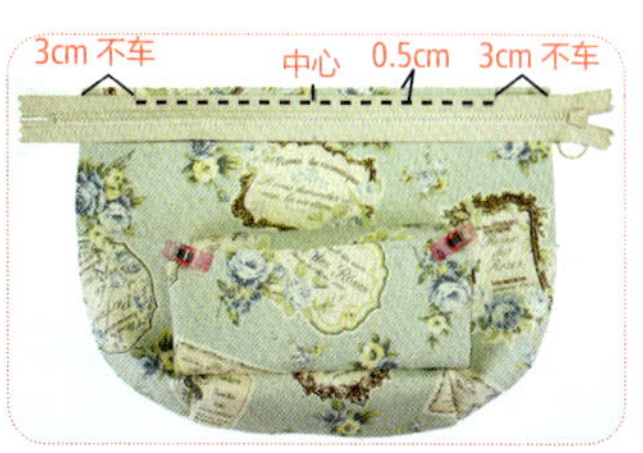

0330cm拉链与小口金B表布正面相对，头尾两端留3cm不车，其余疏缝起来。

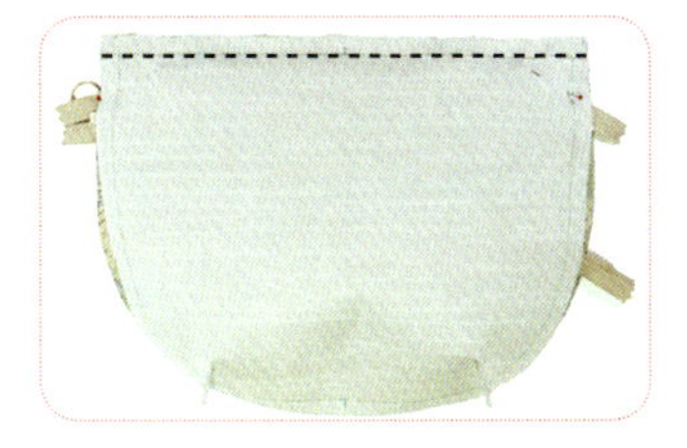

04再盖上B里布，正面相对夹车拉链。提醒勿车缝到预留的头尾3cm处，可先往下拨好用珠针固定。

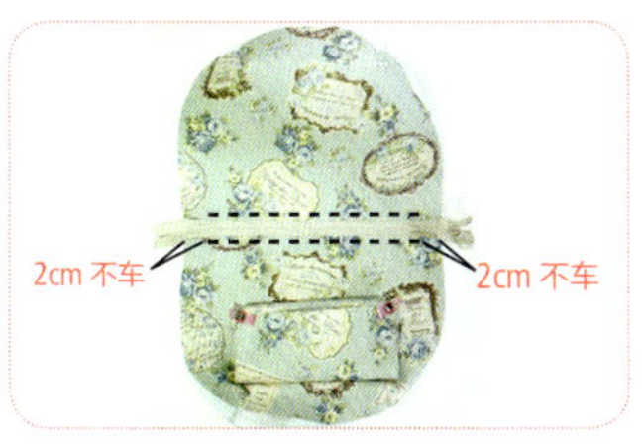

05翻回正面、压线，头尾留2cm不车。取剩下的B表里布，以相同做法车缝另一侧拉链。

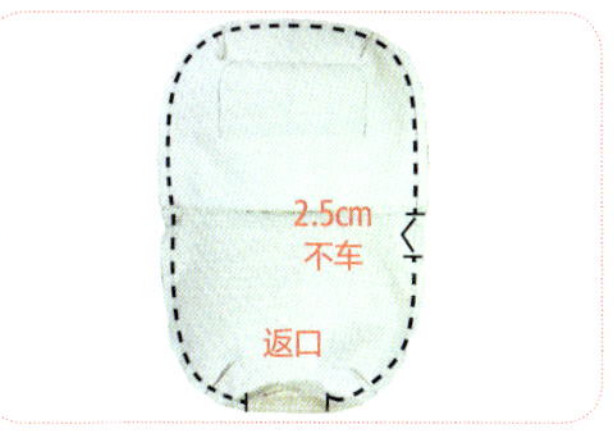

06接着将表布对表布；里布对里布，车缝一圈，里袋身一侧上方需留2.5cm不车、袋底则预留返口，其余车合。

注1：表里布交接处之缝份倒向表布。
注2：底角折份要交错车缝勿重叠。

07袋身圆弧处修剪缝份后、翻正。两侧缝份顺好后，再将步骤5未压线的地方车压完成。并将里袋返口车合。

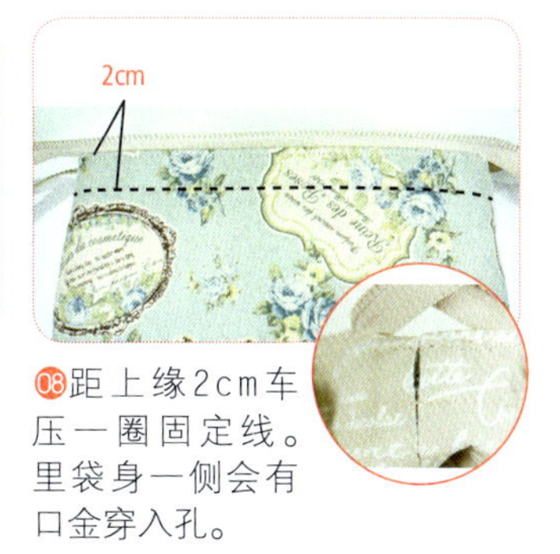

08距上缘2cm车压一圈固定线。里袋身一侧会有口金穿入孔。

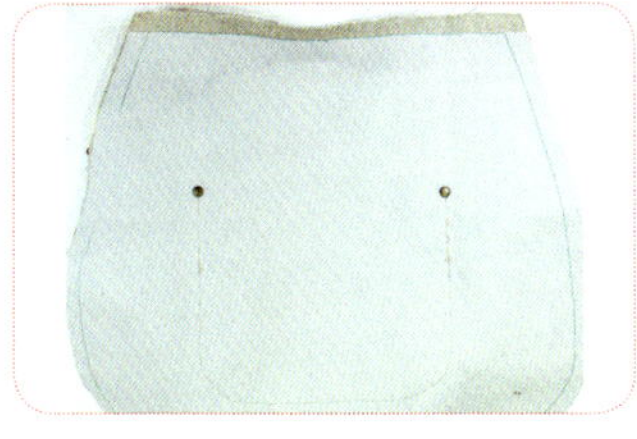

09将步骤2的A袋身放开，在U形车线上端钉上铆钉，固定A袋身与小口金包后袋身一共三片布，以加强固定。

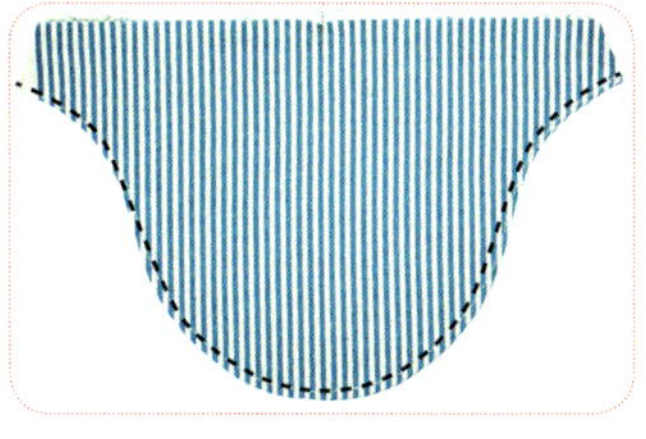

10制作前袋盖，依纸型C裁的表、里布正面相对，车合有弧度处，修剪缝份后翻回正面，压线。

11将袋盖与步骤9的A袋身做车合。并将小口金包多余的拉链剪掉，缝上皮挡片，完成前片袋身。

制作后袋身

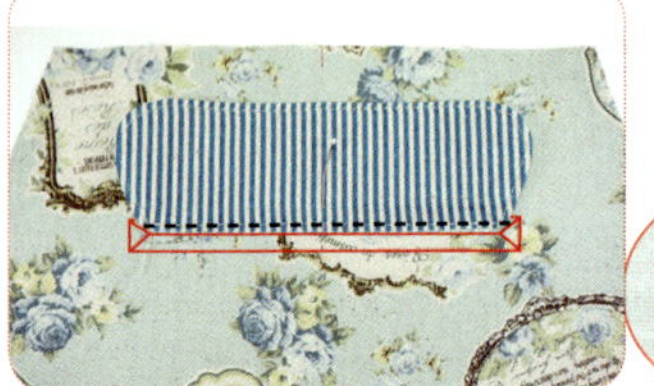

⑫后袋身A先找出15cm的拉链口袋位置将拉链框画好。后拉链袋盖D的表、里布同步骤10车合后，对齐拉链框中央疏缝固定。如图。

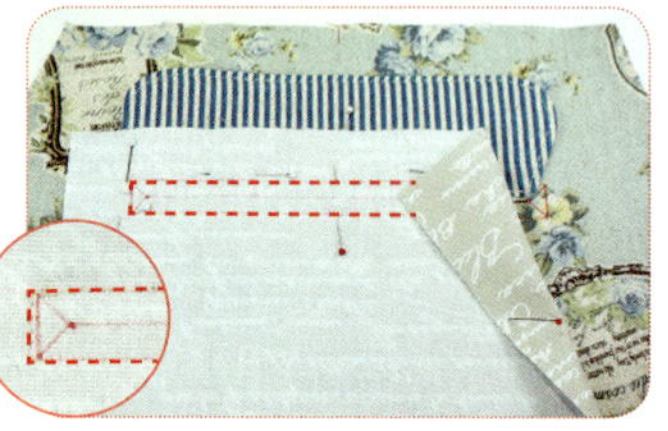

⑬裁拉链口袋布④与后袋身正面相对，依拉链位置车缝拉链框。需注意：拉链框左右两侧要多车出一点，方便之后袋盖翻出。

⑭接着依照157页【一字拉链口袋做法】制作口袋。车缝时，可先将袋盖向上翻夹好，再如图之顺序车缝。

⑮钉上四合扣。要注意勿钉到口袋布。10cm织带4条穿入D形环，对折车好、再如图车于表后袋身即完成。

组合表袋身侧袋身口金拉链

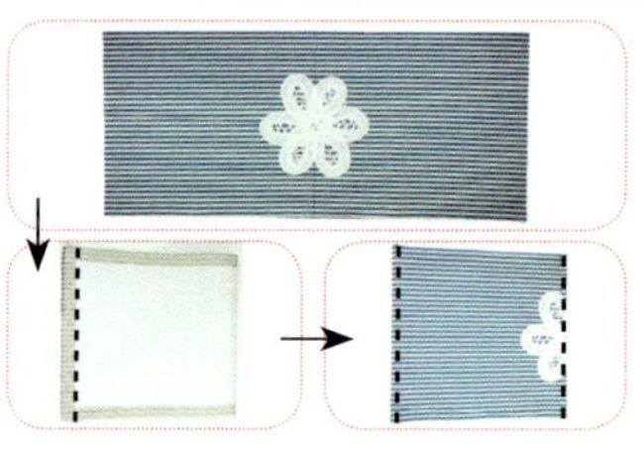

⑯裁侧袋身口袋布②，中间车上蕾丝片装饰。正面相对、对折车合后，翻回正面，压线固定。共完成两组。

⑰将两组口袋布②车缝固定于侧袋身片①上。再与步骤15的后袋身A车合。圆弧处可剪牙口，有利车合。

⑱将缝份倒向侧袋身，再由正面压线固定。

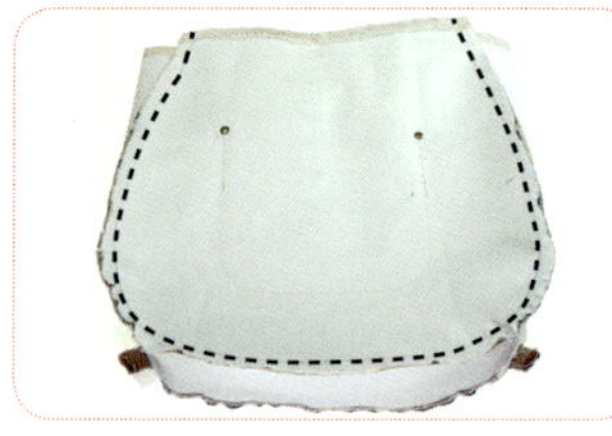

⑲取步骤11的前袋身A再与侧身袋片①正面相对车合。续同步骤18，车压缝份固定线之后，翻正袋身。

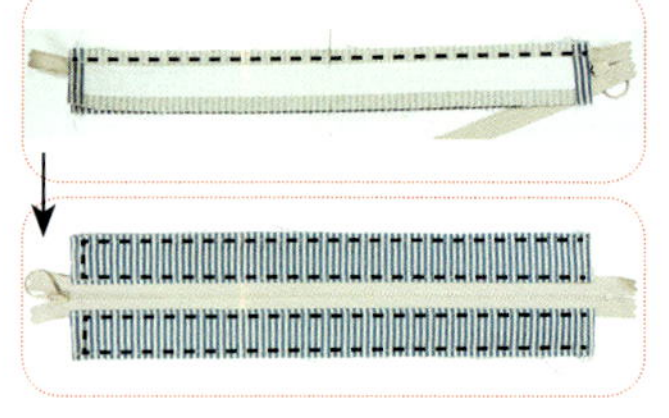

⑳4片口金拉链布③的两侧端缝份往内折叠，并车缝起来，接着表、里布夹车35cm拉链。再翻正车压匚字形固定线。

制作里袋身

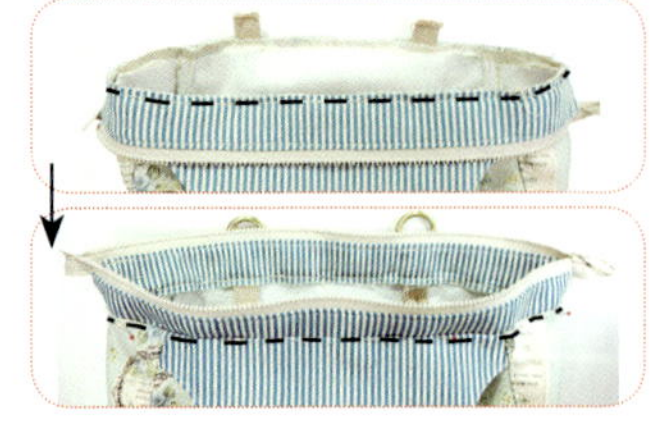

㉑将拉链拉开与表袋身正面相对，疏缝一圈。再将缝份内折后，车合一圈。

㉒依纸型A裁下两片里袋片，可用15cm拉链与口袋布④制作出一字拉链口袋，另片则可做有盖口袋。

㉓组合里袋，同步骤17将里袋身与侧身袋片①车合，并将上线缝份折入，车缝一圈。

组合表里袋身

㉔组合表里袋，将里袋套入表袋。对齐后车合一圈。

㉕于拉链头尾缝皮挡片，于穿入孔插入20cm的微ㄇ字形支架口金。

㉖袋盖与小口金袋身分别缝上皮扣组。之后于内袋身穿入孔插入15cm半圆支架口金。

㉗安装皮背带，皮带如图穿入D形环，取出中央22cm的长度。

㉘两侧皮条上翻、钉上铆钉固定。

㉙下方皮条分别穿入日形环、穿入D形环、再返回穿入日形环后，固定起来。

㉚双口金包完成。

熊爱你 轻便妈妈包

✻ 完成尺寸：
宽30cm × 高27cm × 厚14cm

外表可爱吸引目光，
内装分层多元容量大，
妈妈们绝对少不了这个包！

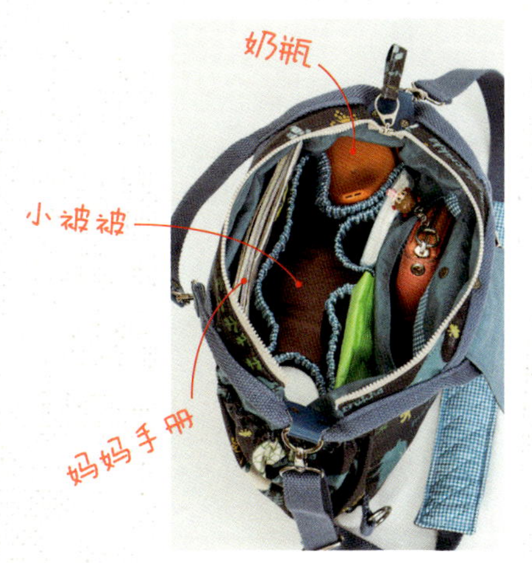

【裁布表】数字尺寸已含缝份；纸型未含缝份，需另加缝份。缝份：未注明=1cm。

部位名称	尺寸	数量	备注
表袋身			
前、后身	纸型 A	2	
前口袋	①↔15cm×↕30cm	1	
滚边	②↔28cm×↕4cm	1	
网布	③↔28cm×↕18cm	1	
前拉链口袋	④↔28cm×↕24cm	表 1	
	⑤↔28cm×↕22cm	里 1	
后口袋	⑥↔28cm×↕20cm	表 1	
		里 1	
侧身	纸型 B	2	
侧身口袋	纸型 C	表 2	
		里 2	
袋底	纸型 D	1	
袋盖	纸型 E	表 1	
	纸型 E：上缘不加缝份	里 1	

部位名称	尺寸	数量	备注
表袋身			
拉链口布	⑦↔30cm×↕5.5cm	表 2	
		里 2	
里袋身			
前身+后身+侧身	ABAB 纸型依序横向排例画好，外加缝份裁剪下来。	1	
拉链口袋	⑧↔20cm×↕40cm	2	
滚边	⑨↔110cm×↕6cm（直纹布可）	1	
网布	⑩↔110cm×↕18cm	1	
袋底	纸型 D	1	
减压带	⑪↔30cm×↕7cm	表 4	
	⑪↔30cm×↕7cm	背 2	
	⑫↔28cm×↕5cm	铺棉 2	

【其他材料】

★ 3V拉链：15cm×2条、20cm×1条、30cm×1条。
★ 2.5cm织带：45cm×1条、10cm织带×2条、19cm×2条、110cm×2条。
★ 3cm织带：45cm×2条。
★ 1cm人字带：20cm×1条、1.3cm背带钩×3个、1.3cmD形环×2个。
★ 1.5cm×5cm小皮片×5片。
★ 松紧带：约150cm不裁开。
★ 内径3.5cm活动式圆环×1个、2.5cmD形环×4个、2.5cm日形环×2个、2.5cm背带钩×4个、2.5cm背带皮片×2片。
★ 皮扣×1组。撞钉磁扣×1组。
★ 铆钉×数组。

【裁布示意图】（单位：cm）

熊爱你图案布（幅宽 110cm×50cm）

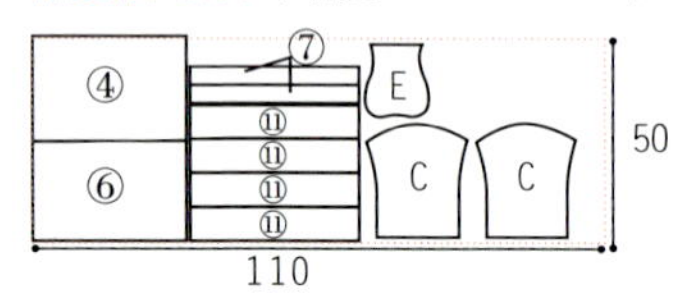

格子布（幅宽 110cm×55cm）

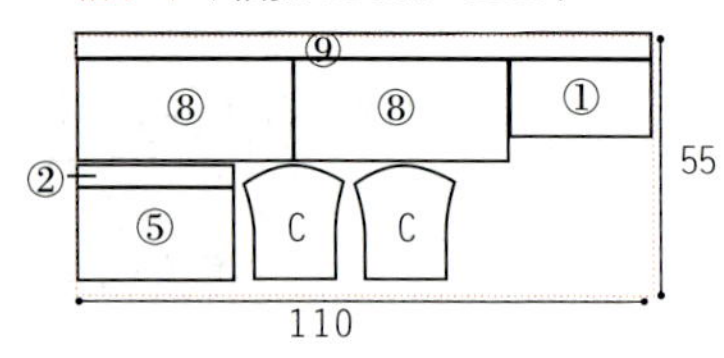

格子压棉布（幅宽 60cm×20cm）

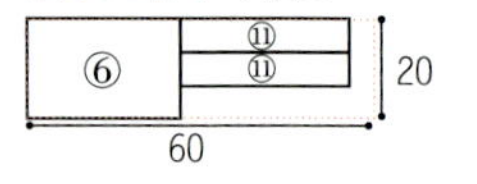

水蓝色布（幅宽 150cm×60cm）

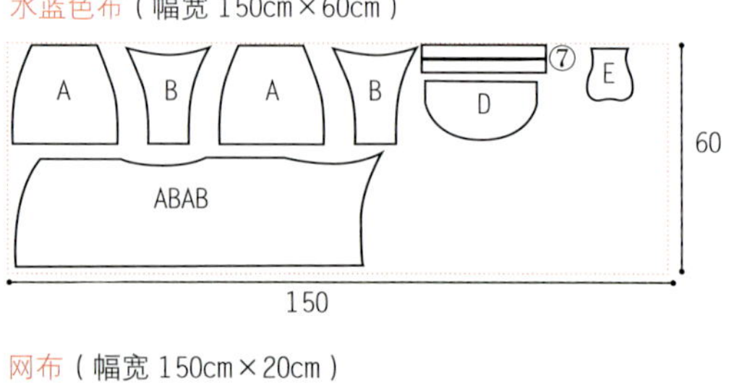

网布（幅宽 150cm×20cm）

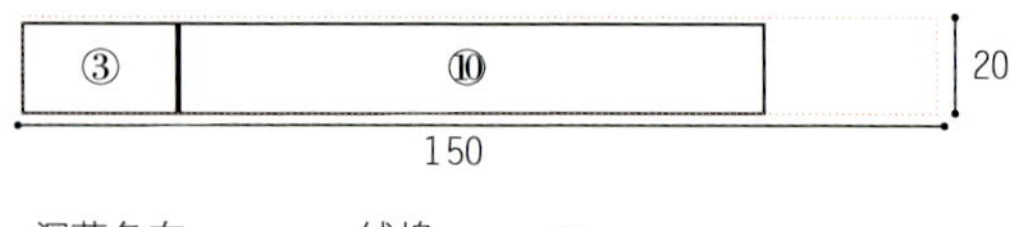

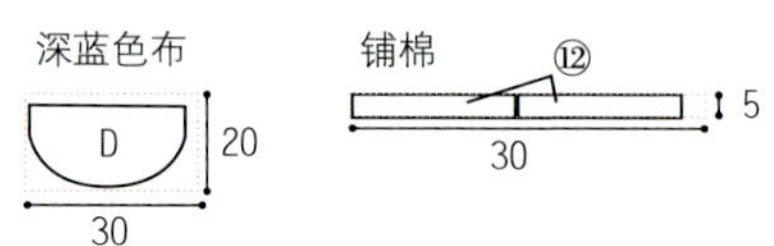

制作前表袋身

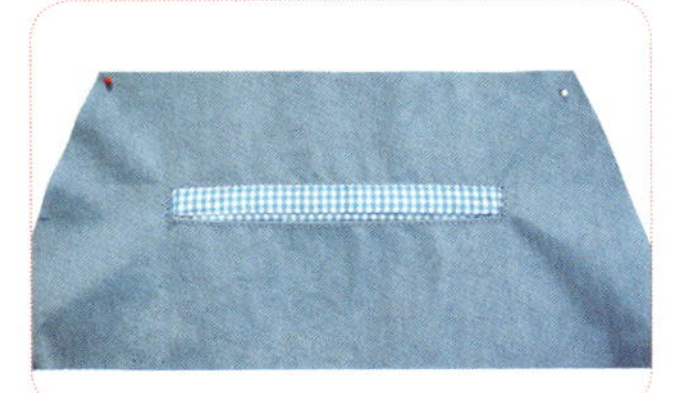

①参照157页【有盖口袋做法】在前袋身A的口袋位置上，以口袋布①做出宽12cm的有盖口袋。

②网布③以滚边布②滚完边后，将其车于前袋身A。三边做疏缝，并由中间车出口袋分隔线（袋口三角回车）。

③制作拉链口袋，20cm拉链与口袋表布④，抓出中心点，正面相对，拉链距袋口0.5cm做疏缝。

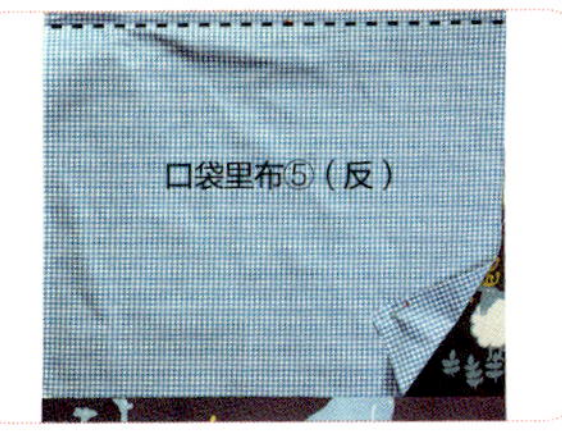

④续将口袋里布⑤正面相对夹车拉链。翻回正面，将表、里布的下缘抓齐后固定。

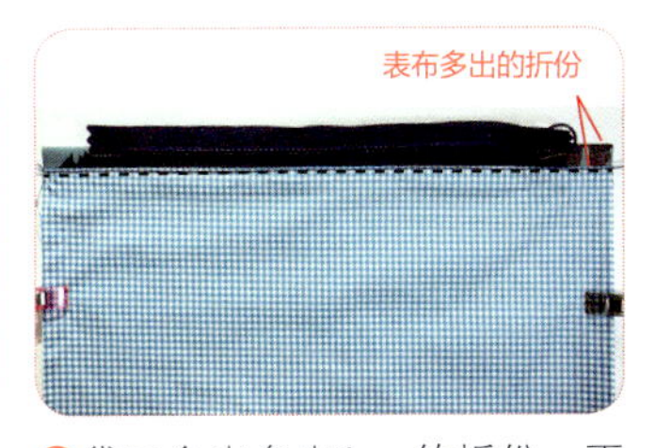

⑤袋口会出多出1cm的折份，再由正面压线固定。

⑥如图距，缝上皮磁扣。

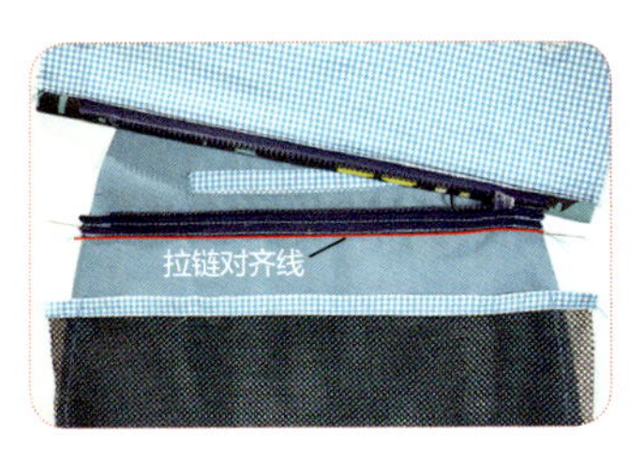

⑦依纸型A，在袋身画上拉链对齐线，将另一侧拉链与袋身正面相对对齐线，车上两道固定线。

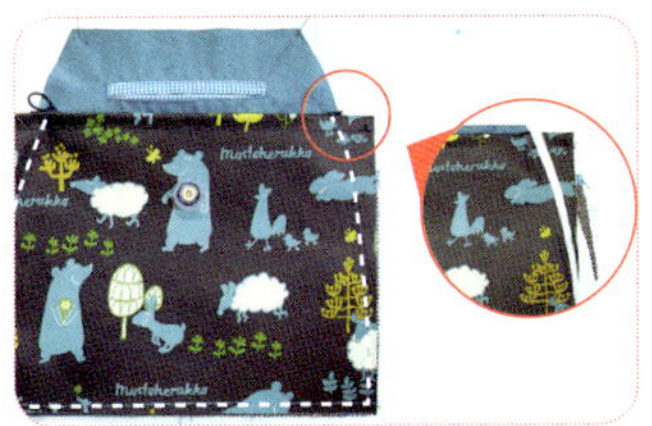

⑧翻下口袋布、对齐袋底后，疏缝三边，再沿着袋身形状剪去多余的布。

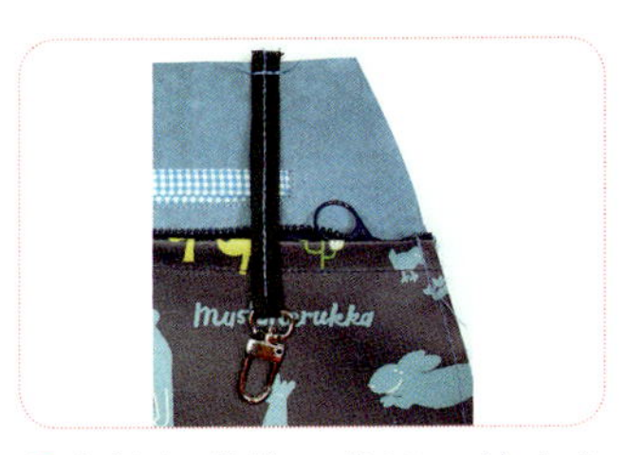

⑨车缝奶嘴带，裁20cm的人字带套入1.3cm背带钩、对折，由中间车缝固定线，再疏缝于有盖口袋上方。

制作后表袋身

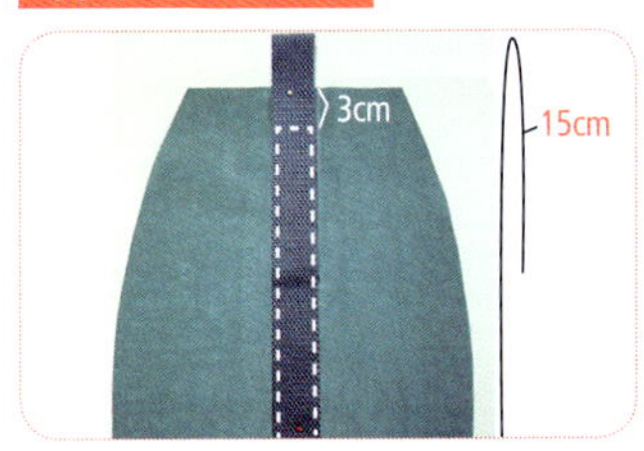

⑩取2.5cm宽×45cm长的织带，将上方折入15cm车缝于袋身中间。

⑪1.5cm×5cm小皮片，一端打入撞钉磁扣公扣后，依图距将小皮片另端用铆钉固定于袋身。

⑫后口袋布⑥的表、里布正面相对，车缝一道。

⑬翻回正面压线，中间固定撞钉磁扣后，再将口袋布对齐袋身、疏缝三边，再沿着袋身形状剪去多余的布。

⑭裁2条10cm的织带套入2.5cm D形环后对折车一道固定，再如图距分别车于袋身两侧。

⑮车缝侧身口袋，将表里布，正面相对车缝上缘，缝份剪锯齿状。翻正、车缝两道固定线，线与线相距约1.5cm。作为松紧带穿入洞口。

⑯将口袋布两侧疏缝于侧身布，需避开两侧的松紧带穿入洞口。

⑰口袋布下缘做打折车缝，并疏缝固定于侧身布。

⑱洞口穿入松紧带后先固定一端，再将松紧带拉至适当紧度后，再固定尾端，并剪去多余松紧带。

组合表袋身

⑲将两侧身与袋身做正面相对，车合两侧边。

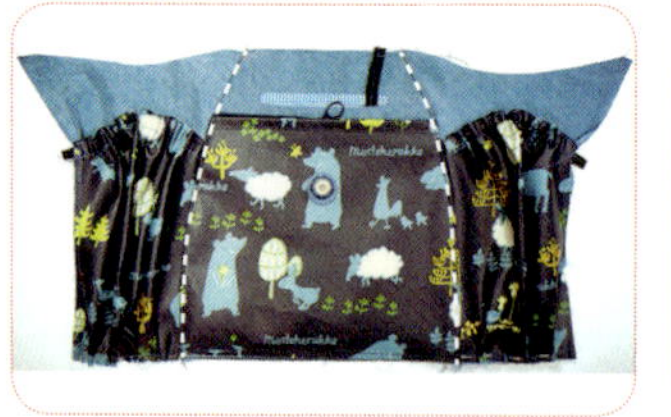

⑳翻正，缝份倒向袋身，车压固定线。

㉑取另片袋身与其一侧身正面相对车合，再翻正，缝份倒向袋身，车压固定线。

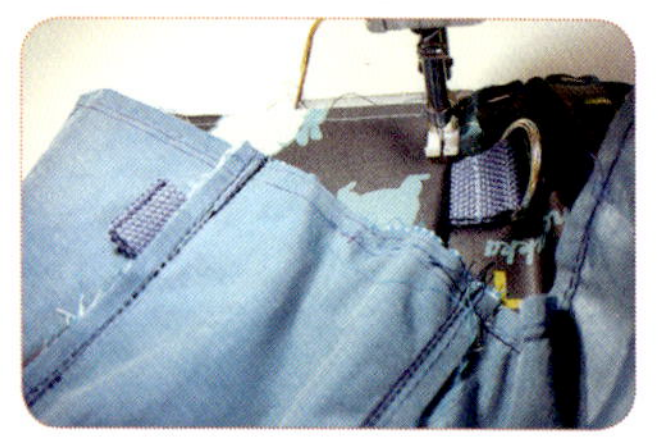

㉒续将未车合的袋身与侧身正面相对车合，缝份倒向袋身布（不用翻正比较好车），临边车压固定线。完成袋身与侧身的相接。

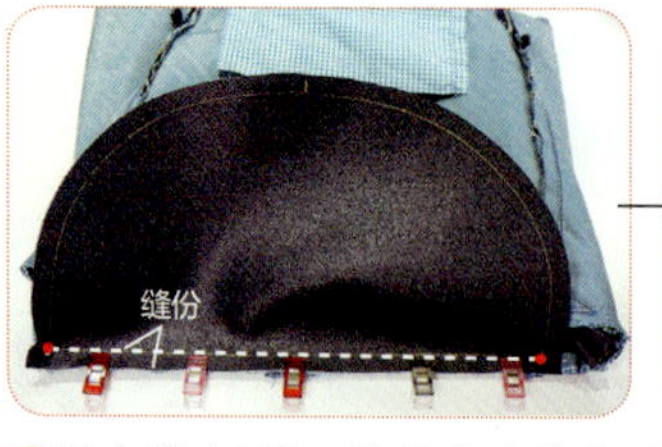

㉓组合袋底D形，将袋底直线处对齐后袋身下缘，以点对点的方式车合。接着把袋身立起来，同样以点对点方式车合圆弧处。（袋身缝份可剪芽口助车合）。最后确认车合接点有无缝隙。续将缝份剪锯齿后翻回正面，完成表袋身。

制作里袋身

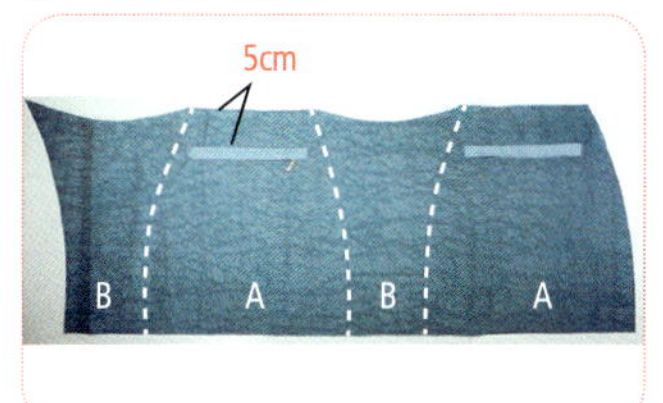

㉔找出袋身布ABAB前、后袋身A的位置，用两片拉链布⑧分别做出15cm的拉链口袋。建议离袋口约5cm。

㉕制作里袋口袋，将滚边布⑨夹车网布⑩，再穿入松紧带。并先车固定松紧带一端。

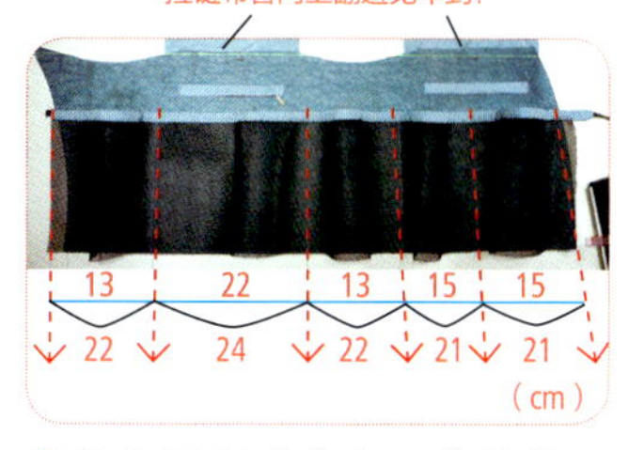

㉖依自己需求分出口袋的分隔线，且要先避开松紧带车缝固定。

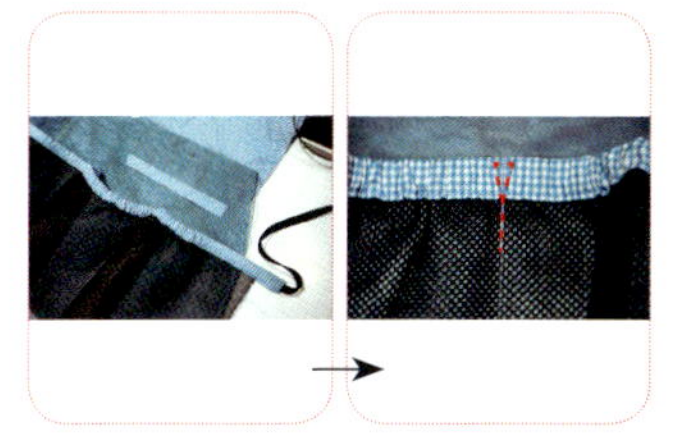

㉗松紧带拉抽至适当的松紧度后，以珠针先固定分隔，再将分隔线车合（袋口三角回车）。

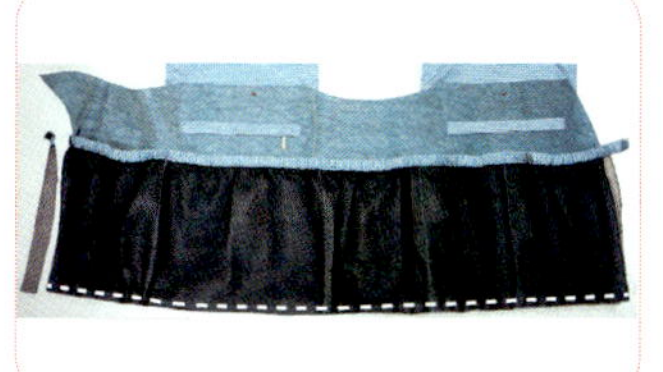

㉘网布下缘先做打折疏缝固定。再剪去边缘多余布料。

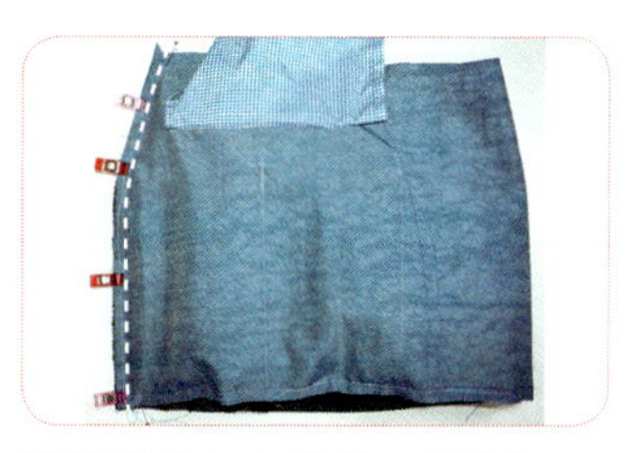

㉙将袋身左右对折，侧边车合。再同步骤22，缝份倒向任一边，车压固定线。

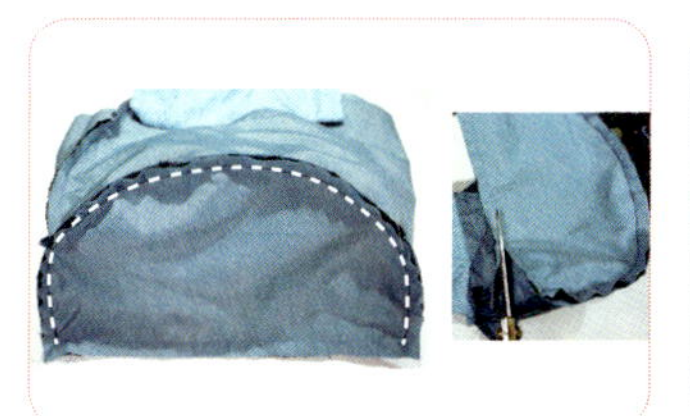

㉚组合内袋袋底。同步骤23将里袋身与袋底车合，再剪小缝份。

㉛将里袋身放入表袋身，沿袋口车合一圈。

㉜依157页【拉链口布制作法】将拉链口布⑦表、里布与30cm拉链，做出拉链口布。

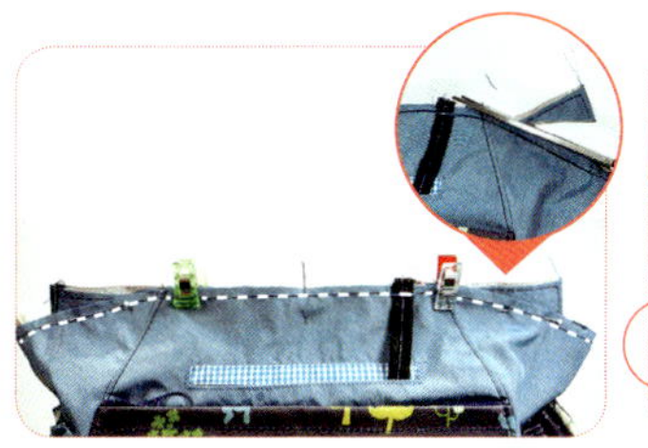

㉝再与袋口对齐做疏缝。最后两侧会有多出的布片，完成疏缝后，即可剪去多余布片。

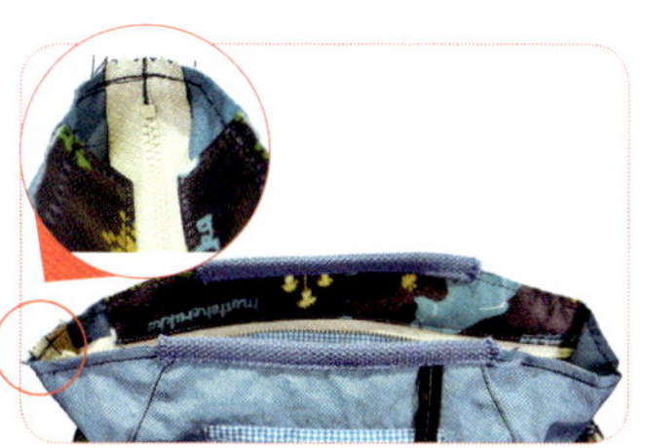

㉞拉链尾端车缝固定于袋身。取2条19cm的织带，以包边方式顺着包形车缝于前、后身之袋口。

组合袋身与袋底

㉟取2条3cm宽之45cm织带，以包边方式车缝于两侧身袋口，车缝时，其中一端要预留3cm；另边则是在斜对面位置预留3cm。

㊱取4片小皮片，分别套入1.3cm D形环及背带钩后折半，以铆钉固定于织带端。如图，较长端织带是固定背带钩，较短端织带是固定D形环。

㊲制作袋盖，表、里布E正面相对，上方预留返口其余车合。缝份剪锯齿状后，翻正、压线。

㊳将袋盖表布缝份先车固定于后袋身中央。

㊴接着将袋盖向上翻、再车一道固定线。

㊵接着将步骤9预先车好的织带，如图，套入活动式圆环后，以铆钉固定。

㊶袋盖与袋身分别缝上皮扣组。袋身两侧则安装上2.5cm的D形环与皮片。

㊷制作背带，110cm织带，穿入日形环、背带钩，再返回穿入日形环，车缝固定。另一端则穿入背带钩车缝。

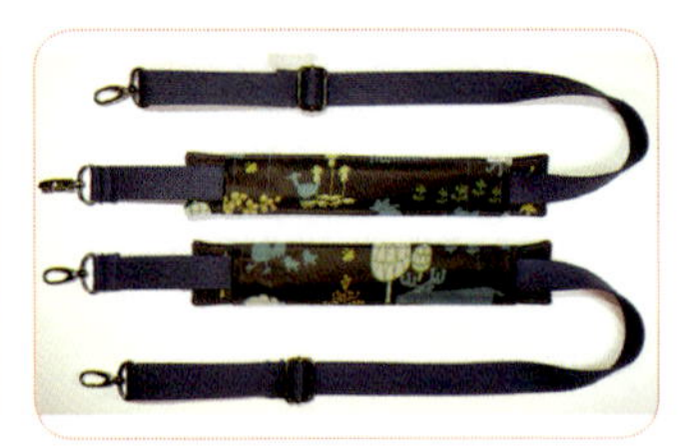

㊸取⑪⑫布，以依155页【减压带制作法】制作2条减压带，套入背带（可利用筷子将背带钩顺顺推入即可）。

㊹完成。

热气球交叉背带包

俏丽的热气球交叉背带包，
圆乎乎的袋形，
最适合活泼的你，
侧边还藏有暗袋可以收纳呢！

完成尺寸：
宽23cm×高26cm×厚20cm

【裁布表】数字尺寸已含缝份；纸型未含缝份，需另加缝份。缝份：未注明=1cm。

部位名称	尺寸	数量	烫衬（未注明＝需要加缝份）
表袋身			
前、后袋身	依纸型 A 右侧缝份 1.3cm，其余皆 1cm	2	厚衬、袋口处之缝份不烫衬
侧袋身	依纸型 B 左侧缝份 1.3cm，其余皆 1cm	2	厚衬、袋口处之缝份不烫衬
拉链口袋	① ↔ 19cm × ↕ 28cm	4	薄衬
束带布	② ↔ 24cm × ↕ 14cm	2	X 帆布免烫
袋盖	表：依纸型 C、不加缝份	表 1	X 皮革免烫
	里：依纸型 C、加缝份	里 1	先烫轻挺衬、再烫半硬衬
侧身造型口袋	D 依纸型、不加缝份	1	X 皮革免烫
里袋身			
前、后袋身	依纸型 A	2	X 压棉布免烫
侧袋身	依纸型 B	2	X 压棉布免烫
口袋布	③ ↔ 20cm × ↕ 40cm	2	薄衬

【其他材料】

★3V拉链15cm×3条。
★2cm日形环、口形环×1个。
★造型磁扣×1组、插式磁扣×1组。
★铆钉×数组。
★2cm皮尾束夹×2个。
★2cm皮条×200cm×1条。

※由于皮条较厚，所以日形环要挑同尺寸里较大的较好用哦（请看配件图2的大小对照）。

配件图1

配件图2

【裁布示意图】（单位：cm）

热气球棉麻布（幅宽 110cm×39cm）

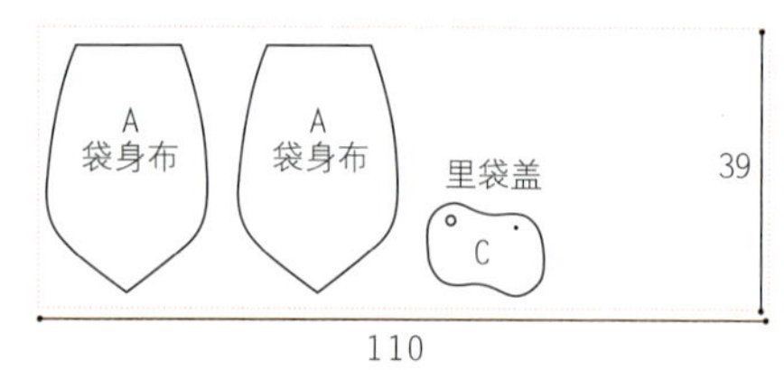

水玉薄棉布（幅宽 110cm×39cm）

28 ① 28 ① 28 ① 19
20 ③ 40 ③ 40 28 ① 19
39
110

素色薄帆布（幅宽 100cm×41cm）

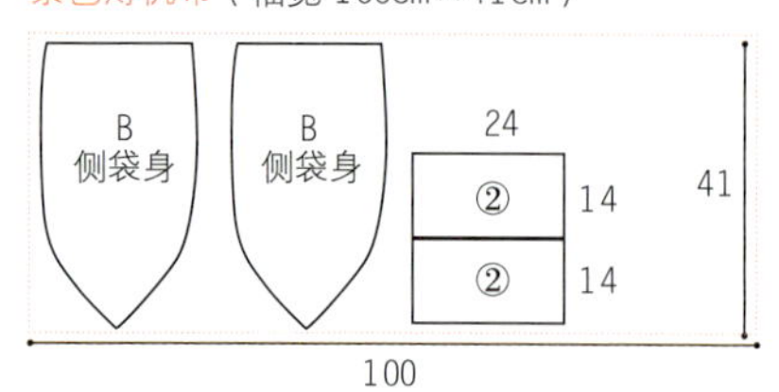

格纹压棉布（幅宽 150cm×41cm）

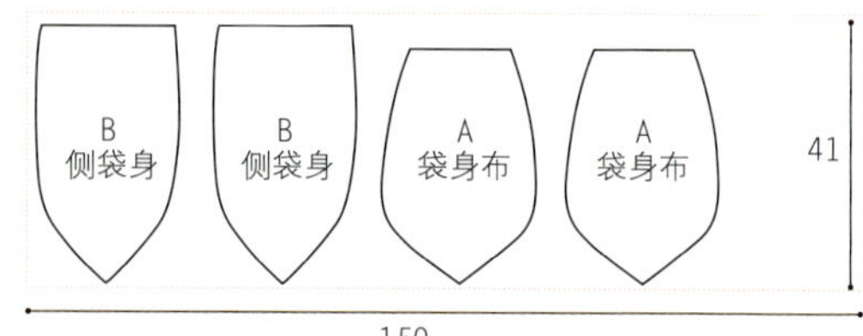

皮革布（30cm×15cm）

裁片准备

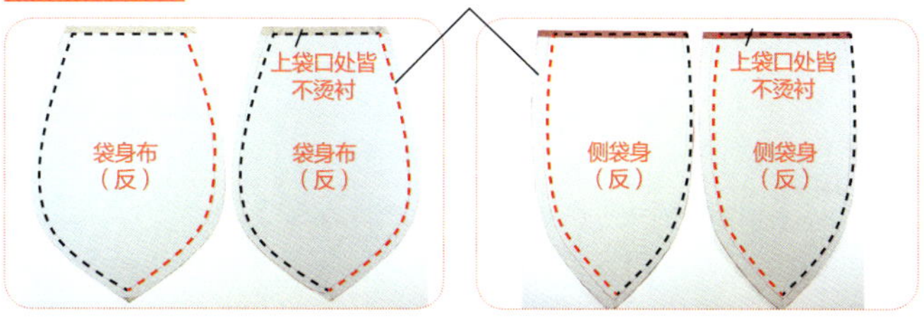

依纸型A、B、C裁下袋身前、后、侧身与袋盖片后，依图示烫衬。红线这侧缝份1.3cm其余皆1cm。

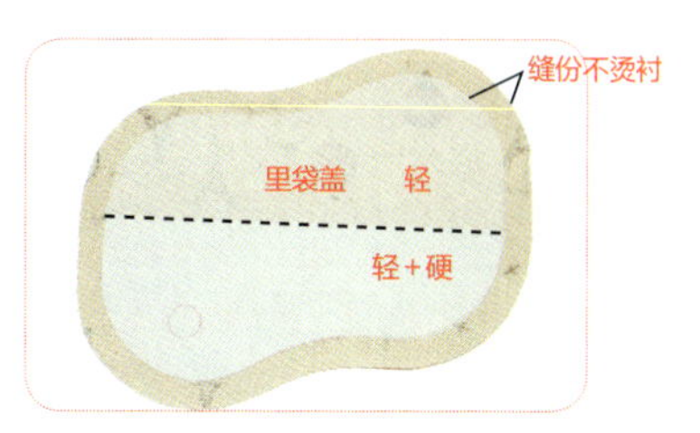

先烫一层轻挺衬，欲装设磁扣的那半边再烫一层硬衬。

制作表袋身的隐形拉链口袋

01侧袋布B上车缝皮革侧口袋D，头尾1cm不车，需回针。针距为3.5mm。缝好后，在边角钉上铆钉。

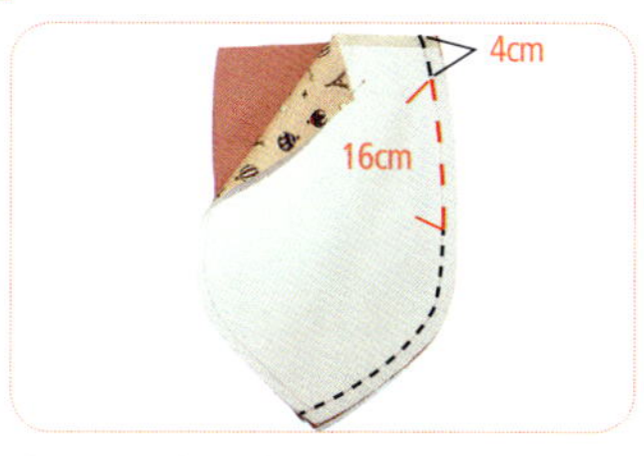

02取一片袋身布A，与步骤1正面相对车合1.3cm缝份，实缝4cm→疏缝16cm→其余皆实缝。之后将缝份烫开。

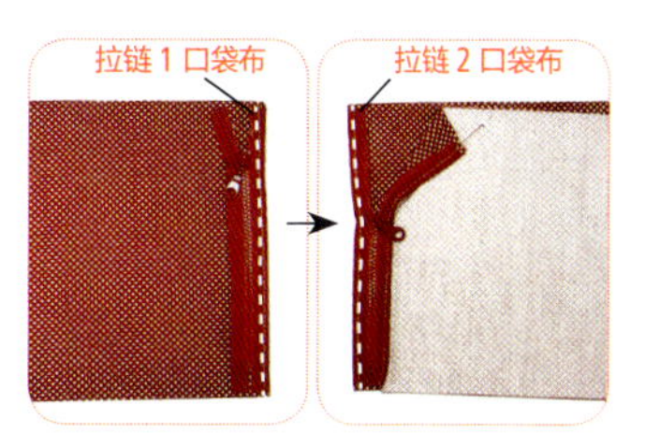

03取一条拉链及两片口袋布①，口袋布正面与拉链背面相对车缝起来（之后称为拉链1口袋布）。拉链的另一侧同样也是背面与另一片口袋布的正面相对车缝起来（之后称为拉链2口袋布）。

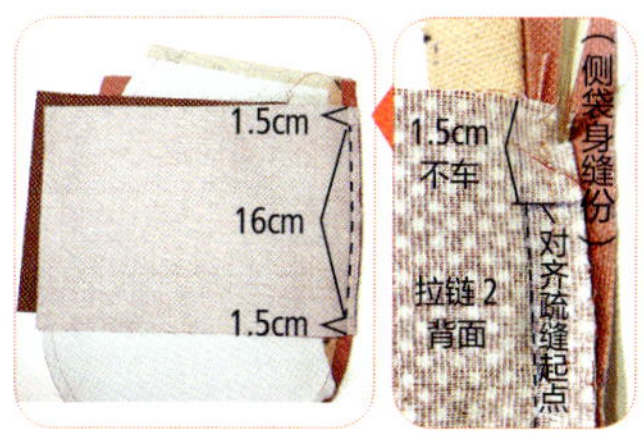

04将拉链2口袋布正面、与步骤2侧袋身布缝份相对。其中拉链2上、下各预留1.5cm不车。其车缝起点对齐袋身的疏缝起点。以缝份0.7cm车合。

05车合后，将拉链2口袋布，顺着车缝线翻至正面，再车压一道固定线，依旧是上、下预留的1.5cm不车，而且请注意，还是只车到侧袋身的缝份。

06拆开疏缝线。

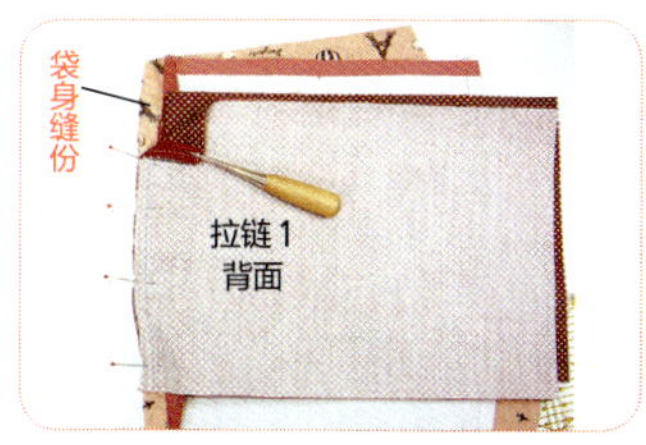

07将拉链1口袋布正面袋身布缝份相对，同步骤4至步骤5车合。

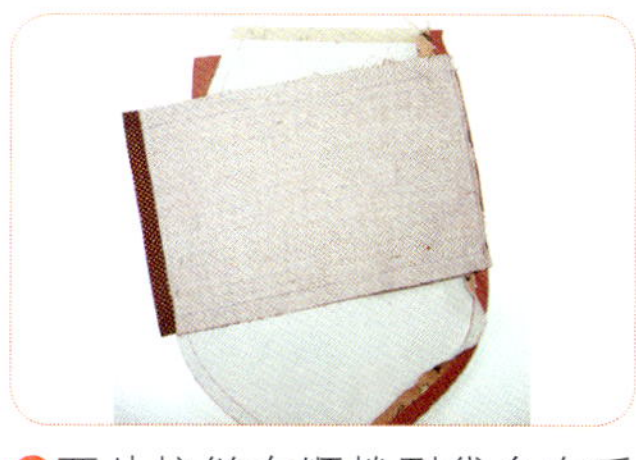

08两片拉链布顺拨到袋身布后（其中有一片拉链布会多出约1.5cm），确认布面平整后，将两片拉链布用珠针固定（不要连袋身一起固定到哦）。

09接着为车缝方便，将拉链布拉到旁边，露出上、下1.5cm的缝份，并且做车合。

⑩车合后再拨回，用珠针固定好袋身布与拉链布。如图，于缝份内疏缝起来。

⑪翻到袋身布正面，依袋身布轮廓剪下多余的拉链布。

⑫避开拉链，在拉链上、下方车压固定装饰线。

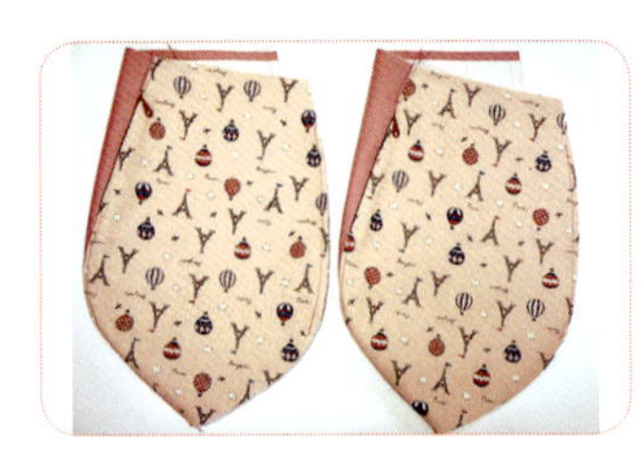

⑬依此方法共需完成两片各半的袋身布。

组合表袋身

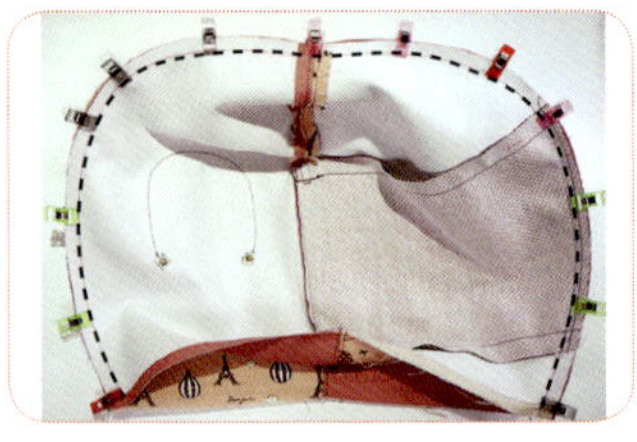

⑭两片各半的袋身布正面相对齐后缝合。烫开缝份由正面压固定线。不要把袋身翻回正面会比较好车。

⑮在缝份处剪牙口后，翻回正面。

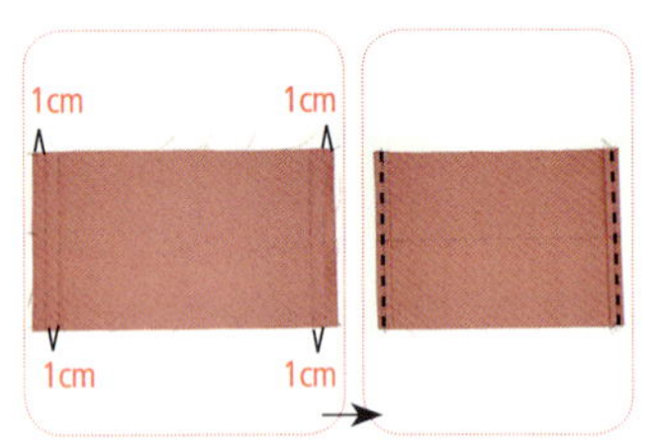

⑯取束带布②将左、右两侧往内折两折，车缝固定后，再上下对折，并做疏缝。完成20cm×7cm的两片束带布。

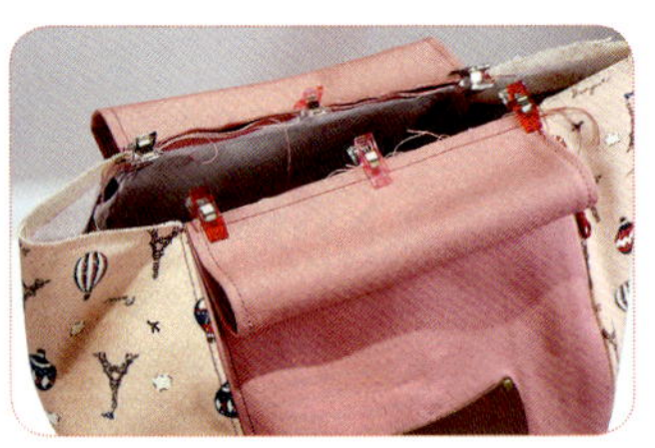

⑰两片束带布，分别缝于两片侧袋身布上。

制作袋盖

⑱里袋盖布缝份剪牙口，并往内烫折。安装插式磁扣

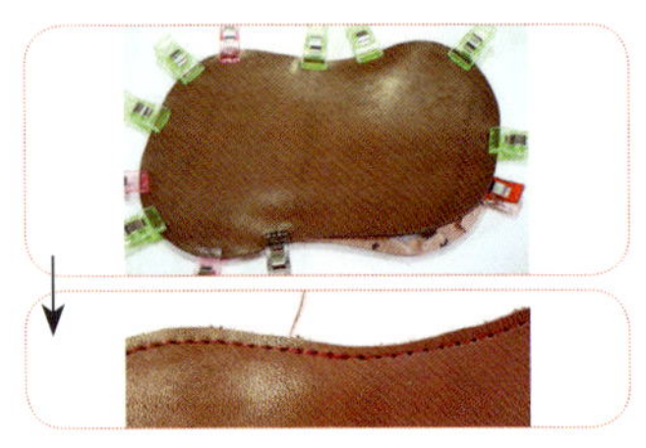

⑲再表袋盖皮布背面相对，夹好，车合一圈。建议由袋盖后半开始车，针距为3.5mm。

⑳依袋身纸型记号，在后袋身画上袋盖记号线。

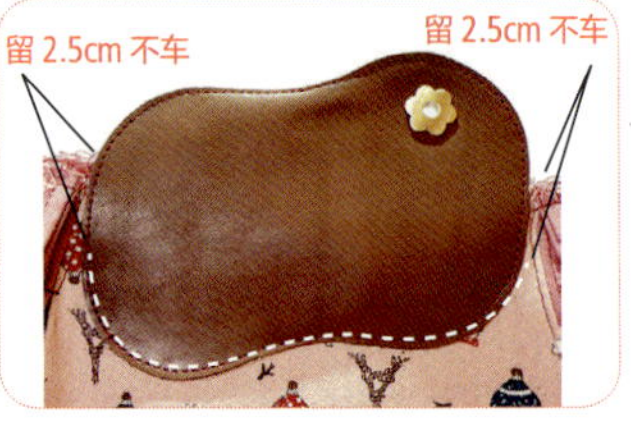

㉑袋盖打洞后，锁上造型磁扣母扣，头尾留2.5cm不车，其余与后袋身车合。

❷依袋身纸型记号，在前袋身安装造型磁扣公扣、与插式磁扣母扣。表袋身完成。

组合里袋身

㉓取口袋布③及15cm拉链，参照157页秘笈在袋身各做一个有盖口袋与有盖拉链口袋。

㉔取袋身布A与侧袋身布B各一片，车合单侧缝份。将缝份烫开，压固定线。用同方法完成另一组。

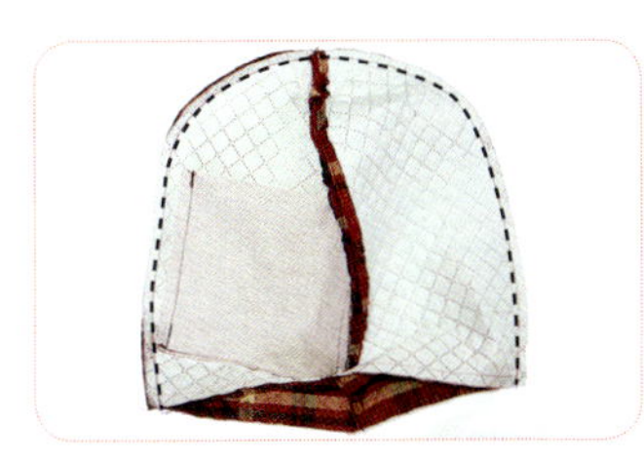

㉕将两组车缝好的袋身布组，两两正面相对后车合。

㉖缝份烫开后，由正面压固定线，完成里袋身。

组合表里袋身

㉗表、里袋身的袋口缝份皆往内烫折。并里袋身放入表袋身中袋口对齐夹好。

㉘车合两圈固定。

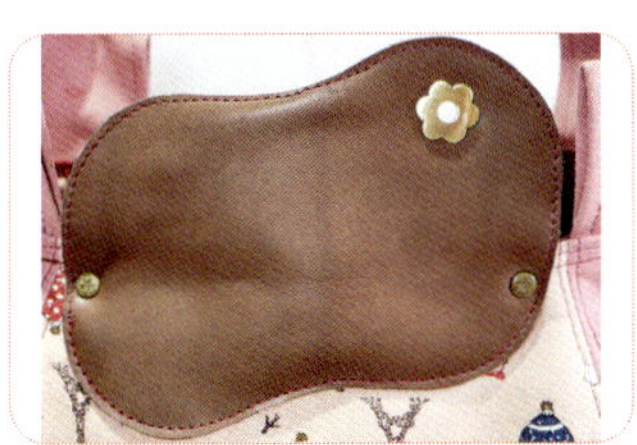

㉙在后袋盖，钉上铆钉加强固定。

安装背带

㉚皮条如图，从左后方束带布穿入、由左前方出，再穿入右后方束带布、由右前方出。

㉛皮条尾套入口环、夹上皮尾束夹、钉铆钉固定。

㉜皮条头穿入日形环、穿入口形环、再返回穿入日形环、夹上皮尾束夹、钉铆钉固定。交叉背带包完成啰!

海洋风双拉链
单肩后背包

男生背帅气，女生背个性，
时下最流行的单肩包，
及实用隔层，
在这都有完美的体现…

✻ 完成尺寸：
宽21cm×高26cm×厚10cm

【裁布表】数字尺寸已含缝份；纸型未含缝份，需另加缝份。缝份：未注明=1cm。

部位名称	尺寸	数量	备注
表袋身			
前袋身	依纸型 A 上	1	
	依纸型 A 下	1	
	依纸型 B	表 1 里 1	
表后袋身	依纸型 A	1	
拉链口布	①↔34cm×↕6cm	4	
侧袋身	②↔67.5cm×↕7cm	表 2 里 2	
前口袋	③↔16cm×↕30cm	2	
后口袋	④↔20cm×↕40cm	1	
织带挡布	⑤↔11cm×↕11cm	1	
背带布	依纸型 C	1	
	⑥↔50cm×↕7cm	1	
	预备一片长型压棉布，请看注（1）	1	（1）
里袋身			
前、后袋身	依纸型 A	4	
拉链口袋	④↔20cm×↕40cm	2	
开放口袋	⑦↔23cm×↕20cm	2	
滚边布	⑧↔23cm×↕6cm	2	

备注：（1）等 C +⑥拼接好后，再依形裁剪压棉布即可。（步骤 17）

【其他材料】

★ 5V拉链30cm×2条、15cm×3条、12cm×1条。
★ 宽3cm：织带12cm×2条、70cm×1条。
★ 插扣×2个、日形环×1个。
★ 宽2cm：织带15cm×1条、25cm×1条、8cm×2条。插扣×1个、日形环×1个、D形环×2个。
★ 1cm织带50cm×1条。手勾×1个、D形环×1个。
★ 撞钉磁扣×4组。
★ 铆钉×数组。

插扣图

【裁布示意图】（单位：cm）

海洋风图案布（幅宽 110cm×50cm）

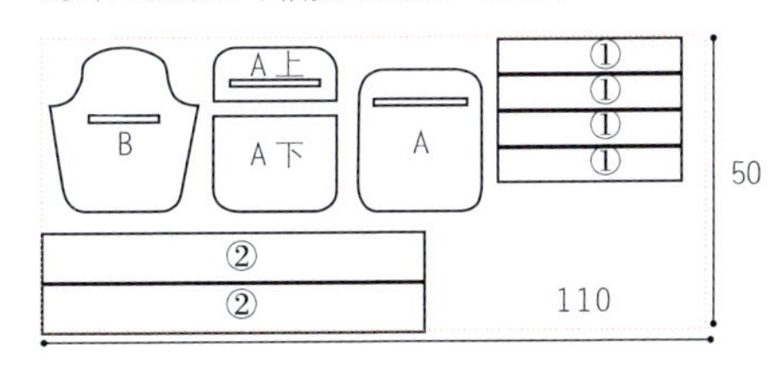

条纹布（横条取直）（幅宽 110cm×40cm）

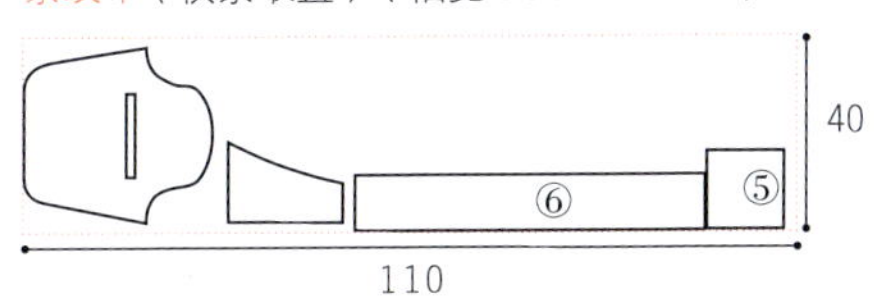

深蓝布（幅宽 140cm×60cm）

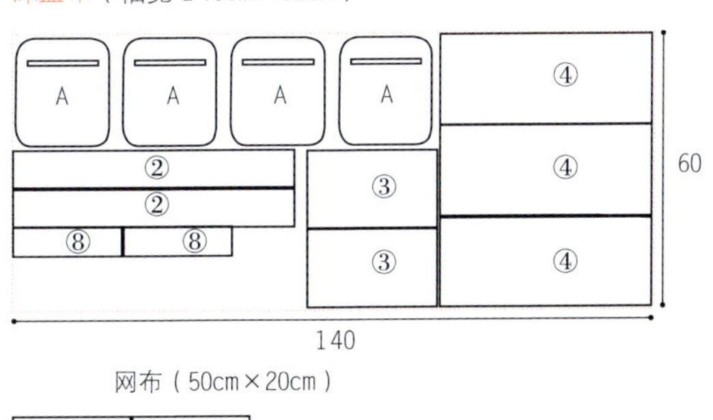

网布（50cm×20cm）

⑦ ⑦ 20

50

制作前袋身

01 口袋布③置于A下中央正面相对，左右各留3cm不车。再将未车部分两侧折入，并用珠针暂时固定。

02 取前袋身A上，与A下以正面相对，避开口袋布③、将两侧车缝。并由袋口将口袋布拉出。

03 将缝份刮开，中间实车13cm压线固定。

04 口袋布往上折，对齐袋身A上缝份，用珠针固定好。

05 翻至正面，车缝⊓字形，再于中心上方钉入磁扣。前袋身A完成。

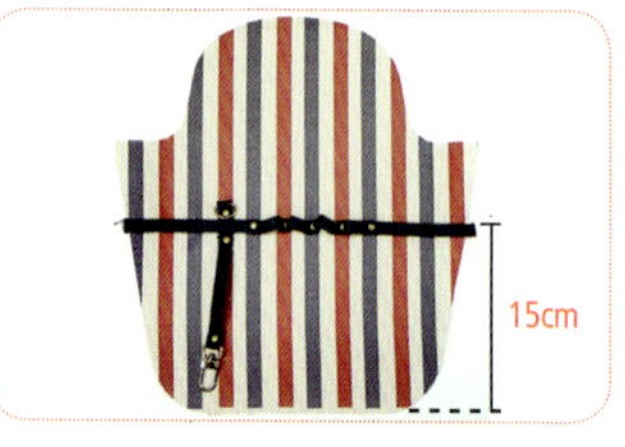

06 用1cm织带、手勾D形环等，于前袋身里B设计出笔插及钥匙钩。

07 用口袋布③于前袋身表B做一个12cm的拉链口袋。并于下方避开口袋布，于中间钉上磁扣。

08 制作扣带，2cm织带裁15cm穿入插扣后、对折、车于表B上中央。

09 表B、里B正面相对车合，缝份剪锯齿状。

10 翻正、压线一圈。
前袋身B完成。

11 再将前袋身B车于步骤5的前袋身A。

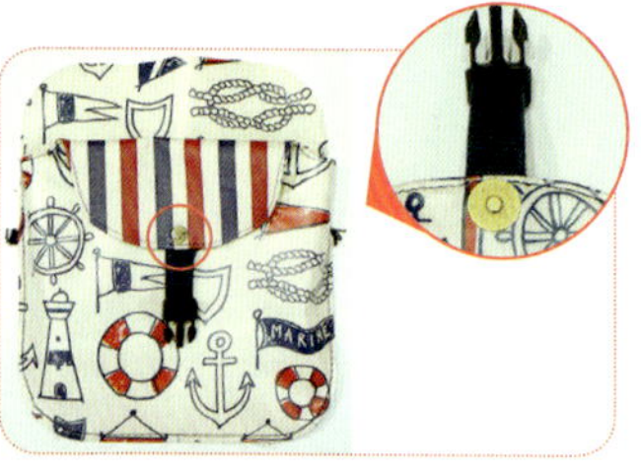

12 B的袋盖往下翻折后，于相对位置钉上磁扣。前袋身完成。

制作后袋身

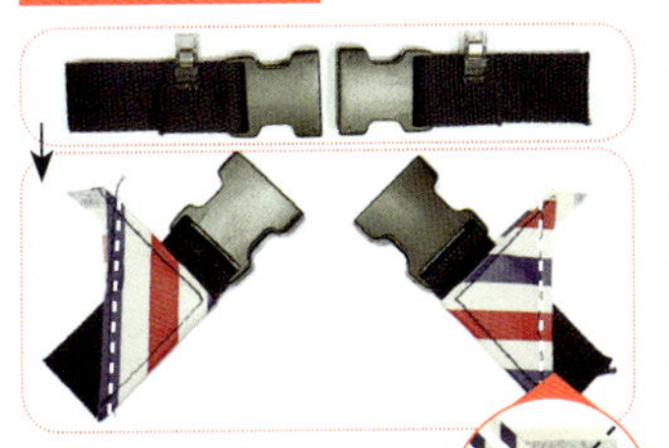

⑬3cm的织带裁12cm两段插入插扣后内折3cm。取织带挡布⑤由对角线裁开，最长边之缝份折入，再对折包入插扣织带，车合三边。

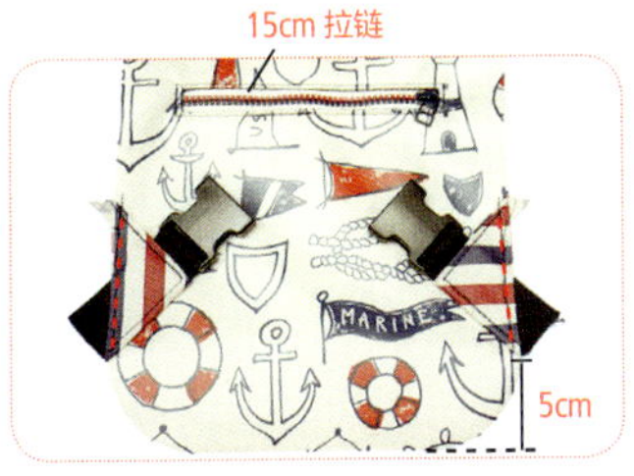

⑭于后袋身A车上插扣。再取后口袋布④于A做出一个15cm拉链口袋。

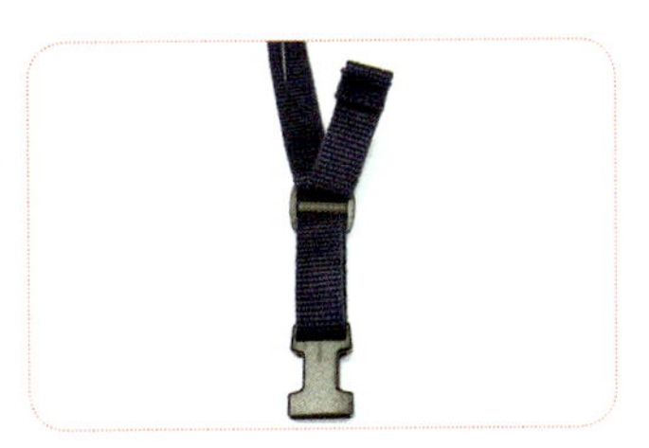

⑮25cm长的2cm宽织带，穿入日形环、插扣后再回穿出日形环，织带尾端需折两折车缝固定。

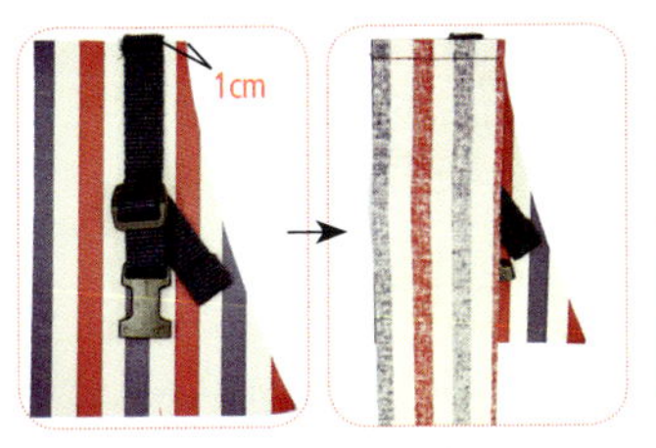

⑯将织带车缝于背带布C上，再与⑥连接布车合，缝份倒向⑥，压线固定（以下步骤统称为C）。

⑰依照C的形状，裁出背面压棉布。要注意：正反面的裁布。

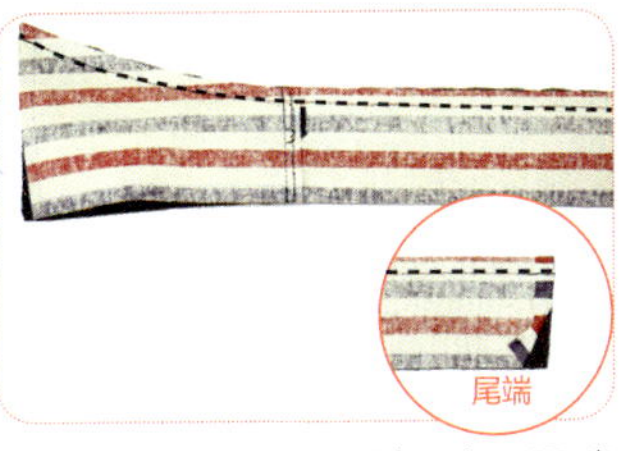

⑱C表、背布，正面相对，尾端缝份折起，先将曲线的那侧车合。

⑲翻正压线，再把直线那侧的缝份折入、夹好，车压固定线。

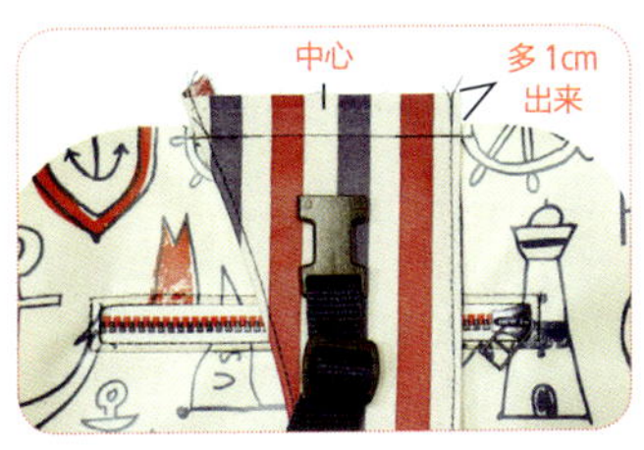

⑳C背面与A正面中间点相对车合，C缝份会出1cm是方便之后钉铆钉加强固定。后袋身完成。

制作侧身

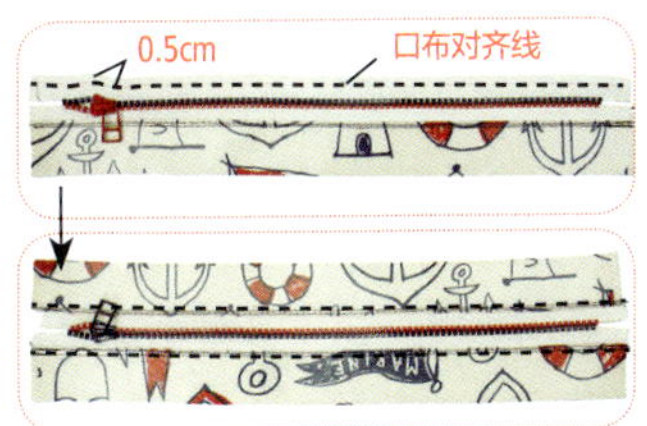

㉑拉链口布①对折，30cm拉链两侧画出距边缘0.5cm的对齐线，将口布对齐好车缝（可车缝两道加强固定）。

㉒同步骤完成两条拉链口布。其中一条两侧侧车上2cm织带与D环。

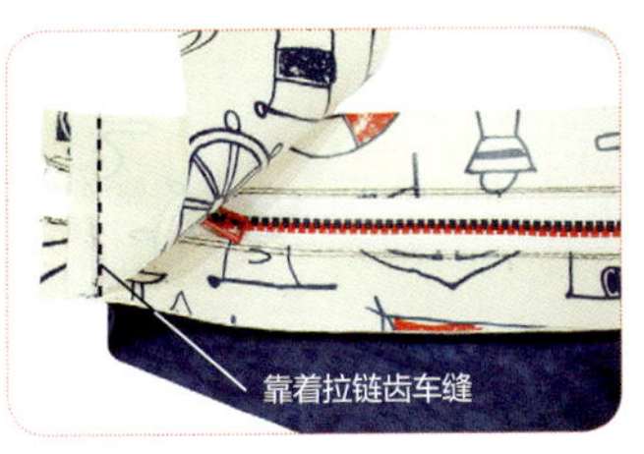

㉓接合口布与侧袋身②取侧袋身片的表、里布正面相对夹车拉链口布。其缝份线与拉链齿刚好紧靠，用拉链压布脚较易车缝。

㉔翻正、压线。并将外侧整圈疏缝起来。完成两条侧袋身。

制作里袋身

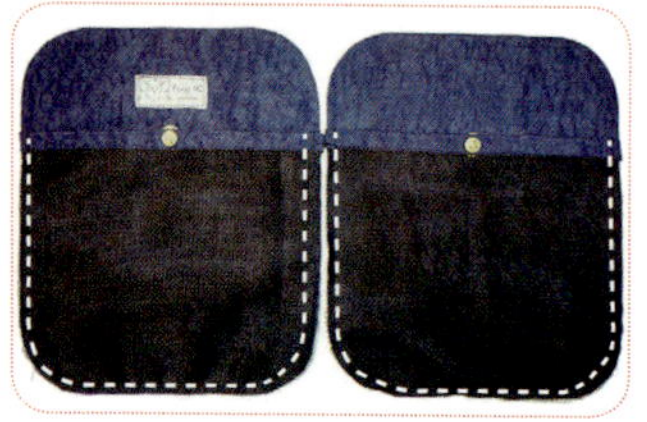

㉕用滚边布⑧将口袋布⑦的上缘包边，再车缝固定于里袋身表布A，并钉上磁扣，共完成两片。

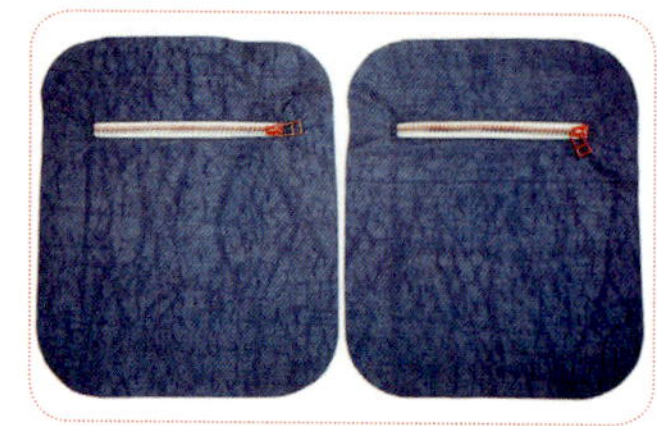

㉖另两片里袋身A，则用口袋布④依纸型位置制作15cm拉链口袋。

组合袋身

㉗备前袋身、里袋身、侧袋身（无D形环的）各一片。

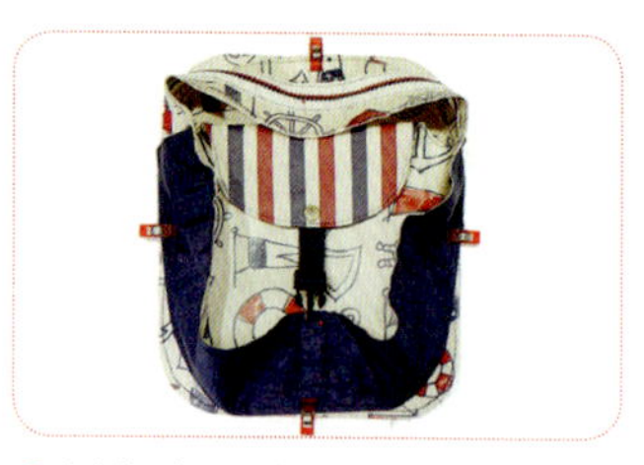

㉘侧袋身、前袋身正面相对车合一圈。先抓四个中心点对齐再车缝，并于圆角处剪芽口。

㉙车好后，侧袋身往中间压集中再与里袋身，正面相对车合一圈。于上方留返口。圆弧处剪锯齿状后，由返口翻正。

㉚再将返口缝合。

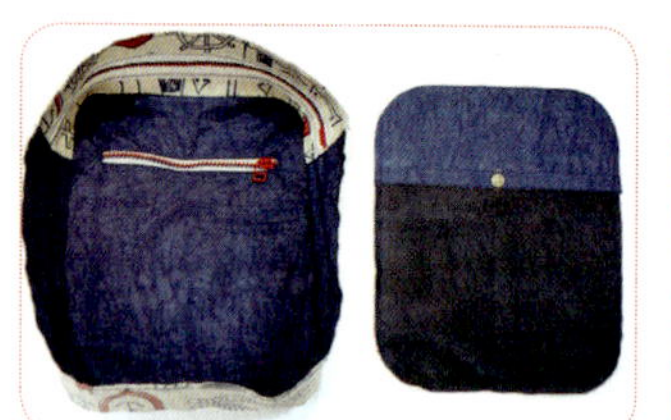

㉛取另一片里袋身与另侧侧袋身里布正面相对车合一圈。

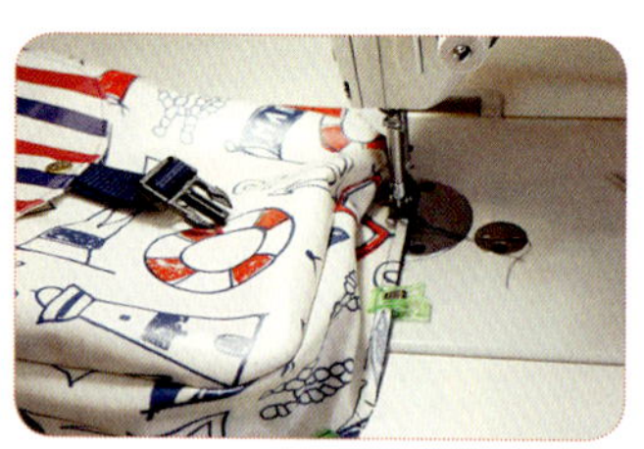

㉜车缝时，立体面向上比较好车。

㉝取另一侧袋身（有D环的），正面向内，套于步骤32的袋身之外，车合一圈（此处车的与步骤32的是同一圈。）

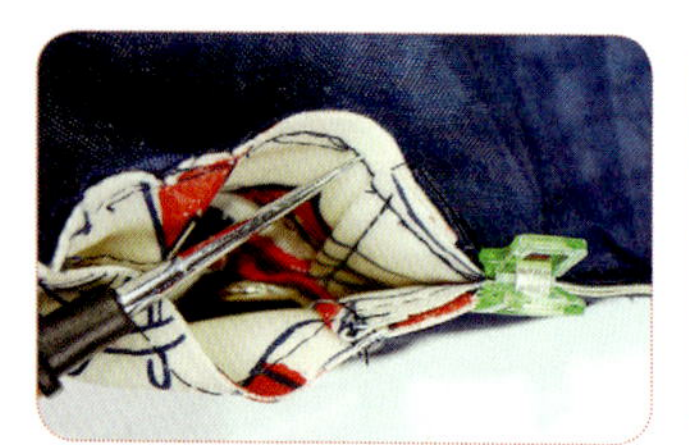

㉞要注意两条侧袋身的拉链接合处要对齐比较好看。

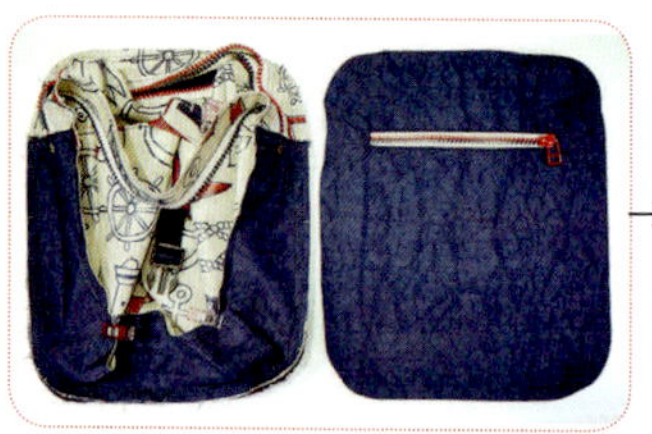

㉟车好后，侧身往中间压集中，再取来另一片里袋身与其正面相对车合一圈。于侧边留返口（尽量留大一点，此处车的与步骤33也是同一圈）。

㊱圆弧处剪锯齿状后，由返口翻正，缝合返口。

37 把袋身往内压，露出最后还未缝合的另侧侧袋身。将后袋身与侧袋身，正面相对、车合一圈。无需留返口。

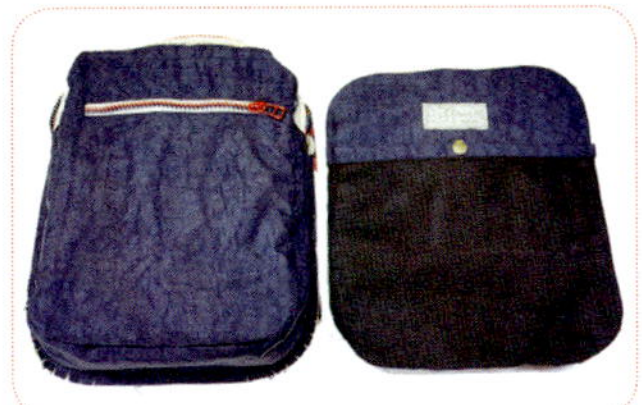

38 把袋身往内压，露出四个边。与最后一片里袋身正面相对，四周车合。于侧边留返口（尽量留大一点）。

39 圆弧处剪锯齿状后，由返口翻正，缝合返口。

40 由拉链口翻回正面。再将背带加强钉固定。

41 3cm的织带裁70cm，一端塞5cm入背带口，车缝固定。另一端穿入日形环、插扣、再返回穿入日形环，车缝固定起来。

42 插起插扣。

43 完成。

毛头小鹰 三层拉链包

三层拉链设计，不仅造型独一，
收纳分类更多元。
里面还有贴心的口袋设计。

完成尺寸：
宽28cm × 高36cm × 厚12cm

可爱的猫头鹰图案，
最适合母女一起背的母子包。

【裁布表】数字尺寸已含缝份；纸型未含缝份，需另加缝份。缝份：未注明=1cm。

部位名称	尺寸	数量	备注
表袋身（此包以拉链隔层区分，不用表里袋区分）			
主拉链袋1	纸型A	表1里2	
	口袋网布① ↔18cm×↕18cm	1	注1
	口袋滚边布② ↔18cm×↕6cm	1	
主拉链袋2	纸型B	表1	
	纸型B1	里2	注2
	口袋网布③ ↔24cm×↕20cm	2	
	口袋滚边布④ ↔24cm×↕6cm	2	
	拉链口袋布⑤ ↔15cm×↕30cm	1	
主拉链袋3	纸型C	表1	
	纸型C1	表1里2	注2
	口袋网布⑥ ↔45cm×↕20cm	1	
	口袋滚边布⑦ ↔45cm×↕6cm	1	
	拉链口袋布⑧ ↔25cm×↕45cm	3	
	笔电隔层布⑨ ↔30cm×↕55cm	1	
	袢扣布⑩ ↔30cm×↕7cm	1	
	拉链挡布⑪ ↔3cm×↕14cm	表2里2	

部位名称	尺寸	数量	备注
表袋身（此包以拉链隔层区分，不用表里袋区分）			
侧袋身布	纸型D	表1里1	
配色口袋	纸型E	表1里1	
袋底	⑫ ↔30cm×↕14cm	表1里1	
	滚边布⑬ ↔90cm×↕5cm	1	
减压背带布	织带挡布⑭ ↔11cm×↕11cm	1	
	⑮ ↔52cm×↕7cm	表布2 背布2	
	⑯ ↔51cm×↕4.5cm	铺棉2	

注1:可将网布①+③+⑥、滚边布②+④+⑦先不裁开，待滚边好后，再依所需大小裁开比较省力。

注2：B1、C1怎么画：
先描出纸型外圈轮廓（蓝线），再于下方拉直线（红线）连起2侧顶点，最后画出外围缝份即可。

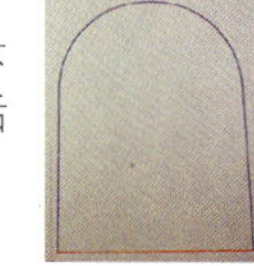

【其他材料】

★ 5V拉链：双拉头45cm×1条、双拉头65cm×2条、20cm×3条、13cm×1条。
★ 2.5cm织带：15cm织带×2条、50cm×2条。
★ 2.5cm：日形环×2个、口形环×2个。
★ 松紧带：约70cm×1条不裁开、1.3cm背带钩×1个。
★ 撞钉磁扣×2组、尼龙搭扣↔4cm×↕2cm×1组。
★ 2cm：皮条40cm×1条、皮尾束夹×2个。
★ 铆钉×数组。

【裁布示意图】（单位：cm）

毛头小鹰图案布（幅宽110cm×60cm）

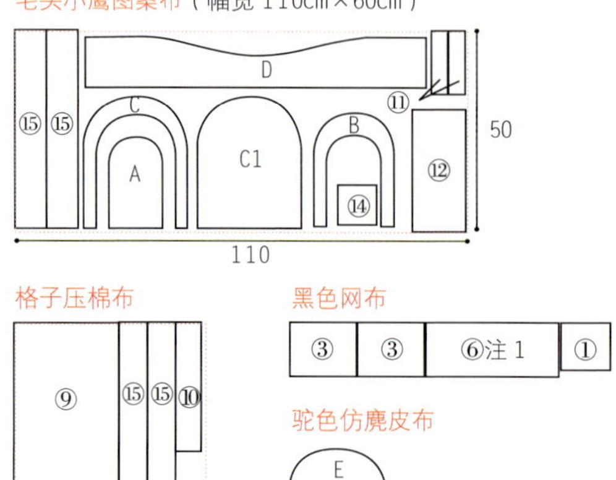

湖水绿薄防水布（幅宽120cm×110cm）

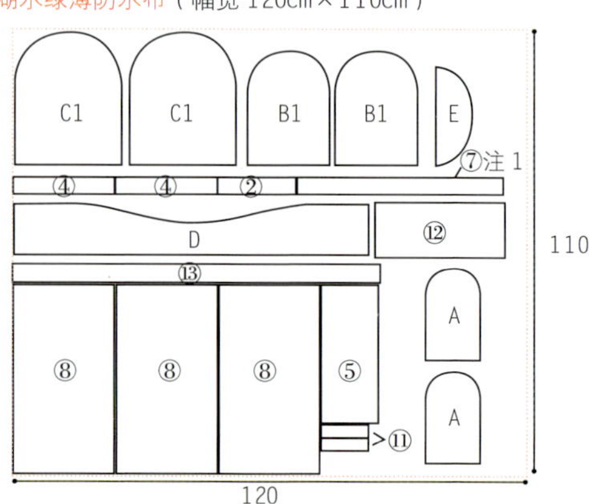

主袋内的隔层内里口袋

01裁下滚好边的网布口袋①，如图车缝于里布A上，另一片里布A则运用松紧带及1.3cm背带钩，车出笔插、钥匙钩等间距。

02续裁出滚好边的网布口袋④两组，分别车缝于B1袋身的里布。1片可钉上磁扣组，1片则可于中央车分隔，还可用13cm拉与口袋布⑤制作一字拉链口袋。

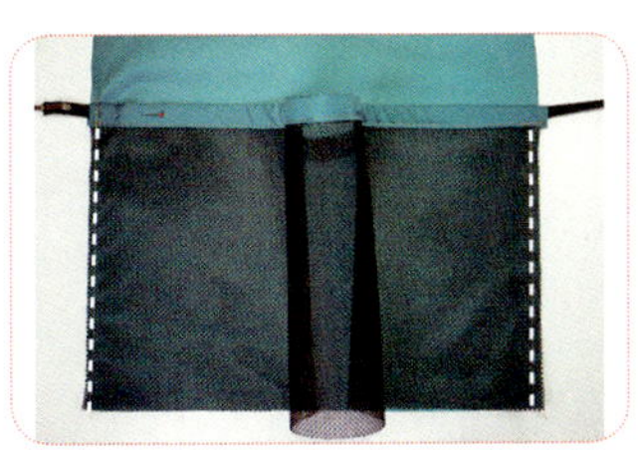

03裁出网布口袋⑥尺寸，先疏缝于1片C1里布两侧，再穿入松紧带。

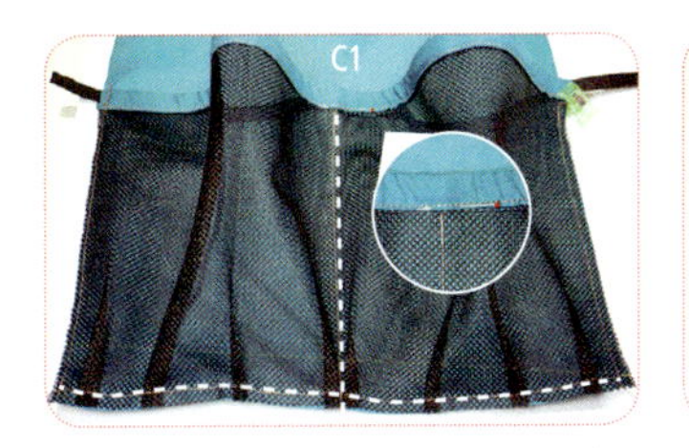

04在口袋中央车一道分隔线，分隔线上的松紧带先不车到。下方整齐折出折份后，车缝固定。

05拉抽松紧带至适当的松紧度后，分隔线上的松紧带用3角回车固定法。固定两端松紧带后、剪去多余松紧带。

06再运用⑧拉链口布与20cm拉链，于上方制作一字拉链口袋（见157页）。

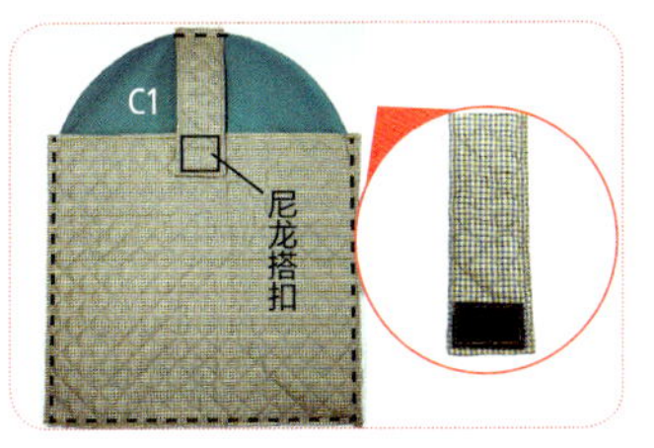

07制作笔电隔层，将⑨隔层布对折后压固定线。⑩袢扣布，背朝外对折，车合两侧，再翻回压线。⑨、⑩对齐车上尼龙搭扣。再固定于C1里布上。

制作主拉链袋1

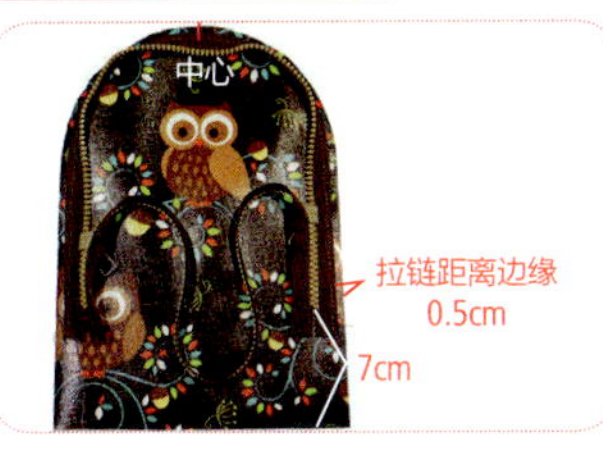

08A主袋表布与45cm拉链，正面相对，对齐中心，先疏缝固定。如图。

09接着取步骤1的其中一片A袋里布，与其正面相对车缝接合，下缘不车为返口用。

10圆弧处剪锯齿状，再翻回正面，压固定线。

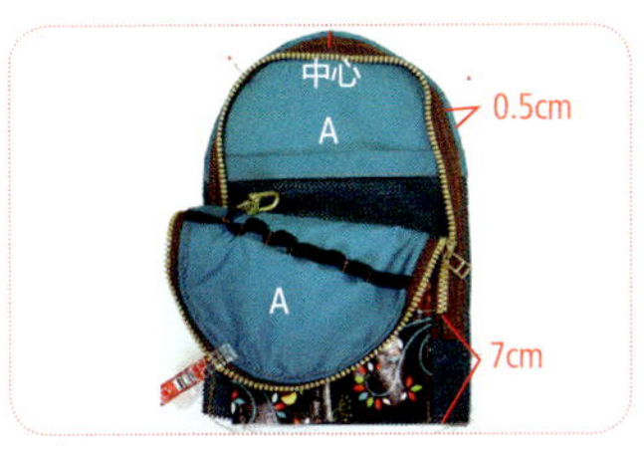

11另侧拉链则是背面与另一片里A正面相对同步骤8车合。

12表布B的内圈缝份剪牙口后，再与步骤11的A袋正面相对车合（夹车拉链那圈）。

制作主拉链袋 2

⑬翻回正面，缝份倒向B，并车压固定线。再将AB相并车固定，特别注意A与看起来是相连接的，拉链齿也呈向外凸起状。

⑭车缝第二层拉链，65cm拉链与B正面相对，对齐中心，拉链距离如图对好，先疏缝固定。

⑮取B1里布1片，与其正面相对缝合，底端不车作为返口，圆弧处须剪锯齿状。再翻正面作压线。

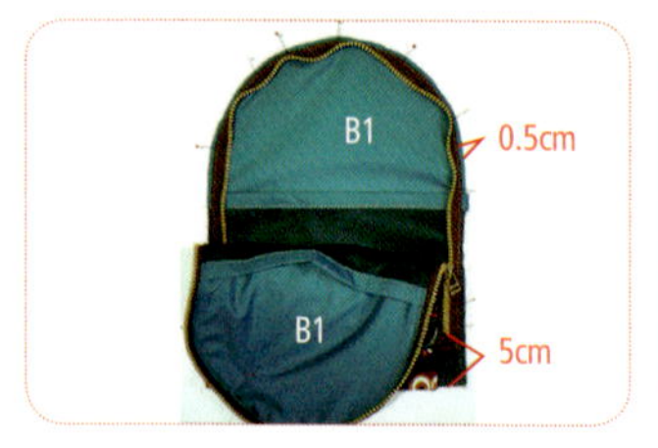

⑯另侧拉链则是背面与另一片B1里布正面相对，同步骤14车合。

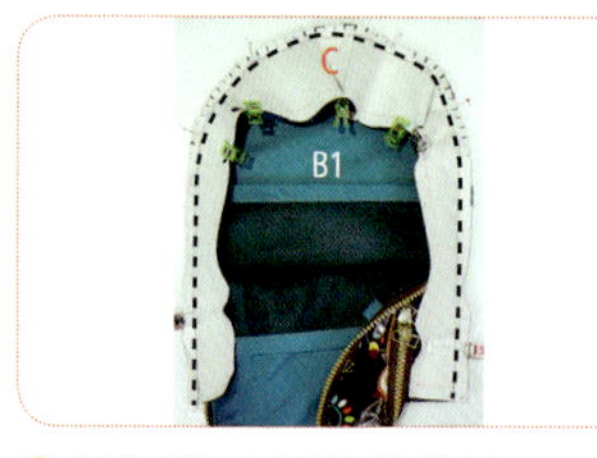

⑰表布C的内圈缝份剪牙口，再与步骤16的B1拉链袋正面相对车合。

⑱将包翻回正面，缝份倒向C，车压固定线。再将BC并车固定，同步骤13。

制作主拉链袋 3

⑲配色口袋E表、里布正面相对，车圆弧处并剪牙口后翻正面压线，中央钉上磁扣。再车缝于袋身，拉链下方钉4颗铆钉固定。A布上相对应钉上磁扣。

⑳取拉链挡布⑪表、里布，夹车65cm拉链的头尾，翻正面后四边车压固定线。

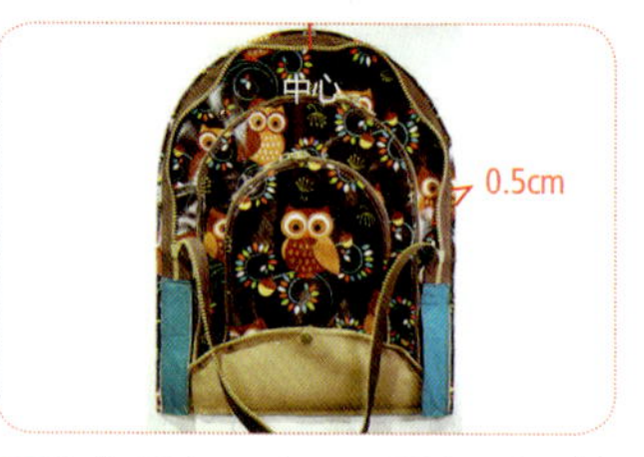

㉑将拉链如图与C正面相对，挡布要与下缘对齐，将拉链疏缝固定。

㉒取步骤7的C1里布，与C正面相对，下缘为返口，其余车合。

㉓圆弧处剪锯齿状后，翻正、压线。

制作里袋身

㉔拉链另一侧背面与D侧袋身里布正面对齐中心点后，疏缝一圈。请注意：是D里布有弧度的那一边与拉链疏缝。

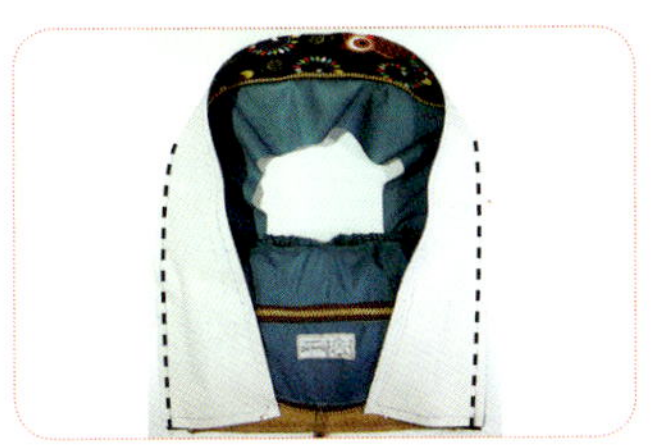

㉕取D侧袋身表布，与D侧袋身里布正面相对，也是车缝有弧度的那一边。

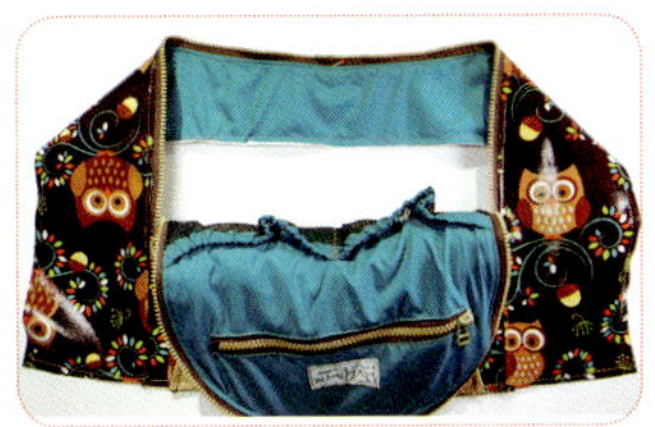

㉖翻正、压线。同时将D表、里布一起车合。

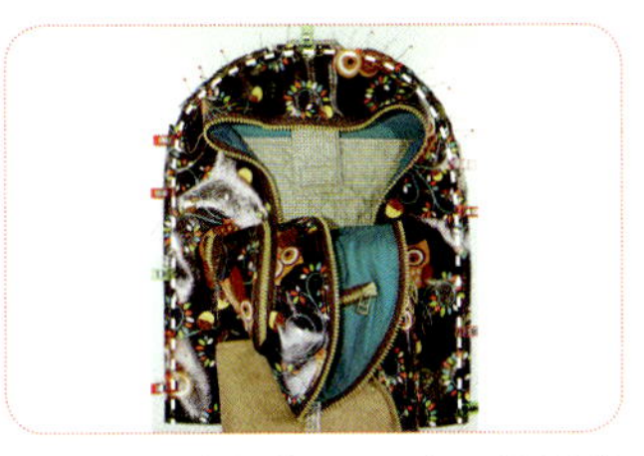

㉗将D圆弧处剪牙口后，其侧袋身里布与步骤7的C1里布正面相对、如图疏缝。

制作后袋身

㉘取口袋布⑧20cm拉链各两个，如图距于C1表车出两个一字拉链。

㉙翻至背面，将两个口袋布上下缘车合。请注意：不要车到C1表布。

㉚减压背带：取⑭、⑮、⑯与2.5cm的织带、口形环、日形环，运用155页【减压后背带制作法】做出两条背带。

㉛背带如图（有点斜角），车固定于C1表布上方中央。织带挡布如图距车于下方两侧。

㉜C1表布与步骤27的表布D正面相对车合，夹车D。圆弧处剪锯齿状后翻正（不要剪到背带），运用骨笔将布整平。

㉝将背带缝份、连同C1表里布钉在一起加强固定。

组合袋身与袋底

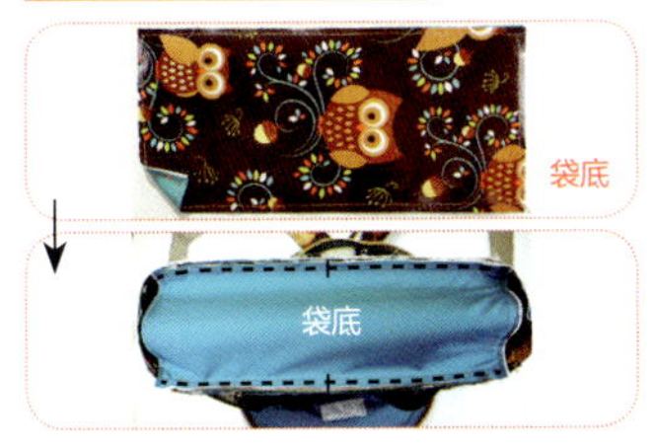

㉞袋底与表里布⑫背对背车合。再与袋身正面相对，四边对齐以点对点方式，先车合长边。

㉟车缝短边时，同样以点对点方式车合，并先在袋身直角处剪牙口，较好车顺。

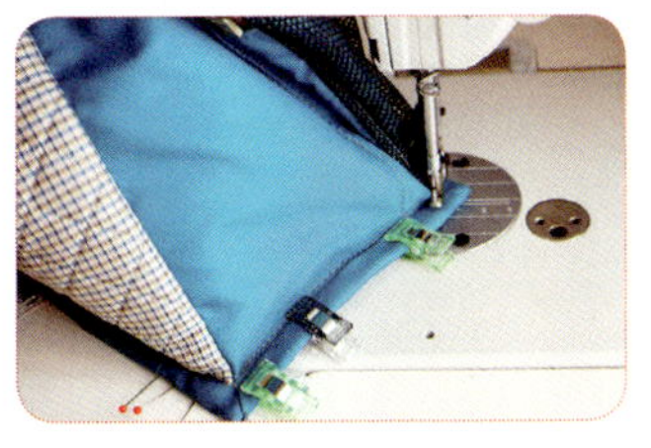

㊱取袋底滚边布⑬做缝份包边。完成袋身组合。

㊲皮条头尾夹上皮尾束夹后，如图钉好。

注意：勿钉到背带上，也不要钉太松以免容易滑动。
作用：可当手提把、调整双肩背带宽度。

私藏作法

毛头小鹰后背包另种做法

01在步骤8若不做前置造型口袋时，可直接将拉链尾端折入车缝。

02做法同原步骤9至步骤10与里袋身车合后翻正面，压线后，拉链尾端即会收进去。

03做到原步骤11时，也是将另侧拉链尾端折入车缝。

04接着原步骤12至步骤13即可以看到拉链尾端收进去的样子。

05将A如图车好（看起来要与B相连）即可，再钉上铆钉加强固定。在之后步骤只要把拉链尾端折入，此包就会有不同的变化啰！！

06制作小型双拉链后背包，袋底⑫尺寸改为24cm×14cm，侧带身布则以纸型D上所标示（小型毛头小鹰包）为准。

轻巧随行
双拉链三用包

交叉背带好有造型，
侧背或手提都优雅。
包款分层便于收纳，
东西各有属于自己的家。

完成尺寸：
宽32cm×高20cm×厚7cm

【裁布表】数字尺寸已含缝份；纸型未含缝份，需另加缝份。缝份：未注明=1cm。

部位名称	尺寸	数量
表袋身		
袋身	依纸型 A	4
拉链挡布	① ↔ 4cm × ↕ 3cm	4
侧身布	② ↔ 60cm × ↕ 9cm	2
袋盖	依纸型 B	表 1
		里 1
里袋身		
袋身	依纸型 A	2
	依纸型 A 上	2
	依纸型 A 下	2
开放口袋	③ ↔ 26cm × ↕ 30cm	2

【其他材料】

★ 3V拉链25cm×2条。
★ 2.5cm：织带8cm×2条、120cm×2条。
★ 2.5cm：D形环×4个、日形环×2个、手钩×4个。
★ 插式磁扣×1组。胶版12cm×5cm×1片。
★ 手提把×1组、皮下片×2片、皮标×1片。
★ 1.5cm牛仔扣×1组。
★ 铆钉×数组。

【裁布示意图】(单位：cm)

豆沙色防水布（幅宽 110cm×70cm）

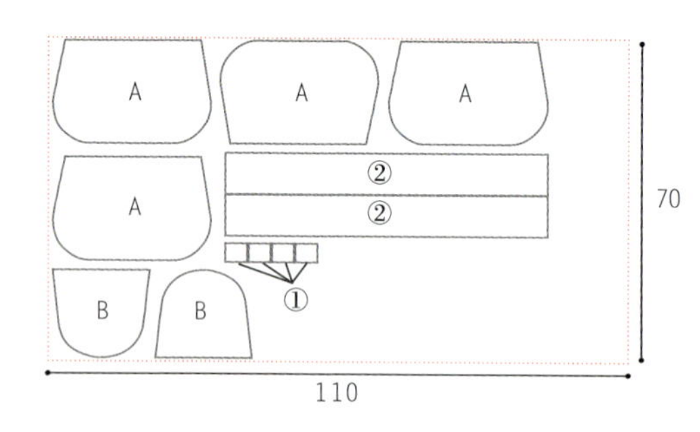

星星防水布（幅宽 110cm×60cm）

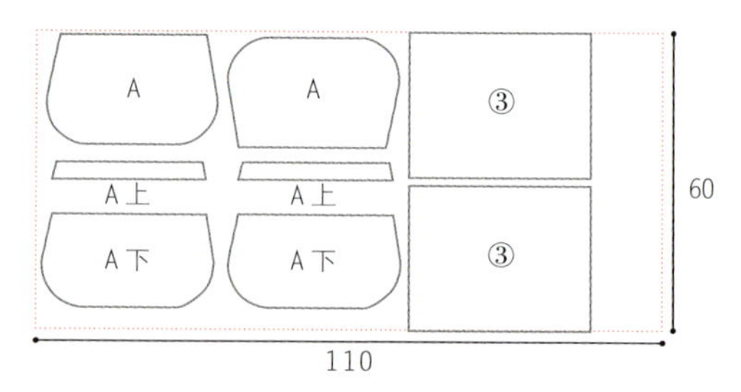

制作内里口袋

01裁开放口袋布③置于袋身A下的里布中间，正面相对，避开两侧1cm缝份，实车24cm。

02再将两侧缝份折入用珠针先固定③。

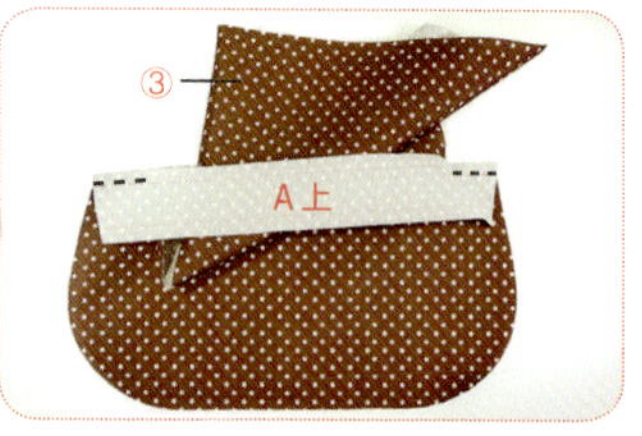

03备袋身A上的里布盖上，避开口袋位置不车，只缝合两侧，再将口袋布由袋口拉出来。

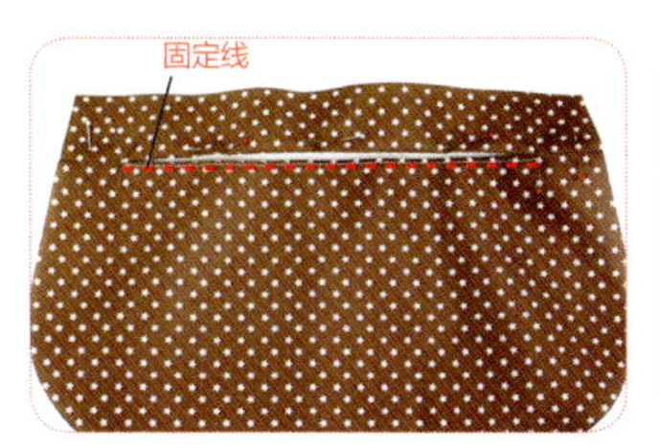

04刮平缝份后，由正面实压口袋布24cm固定线。

05口袋布往上折，对齐A上的缝份边缘，并只车缝口袋布的两侧。勿车到其他布片。

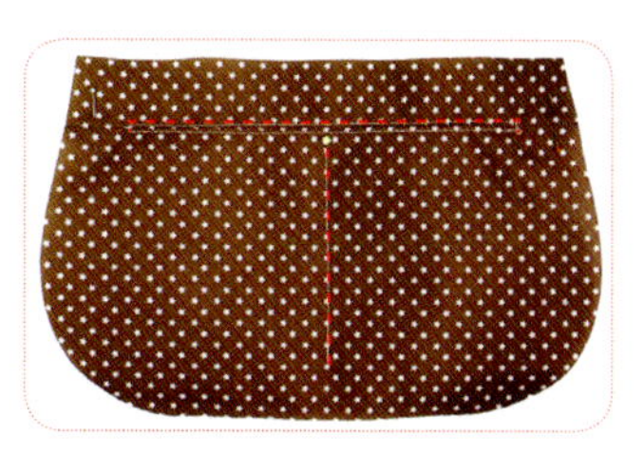

06翻至正面，车缝ㄇ字形。再将口袋车分隔线，并钉上铆钉、加强耐用度，一共完成两片有口袋的里袋身。

制作中间袋身

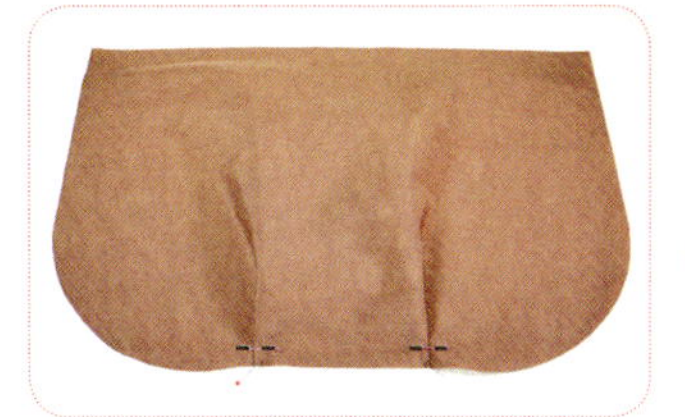

07将袋身的折份先车缝固定，并依纸型A在表布正面、里布背面画上褶合记号，可使折出的方向有一致性。

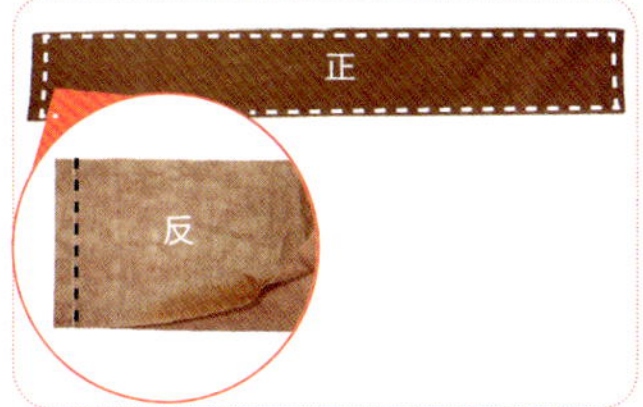

08裁两片②正面相对、先将两侧边（9cm那边）车合。接着翻正后，四周压线。

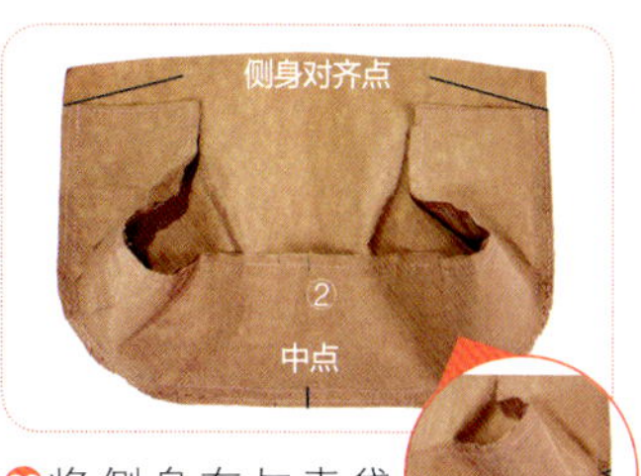

09将侧身布与表袋身A正面相对车合。找出各中心点，左右对齐，弧线处则要剪牙口。

组合前拉链袋身

10再取另一片表袋身A，同上与侧身布②车合（完成中间袋身）。

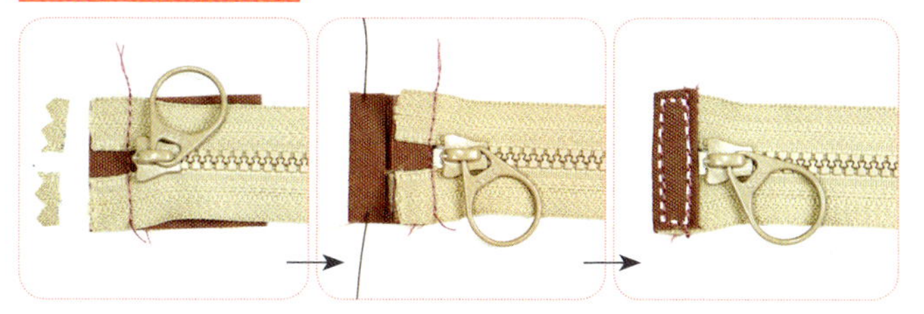

11 25cm拉链头尾布先剪剩1cm，再用①，将拉链头尾包边。共完成两条。

12表布依纸型A标示装上磁扣。再将包好边的拉链，距上缘0.5cm处置中疏缝好拉链（此时可决定拉链开合的方向）。

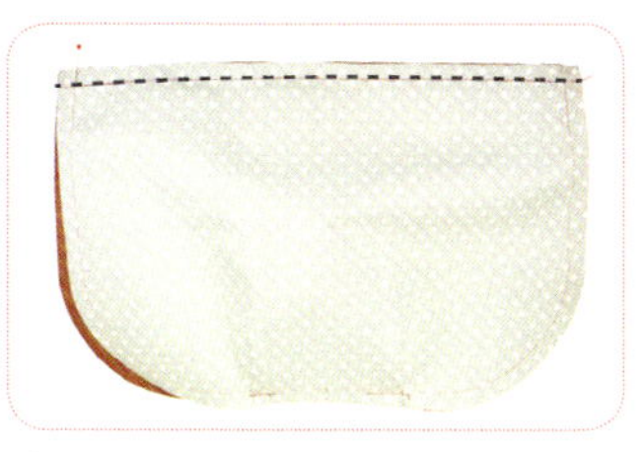

13袋身表A、里A正面相对，夹车拉链。

14翻正、压线。头尾两端留至少1cm不压线。

注：不压线是为了有利于步骤20的缝份容易倒向表布。

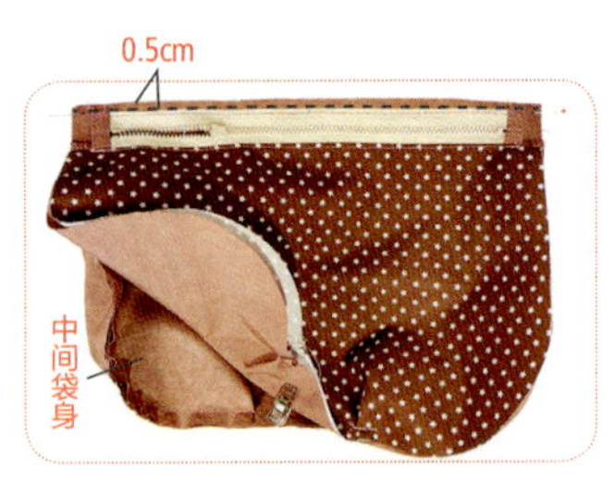

⑮续与步骤10的中间袋身正面相对，拉链的另一边要距离袋身上缘0.5cm处置中疏缝固定。

⑯再取步骤6完成的里袋1片，与其正面相对、夹车拉链。

⑰翻正、压线。一样头尾两端1cm不压线。

⑱再把中间袋身往中间压平，露出边缘，比较有利于之后的车缝。

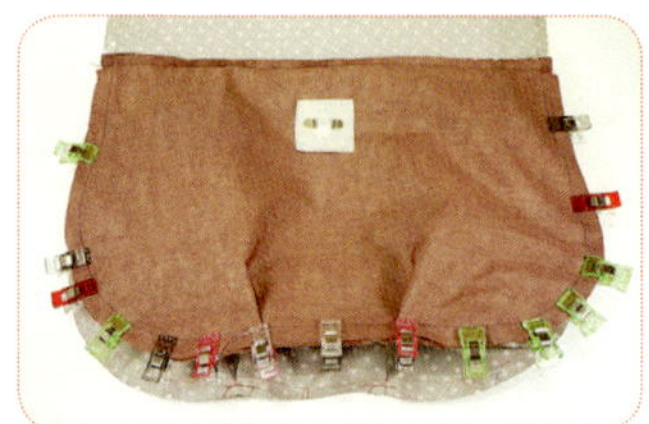

⑲将有磁扣的那片表袋身A往下翻与步骤18中间袋身露出的边缘夹齐。

⑳如图，也将两片里袋身A正面相对夹齐；车合一圈、于里袋身留约14cm之返口（交界处的缝份要倒向表布）。

组合后拉链袋身

㉑将圆弧处缝份修剪成锯齿状，再翻回正面，缝合返口。完成前拉链袋身。

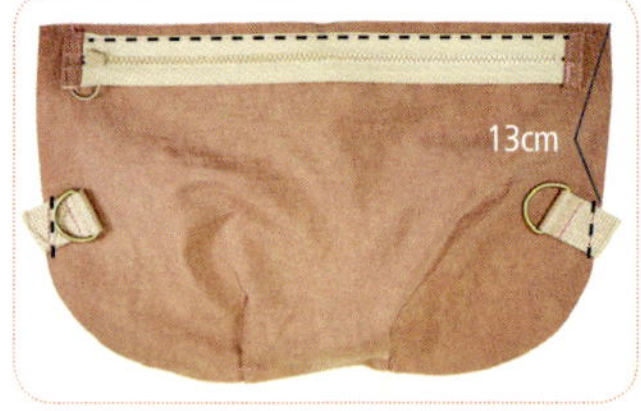

㉒8cm织带套入D形环对折，车于表袋身A两侧。袋口则取步骤11包好边的拉链，同样距边缘0.5cm置中疏缝固定。

㉓续与步骤6的里袋身1片正面相对，夹车拉链。

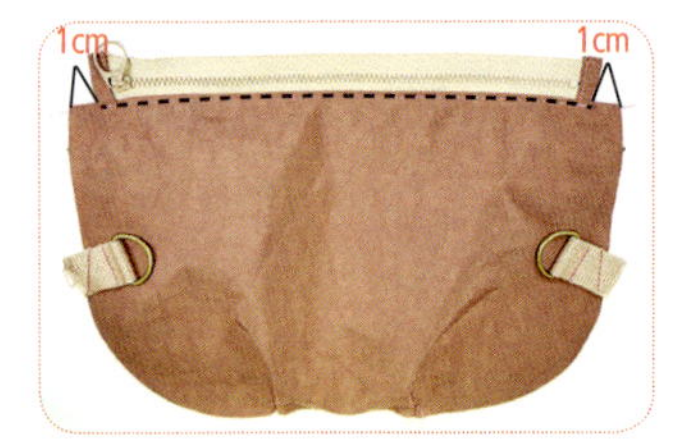

㉔翻正、压线。一样也是头尾两端留至少1cm不压线。

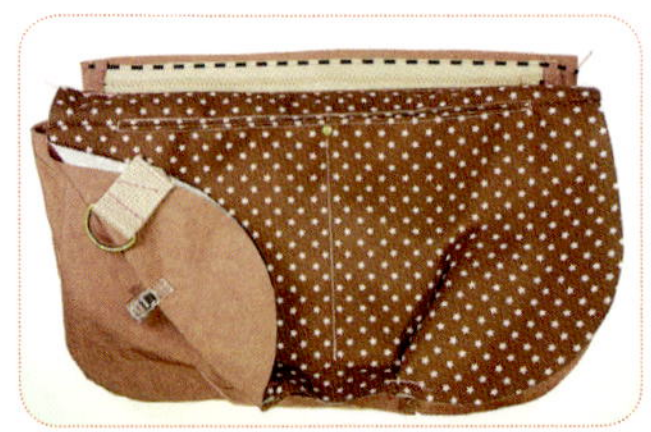

㉕取步骤21的中间袋身置于下方。再放上步骤24，正面相对，置中疏缝好另侧拉链。

㉖取另片里袋身A，与中间袋身正面相对、夹车拉链。

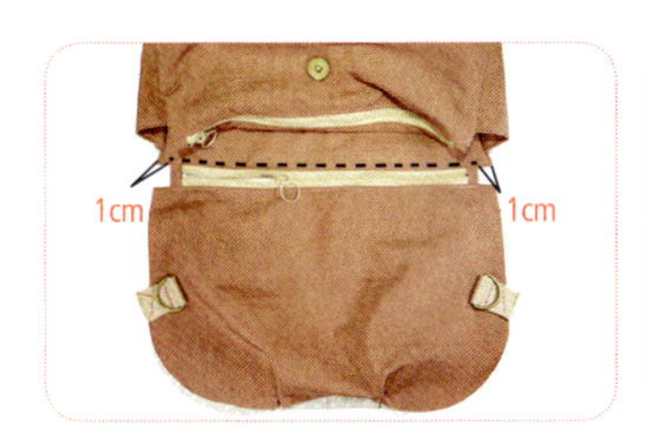

❷❼翻正、压线。一样也是头尾两端留至少1cm不压线。

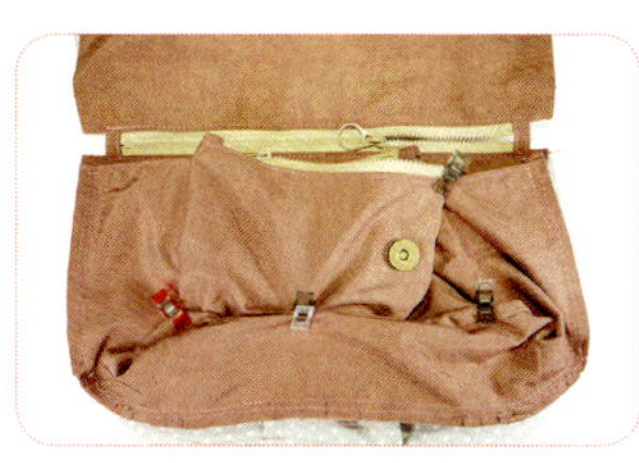

❷❽把前拉链袋身先往中央集中、压平，露出边缘。

❷❾有D环的表袋身A往下翻与中间袋身的边缘夹齐，两片里袋身A也正面相对夹齐；车合一圈、于里布留返口。缝份倒向表布。

❸⓿将圆弧处缝份修剪成锯齿状，再翻回正面，缝合返口。

制作袋盖

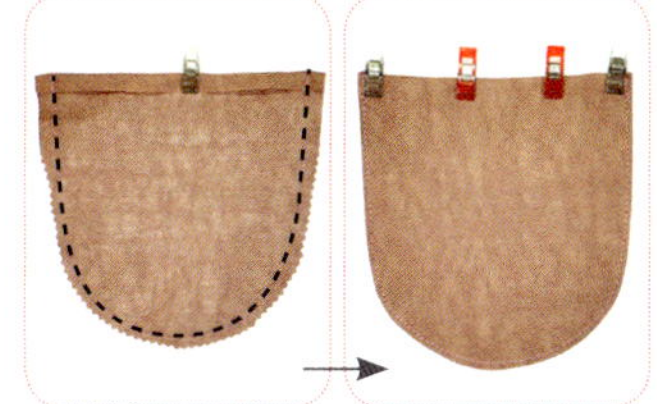

❸❶裁袋盖B表、里各一片，将袋口缝份往内折，正面相对车U字形，再翻正压线（袋口先不车合）。

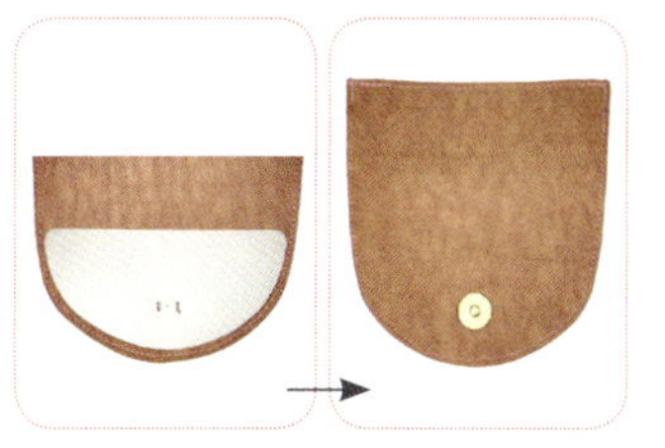

❸❷胶版如图剪成比前端袋盖略小的形状，尖端处要修圆，并打好磁扣洞。再将胶版塞入，连同里袋盖一起安装磁扣。再车合袋口。

安装提把、背带

❸❸如图距，将袋盖缝于后片中间袋身，并于两侧钉铆钉，加强固定。

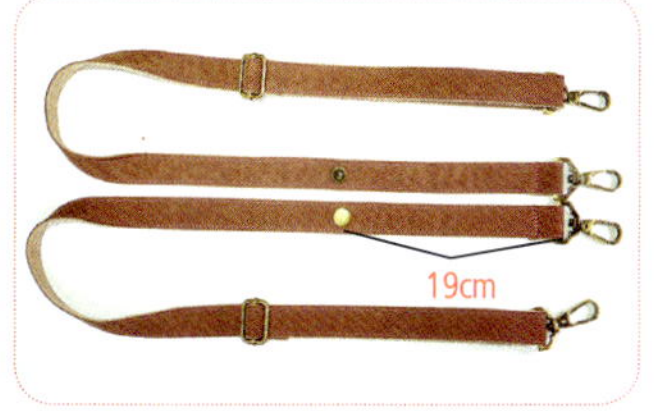

❸❹用120cm织带、日形环、手钩，制作两条双钩头背带。距手勾19cm处钉上牛仔扣，使背带可以交叉后背，不跑位。与包身上的4个D形环配合，可做出各式变化。

❸❺皮下片套入D形环、对折、钉于袋身两侧。再钉上提把。

❸❻完成。

※本页的后背包款式为玩乐猫立体口袋后背包的同款背包（仅布料不同）。

玩乐猫
立体口袋后背包

前方大大的两个立体口袋，
是小朋友藏宝贝的好地方，
背去远足绝对是同学的焦点。
换个布料，大人背也优雅呢！

✽ 完成尺寸：
宽26cm × 高30cm × 厚12cm

【裁布表】数字尺寸已含缝份；纸型未含缝份，需另加缝份。缝份：未注明=1cm。

部位名称	尺寸	数量	烫衬 / 备注
前表袋身			
袋身布 / 上片	纸型 A 上	1	硬衬
袋身布 / 下片	纸型 A 下	1	硬衬
立体口袋布	纸型 B	表 2 / 里 2	硬衬 / 轻挺衬
袋盖布	纸型 C	表 2 / 里 2	厚硬衬 / 轻挺衬
拉链口袋布	① ↔ 15cm × ↕ 18cm	1	轻挺衬
棉织带装饰布	② 4cm × 48cm / ③ 4cm × 30cm	1 / 1	
侧袋身			
拉链口布	④ 7cm × 43cm / ⑤ 13cm × 43cm	1 / 1	硬衬 / 硬衬
侧身布	纸型 D	表 2 / 里 2	硬衬 / 压棉布免烫衬
口袋布	纸型 E	表 2 / 里 2	厚衬 / 厚衬
后表袋身			
袋身布	纸型 A	1	厚硬衬
拉链口袋布	⑥ ↔ 20cm × ↕ 30cm	1	薄衬
提把盖布	⑦ ↔ 27cm × ↕ 14cm	1	轻挺衬
减压背带布	⑧ ↔ 7cm × ↕ 52cm	表 2 / 压棉布 2	厚衬 / 压棉布免烫衬
	⑨ ↔ 4.5cm × ↕ 51cm	单胶铺棉 2	
背带固定布	⑩ 11cm × 11cm	1	
里袋身			
前、后袋身布	纸型 A	2	压棉布免烫衬
滚边斜布条	⑪ 5cm × 170cm	1	

【其他材料】

★ 5V拉链（布宽3cm之拉链）：12.5cm × 1条、15cm × 1条、40cm双拉头 × 1条。
★ 宽2.5cm棉织带：提把用：48cm × 1条、30cm × 1条。
★ 后背带用：15cm × 2条、50cm × 2条。
★ 束绳：36cm × 2条、束扣 × 2个、10mm鸡眼扣 × 4组。
★ 插式磁扣 × 2组。
★ 蕾丝30cm × 2条。
★ 日形环 × 2个、口形环 × 2个。

【裁布示意图】（单位：cm）

玩乐猫图案布（幅宽 110cm × 60cm）

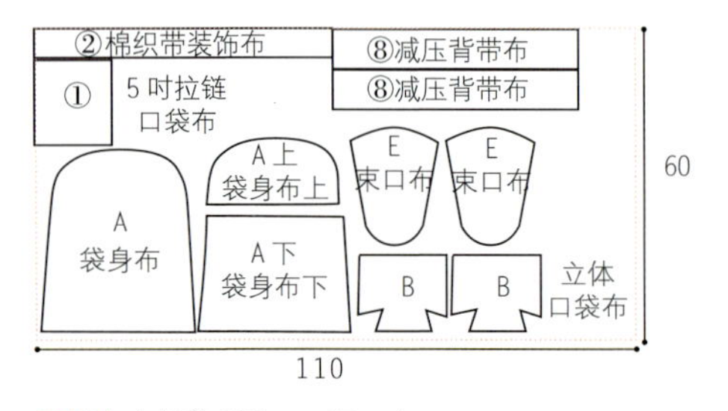

紫色格子布（幅宽 112cm）

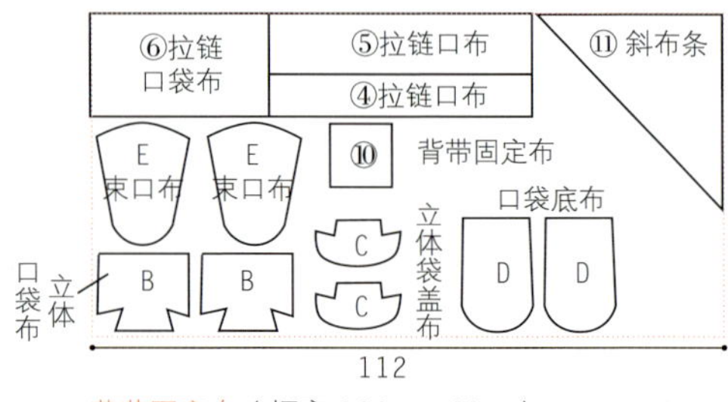

压棉布（幅宽 150cm × 37cm）

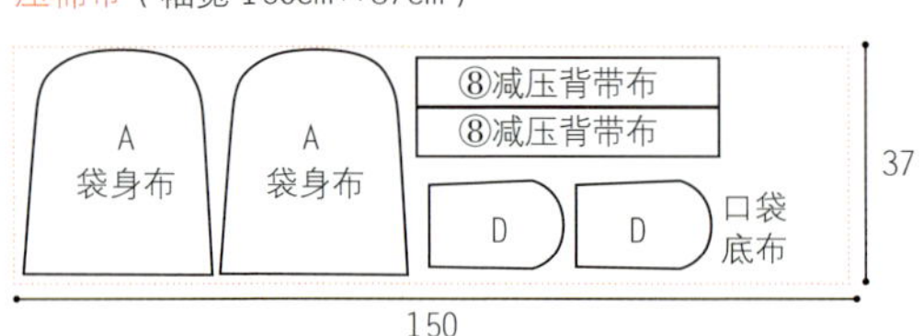

草莓图案布（幅宽 110cm × 30cm）

制作前表袋身立体口袋

❶立体口袋B表、里布车缝袋底褶子，需回针缝加强。表布对好位置安装磁扣。袋口上缘折入1cm。再将表、里相对缝合。其袋角缝份要错开，勿重叠。

❷缝份剪锯齿状后翻回正面。压线一圈。共完成两组。

❸车缝袋盖C表、里布之底褶子。同步骤1，并于相对应位置在里布上安装磁扣。

❹表布与里布正面相对，依指示线车合。下缘为返口。

❺圆弧处缝份剪锯齿状，直角处缝份可多剪（有助直角线条）。翻回正面压线一圈。

❻缝蕾丝装饰袋盖，30cm的蕾丝先缩缝（不打结），再顺着袋盖弧度将蕾丝车缝上去。拉掉缩缝线。共完成两组。

❼依纸型A下描绘出口袋位置。

❽运用珠针，先对齐口袋底部中线固定，再对齐上端左、右角。

❾依图示，先由下缘往上车缝（红线），再由袋口往袋底车缝固定（黑线）。

制作前表袋身贴式口袋与提把

❿将两个车好蕾丝袋盖固定于口袋上方。共完成两个立体口袋。

⓫拉链口袋布①烫对折，上缘车压固定线，再车缝于拉链一侧。

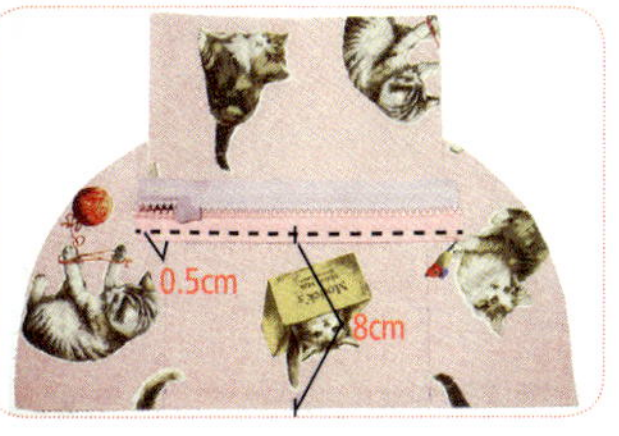

⓬取前表袋身布A上，距下缘8cm处画一道平行线并找出中央点，将拉链对齐中央点，临边0.5cm车缝固定。

⑬口袋布翻下，将其余三边固定。

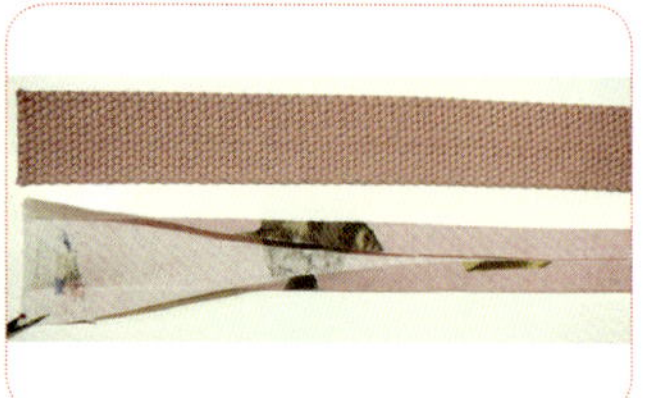

⑭装饰布②，两侧各折入1cm缝份后，车于48cm提把织带上。

⑮依图示距离车缝于袋身布A上。

⑯A上与A下正面相对车合。

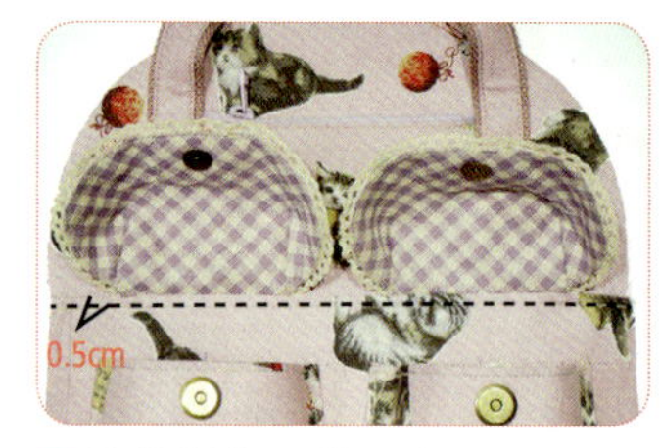

⑰缝份倒向下片，车压0.5cm固定线。

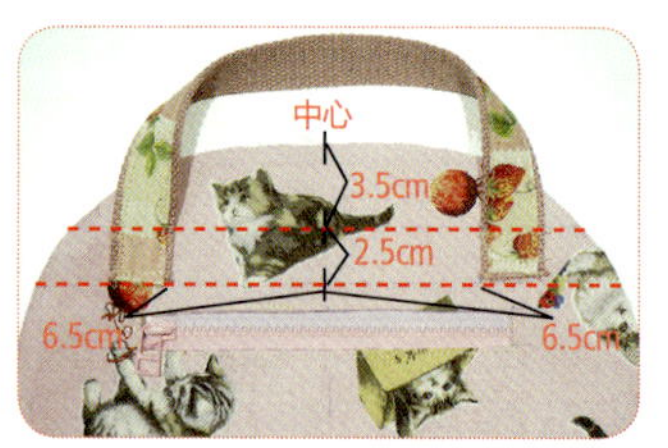

⑱同步骤14将装饰布③车缝于30cm提把织带上，依图示距离车于后袋身A。用口袋布⑥于提把下1cm处平行车缝15cm一字拉链口袋（157页）。

⑲取减压背带布⑧⑨与后背带用织带，依155页【减压后背带制作法】完成两条减压后背带，再如图固定于袋身中央。

⑳提把盖布⑦，上下各折入1cm缝份后，再对折、四边车缝固定线。

㉑依图示车两条固定线，遮住提把与背带之缝份，也作为拉链袋盖。

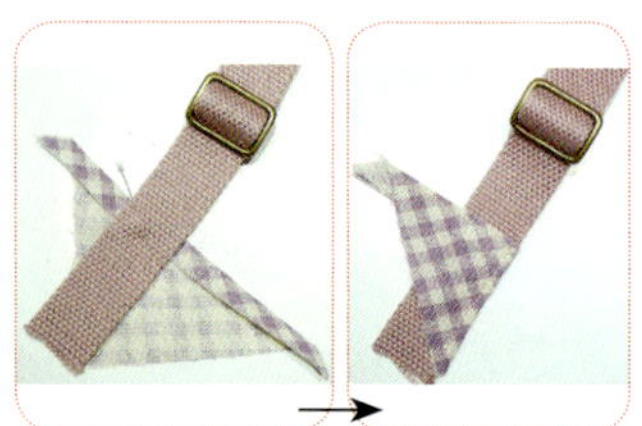

㉒将背带固定布⑩对角线裁开，长边折入1cm缝份。放入背带末端织带后，对折、车合。

㉓依图示距离，将织带固定于后袋身。剪去多余的布料与织带。

㉔组合前后表袋身。前后表袋身，先正面相对底部车合，翻正后，缝份倒向任一边，车压固定线。

制作侧袋身

㉕束口袋表布E，依记号点钉上鸡眼扣。束口袋表里布正面相对车合上缘。缝份剪锯齿状，翻正。

㉖正面压车一道0.2cm临边线，距临边线2cm再车一道固定线。穿入束绳与束扣。接着与侧身布D，依图示，先由下缘中央往上疏缝。

㉗另一侧再由上往下疏缝。圆弧处用此缝法较不易失误。完成两个侧身束口袋。

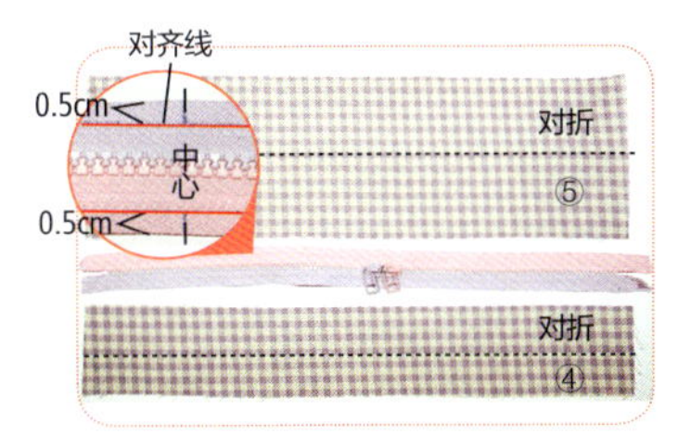

㉘于40cm拉链两侧平行画出0.5cm对齐线。

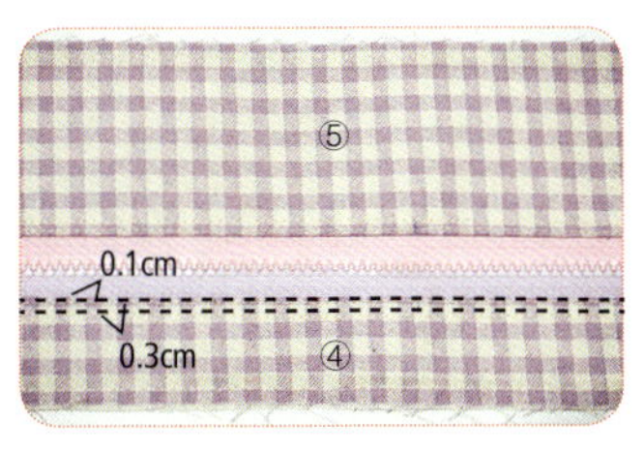

㉙拉链口布④、⑤对折，顺着对齐线、车固定于拉链两侧。

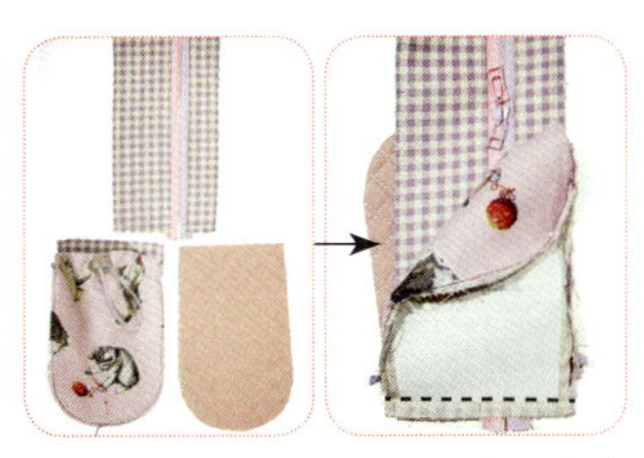

㉚取步骤27束口袋、与1片侧袋身里布D，正面相对夹车拉链口布。

㉛再将束口袋、侧袋身背面相对疏缝起来。另一侧做法相同。侧袋身完成。

制作里袋身

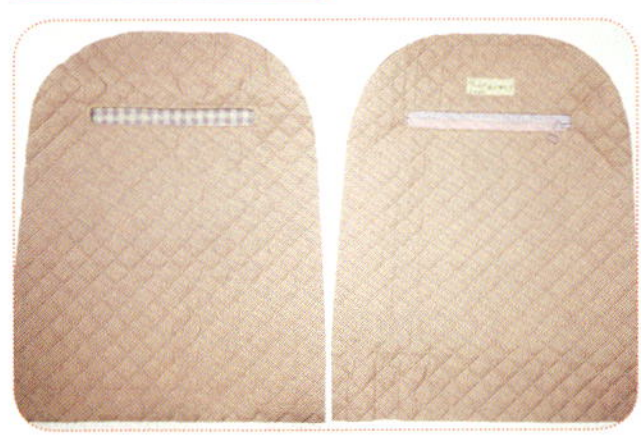

㉜前、后袋身布，请自由设计喜欢的内口袋。再同步骤24组合袋身布。

㉝组合袋身。外袋身与里袋身，背面相对，疏缝一圈车合。

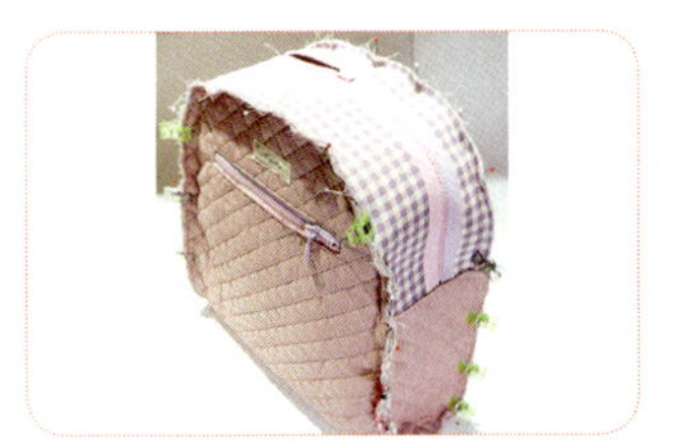

㉞将疏缝好的里外袋身与步骤31侧袋身正面相对，沿边车合。

㉟依156页【机缝滚边法】车上滚边斜布条⑪。最后翻回正面即完成。

法斗犬
双束口后背包

可爱的法斗犬，
陪着我到处出游。
特别的双束口袋设计，
背出去是独一无二，
贴心的袋盖更具安全感呢！

完成尺寸：
宽38cm×高38cm

【裁布表】数字尺寸已含缝份；纸型未含缝份，需另加缝份。缝份：未注明=1cm。

部位名称	尺寸	数量	备注
前、后表袋身布	① 40cm×40cm	2	
前、后里袋身布	① 40cm×40cm	2	
袋盖表、里布	依纸型 A	2	表布烫衬
小束口袋布	② 25cm×40cm	2	
装饰布	③ 13cm×13cm	2	
包扣布	直径 5cm 圆形	2	
	直径 3cm 圆形	2	

【其他材料】

★2cm织带×90cm。
★2cm织带用插扣×1组。
★2cm塑胶包扣×2组。
★束绳 546cm。

【裁布示意图】(单位：cm)

帆布(幅宽 114cm×40cm)

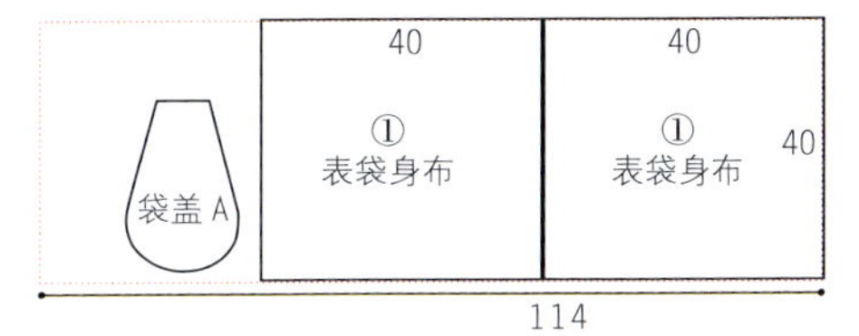

装饰布 ③ ③ 13
13 13

图案布(幅宽 110cm×65cm)

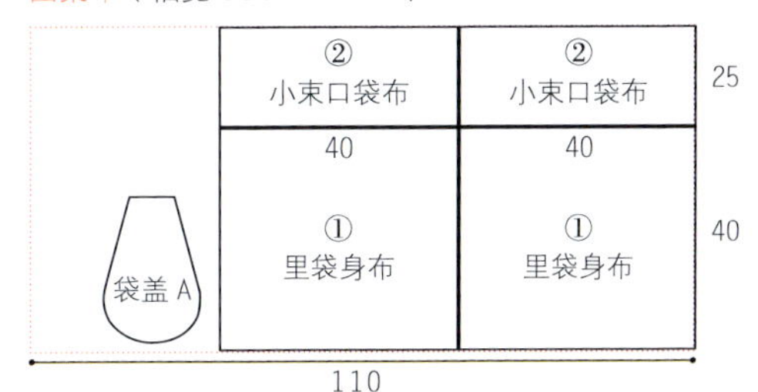

制作袋盖

01 取8cm织带穿入插扣母扣后，对折；车缝于袋盖A的表布下缘中央。

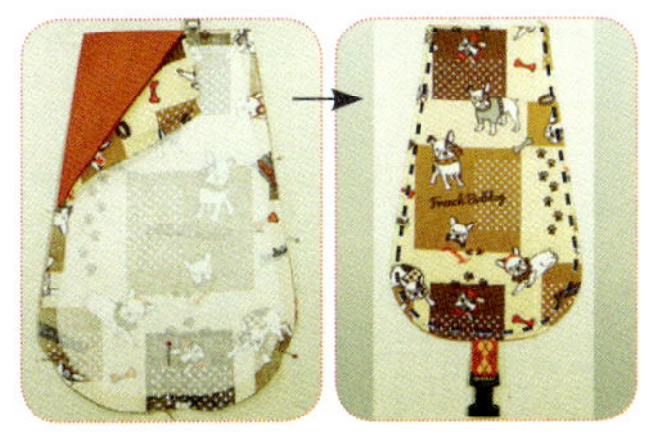

02 将袋盖的表、里布正面相对车缝U字形，并将圆弧处剪锯齿状后翻回正面。临边压线一圈。

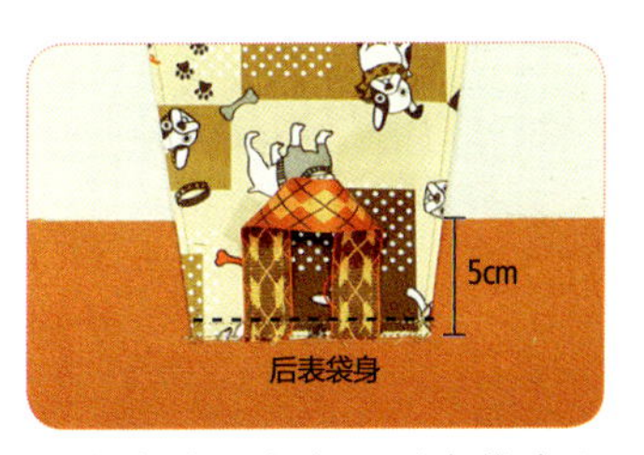

03 将袋盖置中车于后表袋身之后，裁20cm织带，头尾对齐袋盖边缘一同车合。

04 取40cm织带如图距车上，遮掉袋盖的缝份。

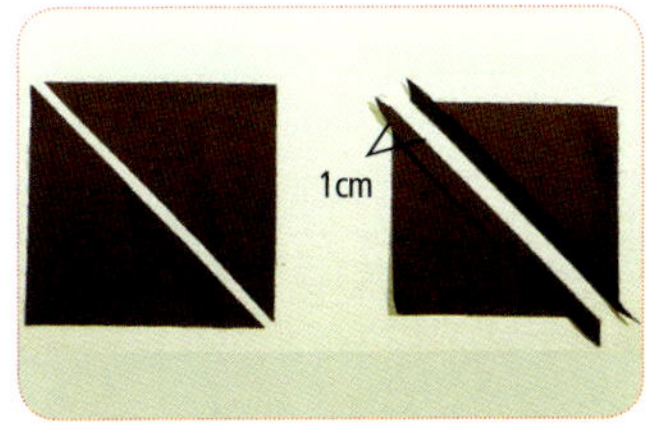

05 装饰布③对半裁成三角形，再将最长边之1cm缝份往内折入。

06 取装饰布两片，分别车固定于后表袋身之左、右下角；再裁10cm束绳两条、对折后也分别车于左、右下角。后表袋身完成。

制作小束口袋

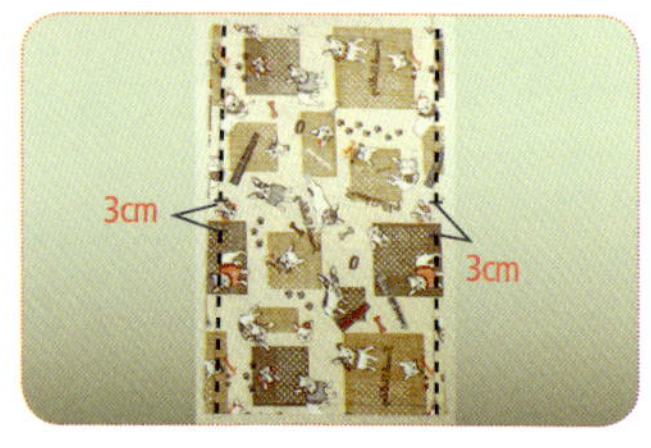

07 小束口袋布两片正面相对车合两侧长边，中间则留3cm不车合。车缝时要回针缝以防车线脱落。

08 将缝份烫开。此时就会发现中央有预留的缺口。

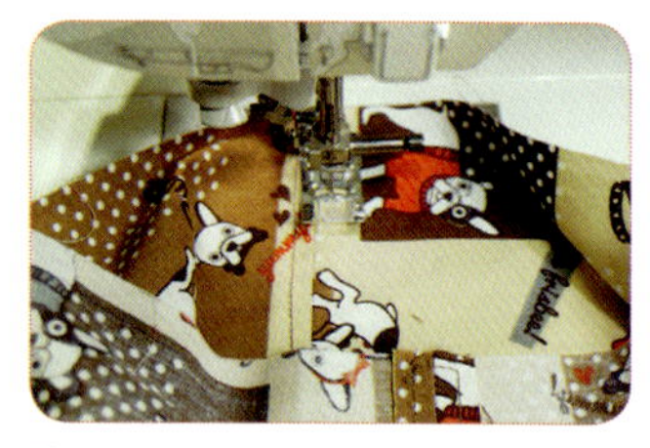

09 缝份两侧压车0.5～0.7cm的固定线。小秘诀：袋身不必翻正比较容易从头至尾顺顺车缝。

10 换上下两侧（25cm那侧）车合，但其中一侧要留8cm返口。袋身四个角修剪缝份。

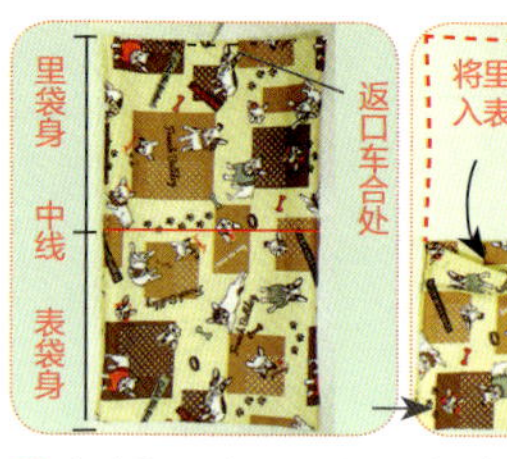

11 由返口翻正后，车合返口。找出袋身中线（如图示），将有返口的半边，当成里袋身折入表袋身中。

12 距袋口1.5cm处，压车一圈固定线。裁63cm束绳两条，分别由袋口两侧的穿入孔穿入。

13 剪去包扣脚。再缩缝大小各两个的圆形包扣布。

14 将包扣放入包扣布后缩缝起来，大小包扣再夹缝束绳的尾端。完成小束口袋。

组合前表袋身

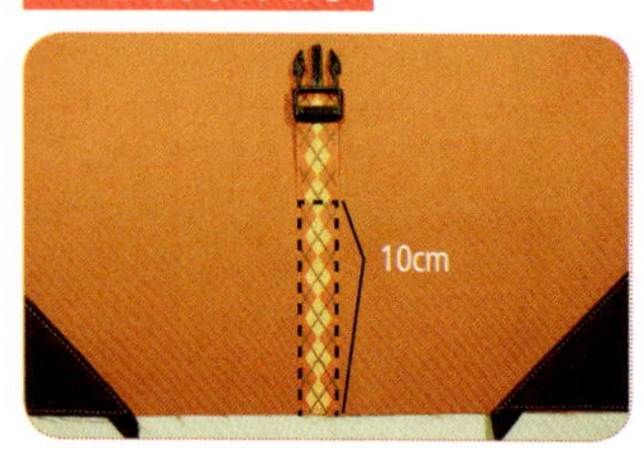

15 22cm织带一端穿入插扣公扣后，反折7cm，用珠针固定好。再将其固定于袋身下缘中央，压车ㄇ字形固定线。取两片装饰布，分别车缝固定于袋身之左、右下角。

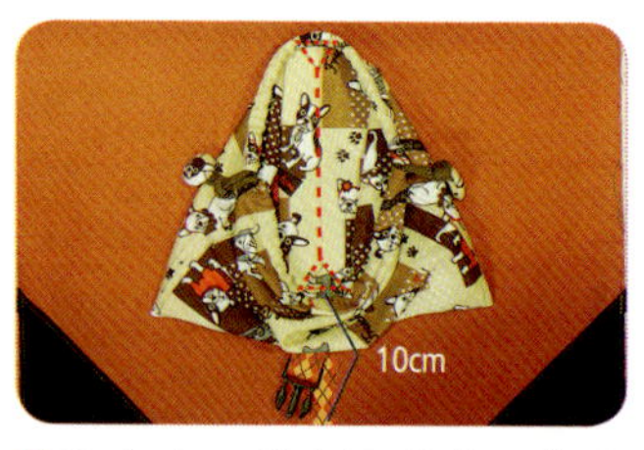

16 取小束口袋车于袋身下缘中央往上10cm处。车缝时，打开袋子，由里袋身中央车缝直线固定，直线之开头与结尾皆车成三角形（较耐用），注意车缝时要避开织带与束绳。

17 车完后，正面看不到车缝固定线。

组合表里袋身

⑱取表里袋身各1片，车合袋口缝份。

⑲前、后袋身做法相同。再打开如图。

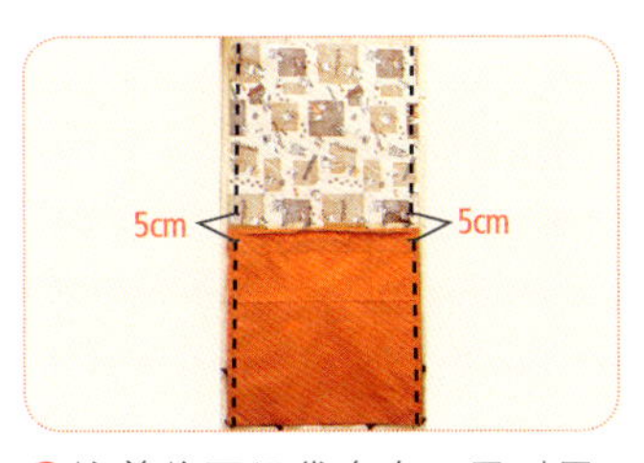

⑳接着将两组袋身布，里对里，表对表正面相对车缝两侧，其中间处各留5cm不车。车缝时皆要回针缝。

㉑将缝份烫开。缝份两侧压0.5～0.7cm固定线。

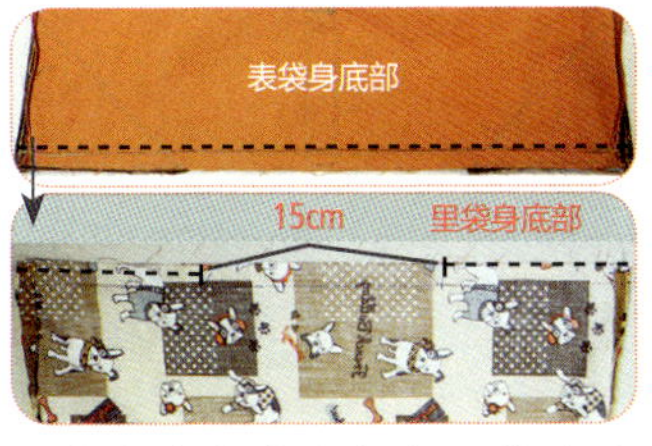

㉒车合表袋身底部与里袋身底部，并于里袋身底部留15cm返口。

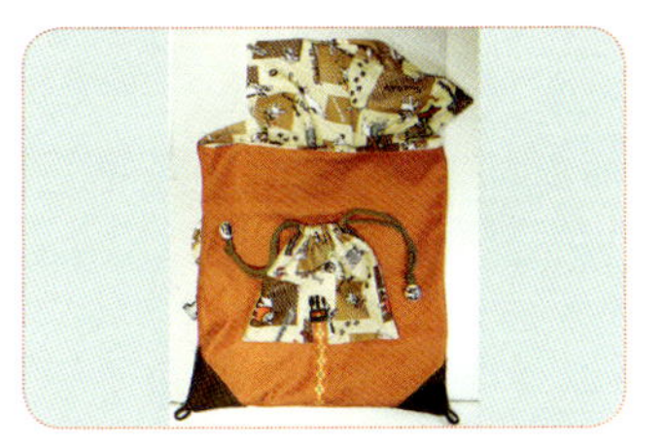

㉓修剪袋身四个角后，由返口翻回正面。车合返口，再将里袋身折入表袋身中。

㉔将袋口整烫好。距袋口2.5cm处，压车一圈固定线。

㉕裁200cm束绳两条，分别由袋口两侧穿入孔穿入。

㉖将束绳尾端绑于袋角的束绳圈内。双束口后背包完成。

一加一不等于二 多变狐狸包

包包的变形金刚，非狐狸包莫属。
重装与轻装的变换，
绝对是出游的最佳伙伴。

完成尺寸：宽28cm×高30cm×厚11cm

前面小包可以拆开来单独使用喔！

【裁布表】数字尺寸已含缝份；纸型未含缝份，需另加缝份。缝份：未注明=1cm。

部位名称	尺寸	数量	烫衬（未注明=需要加缝份）	
表袋身				
前、后背心袋身	表：依纸型 A	2	× 防水布免烫	
	里：依纸型 A	2	轻挺衬	缝份不烫衬
表前、后袋身	依纸型 B	2	× 防水布免烫	
表侧袋身	依纸型 C	1	× 防水布免烫	
织带饰布	① ↔ 5cm × ↕ 25cm	2	× 防水布免烫	
拉链口布	②表 ↔ 30cm × ↕ 9cm	1	× 防水布免烫	
	②里 ↔ 30cm × ↕ 9cm	1	薄衬	
滚边布	③ 5cm × 66cm （直纹布可）	1	× 免烫	
里袋身				
里前、后袋身	依纸型 B	2	轻挺衬	
里侧袋身	依纸型 C	1	轻挺衬、中央再贴一层 14cm × 11cm 硬衬	注：步骤 27
里后袋身口袋	④ ↔ 20cm × ↕ 40cm	2	薄衬	
两用造型手拿侧背包（分离式）				
前袋身	依纸型 D	1	× 防水布免烫	
后袋身	依纸型 D	1	厚衬	缝份不烫衬
拉链口袋	⑤ ↔ 20cm × ↕ 30cm	2	薄衬	
手拿带	⑥ ↔ 35cm × ↕ 4cm	1	× 防水布免烫	

【其他材料】

★ 5V拉链15cm×2条、25cm×1条。
★ 3cm织带110cm×2条、14cm×2条、10cm×2条。
★ 内径3.5cm活动式圆环×2个、2.5cmD形环×2个、3cm日形环×2个、3cm口形环×2个。
★ 2cm皮条40 cm×1条、皮尾束夹×2个。
★ 造型磁扣×2组、2cmD形环×2个、2cm×5cm皮片×2片、1cm手勾×1个。
★ 插式磁扣×2组。
★ 铆钉×数组。

【裁布示意图】（单位：cm）

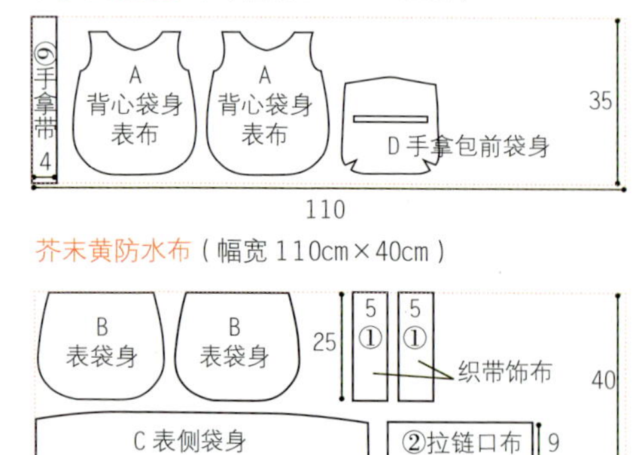

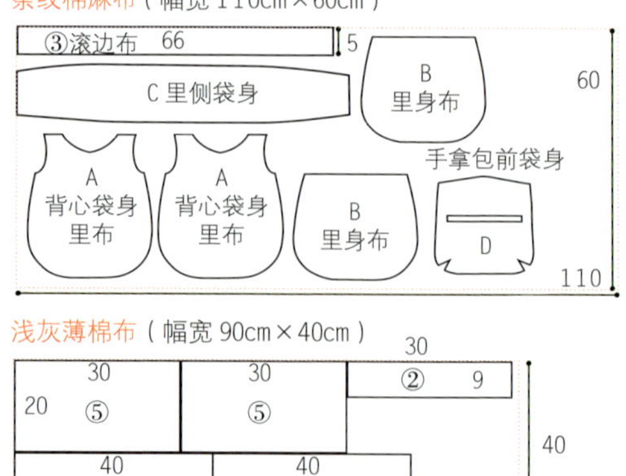

制作两用造型手拿侧背包

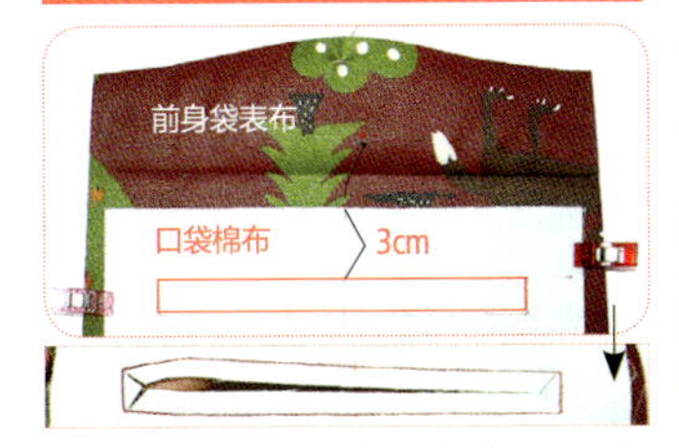

❶取口袋布⑤依纸型D位置，如图距与前袋身D正面相对，车出拉链框。框中所画>--------<线条剪开，注意勿剪到缝线。

❷将口袋棉布由切口处拉至背面，整型。

❸在框内置中放上15cm拉链，车缝四边固定。

❹口袋棉布往上对折，避开袋身布，将口袋布的袋口车合。

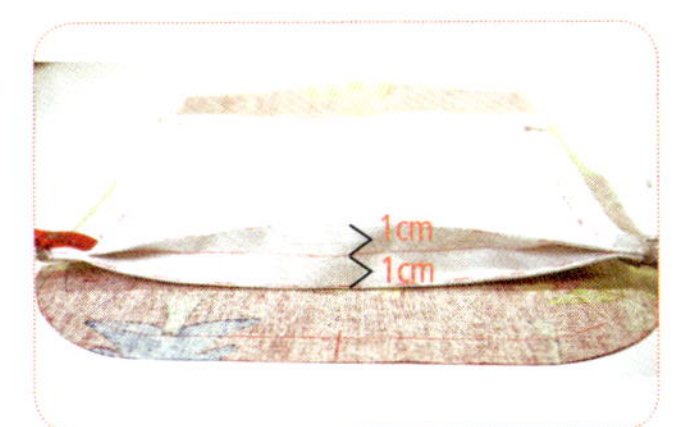

❺口袋布袋底抓中心线，两侧各画出1cm的线折好固定。

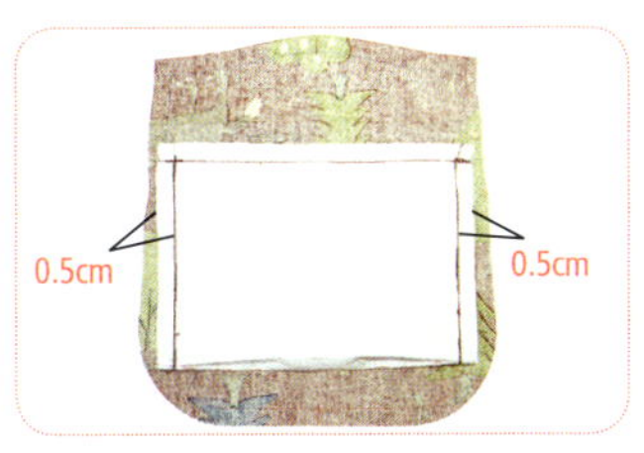

❻将口袋两侧车缝合后，再修剪缝份留0.5cm即可。完成立体拉链口袋。

❼车缝袋身底的打褶处。

❽依上述步骤，另外完成后袋身。

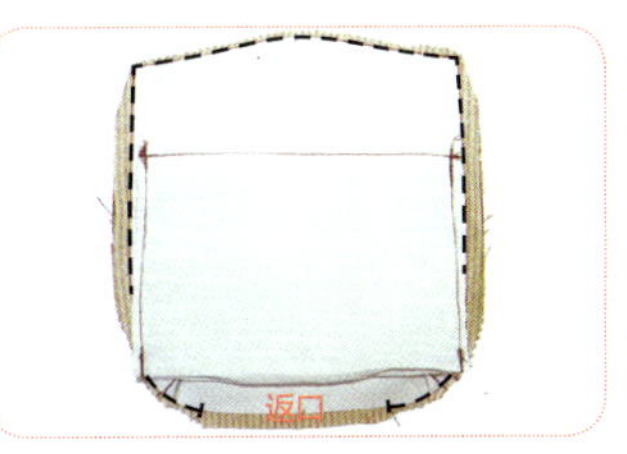

❾组合袋身，将前后片袋身面相对，车缝一圈，袋底留10cm当返口。弧线处需剪牙口，再翻回正面，缝合返口。

❿制作吊环，2cm×5cm的皮片穿入D形环后对折，如图距，钉于袋身两侧。

⓫依褶线记号往下折，用夹子固定住，依纸型磁扣记号处画出位置，利用工具打洞后，再锁上母磁扣。请注意打的磁扣洞是穿过每层布片。

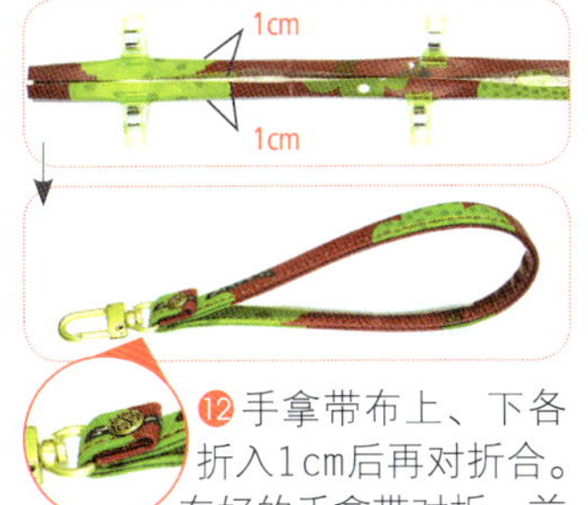

⓬手拿带布上、下各折入1cm后再对折合。车好的手拿带对折，前端如图利用铆钉扣固定手勾环。

制作表袋身

⑬完成好手拿包，可以利用D形环扣上的手拿带或是另制背带作为侧背包。

⑭前背心袋身表布A先依纸型的磁扣位置，装入公磁扣。袋身里布A则同样先装上另一组公磁扣。

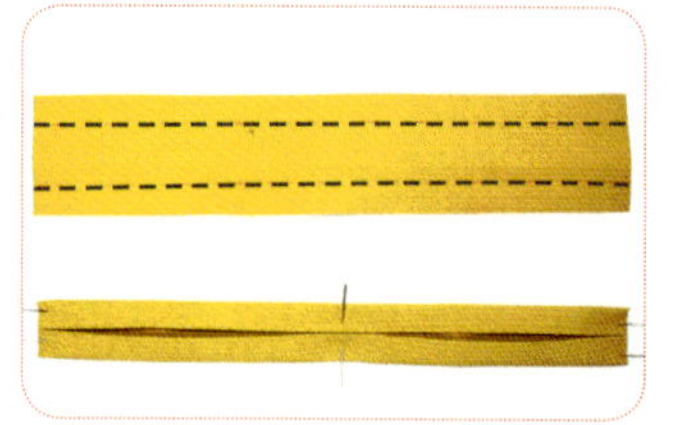

⑮制作背带，将饰布①两侧往中间折烫。

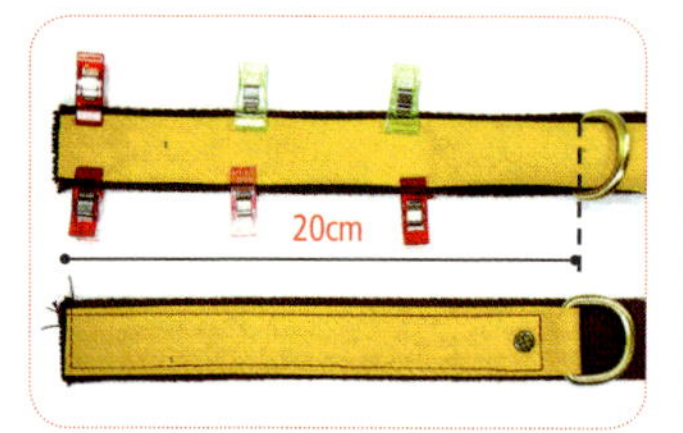

⑯如图距，穿入2.5cmD形环后、折入上端、与110cm织带车合起来。

⑰织带尾端留4cm，疏缝于前背心袋身表布。

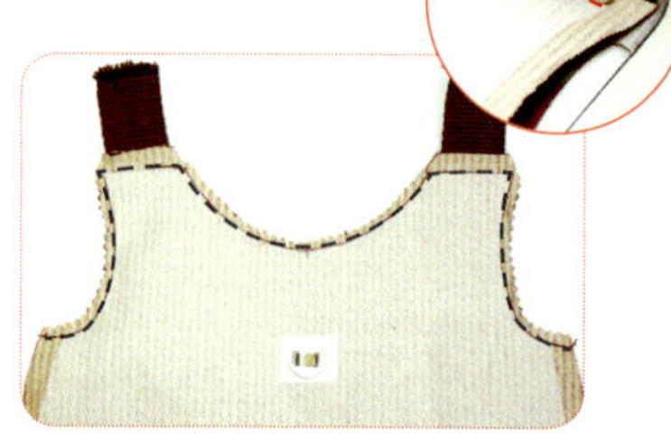

⑱组合前背心袋身的表、里布，两片正面相对，如图车合。弧线处剪牙口。

注：用拉链压布脚先将上端车合后，再车其他部位，布片较不会移动。

⑲翻回正面，沿边压固定装饰线。

⑳取一片袋身表布B，与背心袋身里布正面相对齐，沿U形大针疏缝一圈固定后，在相对位置装上母磁扣。

㉑后袋身A疏缝上织带挂耳。上方用14cm织带对折；下方则用10cm织带穿入口型环再对折后，分别车缝于后袋身片两侧的相对位置上。

㉒再与另一片的袋身表布依步骤20组合，完成前后片背心袋身组。

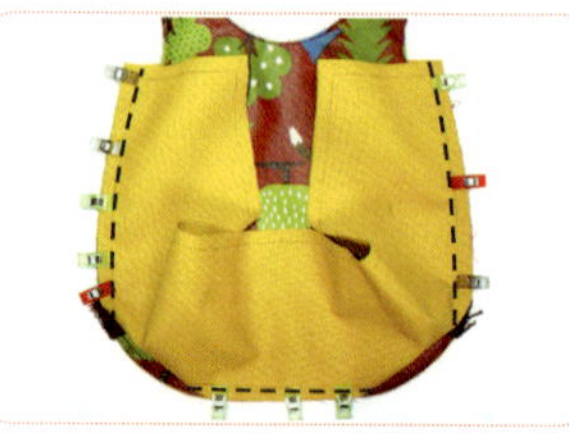

㉓取侧袋身表布C，先与一片背心袋身正面相对，沿U形车合。另一片背心袋身，也依同法与C组合。

㉔弧线处剪牙口，织带处另可剪小牙口即可。将袋身翻回正面。

制作里袋身

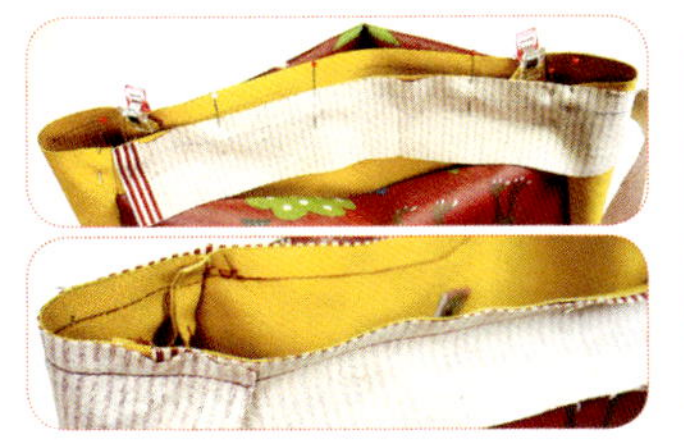

㉕袋口先做一半的滚边，滚边布③前端先折入1cm，再与袋口正面相对，以缝份1cm车合一圈。

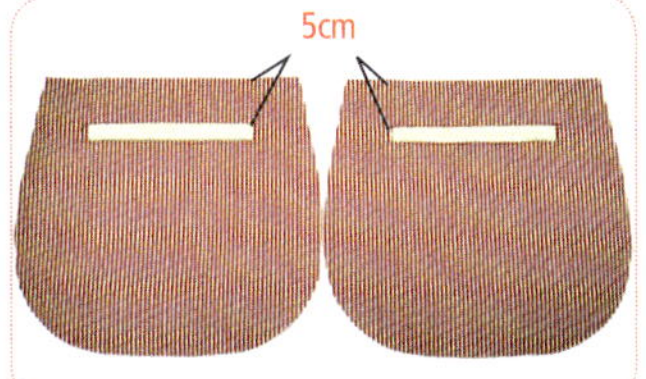

㉖裁好里袋布B，依自己喜好制作口袋，图为2个有盖口袋。注意口袋不要太靠近袋口，距离约5cm。较方便取物。

㉗加强袋底，将侧袋身里布C中央之硬衬四周加强车缝固定。

制作拉链口布

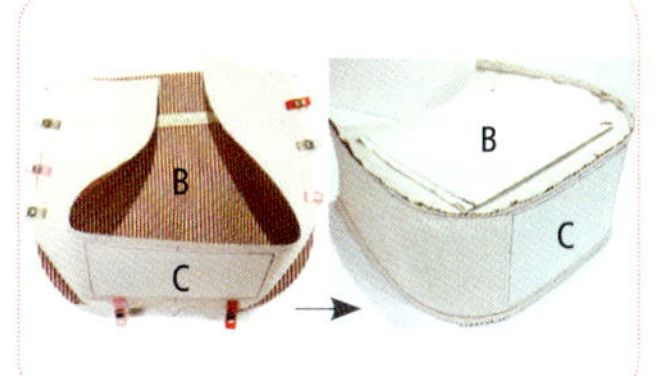

㉘依序组合里袋身。

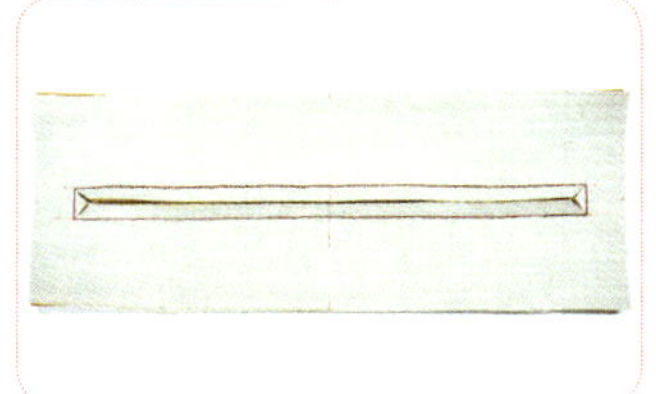

㉙拉链口布②表、里布正面相对，于中央车一个26cm x 1.5cm的拉链框。并依框中所画>-------<线条剪开，请注意勿剪到缝线。

㉚将里布塞入框中后、进行整烫，再将框内置中放上25cm拉链，车缝四边固定。可车合二圈加强固定拉链。并将四周先疏缝。

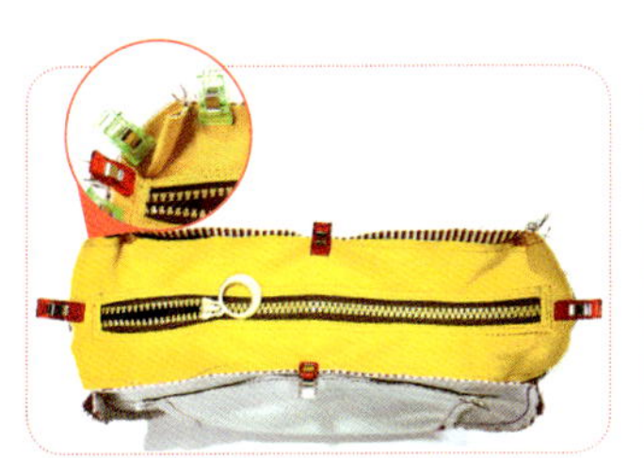

㉛与袋身组合。将拉链口布置于里袋身口对齐四边中点，遇到转角处会自然多出多余的角、此时再将多余的角靠边夹好即可。

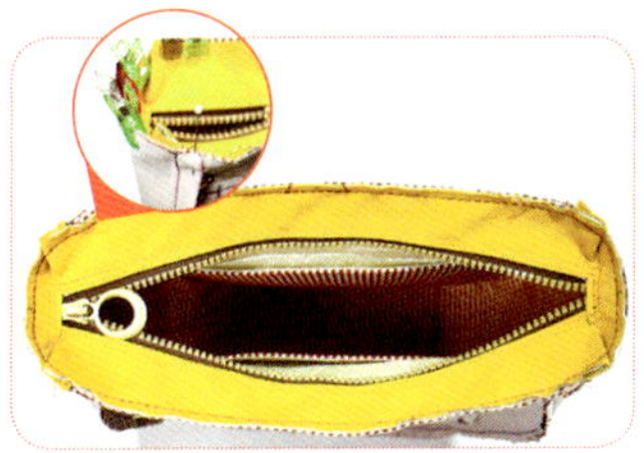

㉜车合袋口一圈。请注意这多余的角要与里袋身的缝份错开。

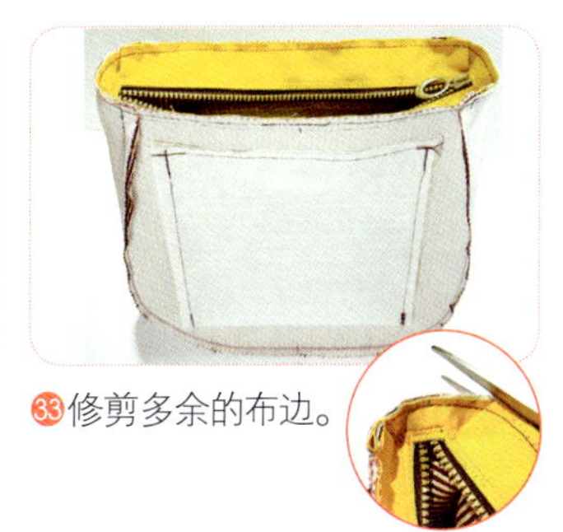

㉝修剪多余的布边。

㉞组合表里袋身，将里袋身放入表袋身中、夹好、袋口疏缝一圈固定。并接续步骤25做完滚边处理。

㉟安装背带，后袋身织带套入活动式圆环；前袋身背带穿过活动式圆环。两条背带分别穿入日形环、穿入口形环、再返回穿入日形环、车缝固定起来。

㊱40cm皮带头尾皆夹好束夹，穿入D形环，用铆钉固定。即完成啰。

小桃气三用包

成熟的黑色，
点缀些许的桃红，
成熟又带点稚气。
多种背法
最适合喜爱变化的你。

完成尺寸：
宽29cm × 高29cm × 厚8cm

可斜侧背
可手提

【裁布表】数字尺寸已含缝份；纸型未含缝份，需另加缝份。缝份：未注明=1cm。

部位名称	尺寸	数量	备注
表袋身			
表袋身	依纸型 A	1	
拉链挡布	① ↔ 5cm × ↕ 3cm	表 2	
		里 2	
护角布	依纸型 B	2	
袋盖	依纸型 B	表 1	与护角同纸型
		里 1	
拉链口袋	② ↔ 22cm × ↕ 40cm	1	
里袋身			
里袋身	依纸型 A	1	
拉链口袋	② ↔ 22cm × ↕ 40cm	1	
开放口袋	③ ↔ 26cm × ↕ 40cm	1	
滚边布	④ ↔ 5cm × ↕ 40cm	2	

【其他材料】

★ 5V拉链25cm×1条、18cm×2条。
★ 2.5cm：织带8cm×4条、120cm×2条。
★ 2.5cm：D环×4个、日形环×2个、手钩×4个。
★ 手提把×1条，（请选方便钩上手钩的款式，如大圈圈）。
★ 撞钉磁扣×1组、皮标×1个、铆钉×数组。

【裁布示意图】（单位：cm）

桃红色水玉布（幅宽 80cm×15cm）

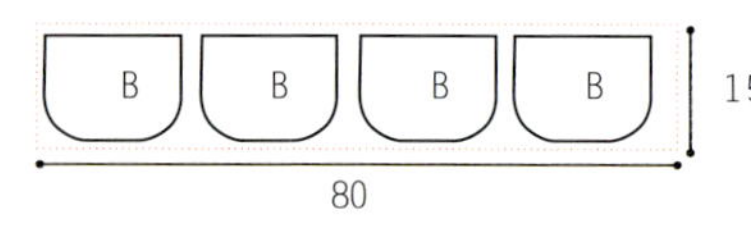

黑色防水布（幅宽 80cm×40cm）

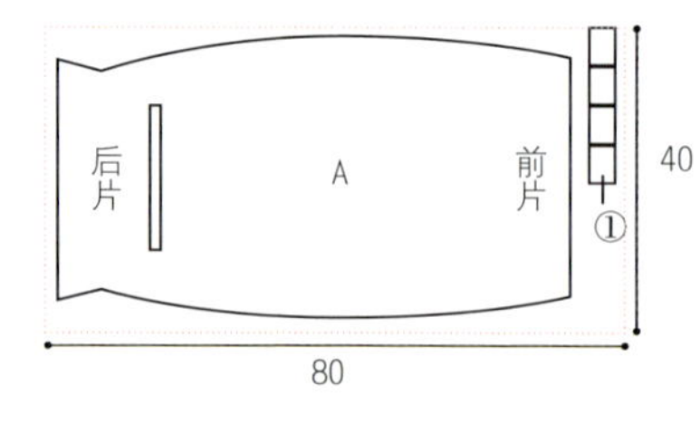

粉红格子布（幅宽 110cm×70cm）

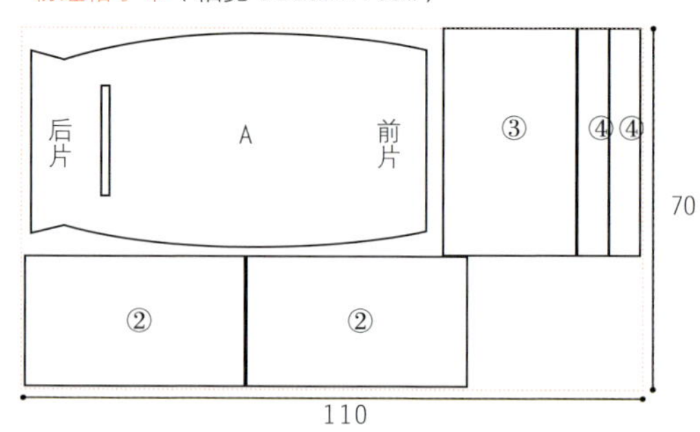

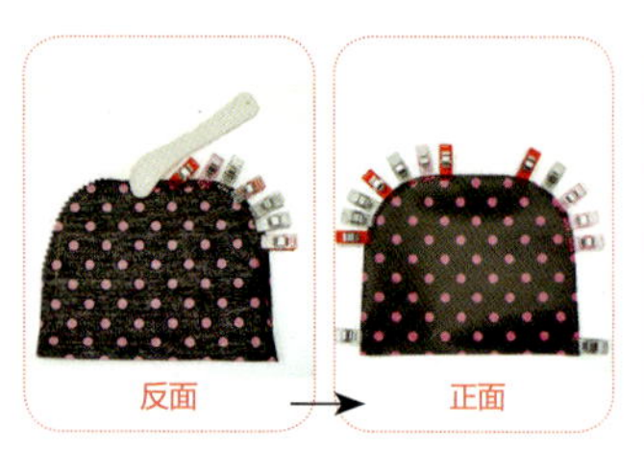

01 制作袋底护角布，用点线器将两片B之缝份线压深后，将缝份剪成锯齿状，并往内折入。（可用骨笔辅助器助压）再以强力夹固定缝份折。

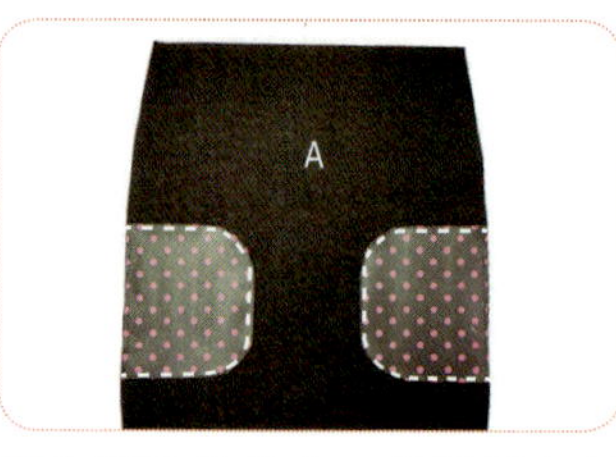

02 将两片护角布，依纸型 A 的指定位，车缝于表袋身A。

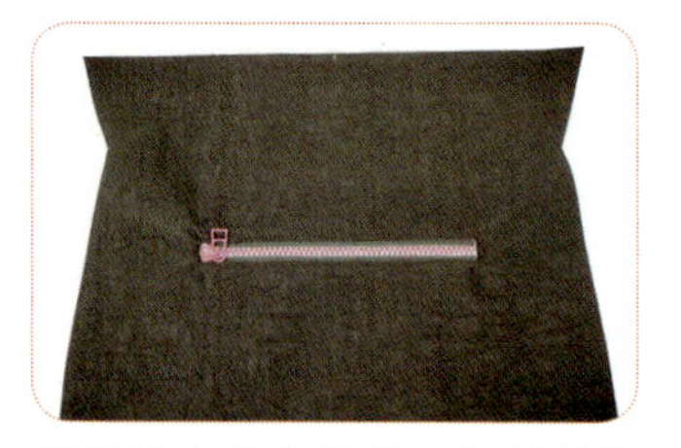

03 再于表袋身后片，依纸型位置取18cm拉链与②口袋布，做出一字拉链口袋（见157页）。

04取里袋身的后片，同样步骤3制作一字拉链口袋。

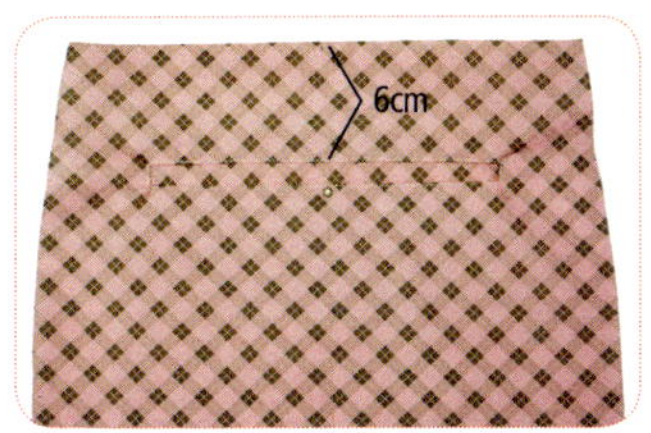

05里袋身前片距上缘6cm处，以③口袋布，做出20cm宽之口袋。可参照157页【有盖口袋做法】。

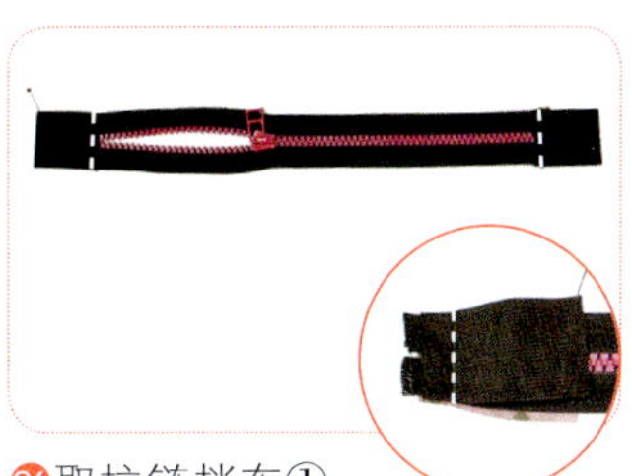

06取拉链挡布①，表里夹车25cm拉链两端后，翻正面压线。再取中心线。

07接着将拉链先疏缝于表袋身前片并与其正面相对，其拉链边缘距袋身上缘为0.5cm。

08再与里袋身前片正面相对一起夹车拉链后，翻回正面压线。

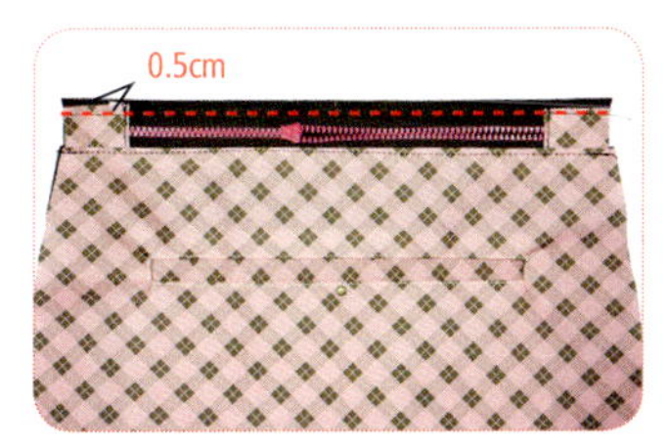

09拉链的另一边则与表袋身后片正面相对，拉链先疏缝上。

10接着将里袋身后片向上翻，与表袋身后片正面相对、对齐，夹车拉链。

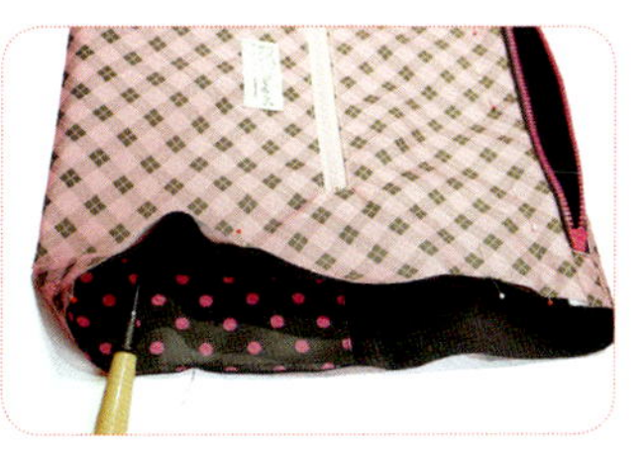

11翻正，此时表里袋身为背面相对，再将表里袋身两侧对齐，用夹子珠针暂时固定。

12如图摆放法，车压拉链边线固定。

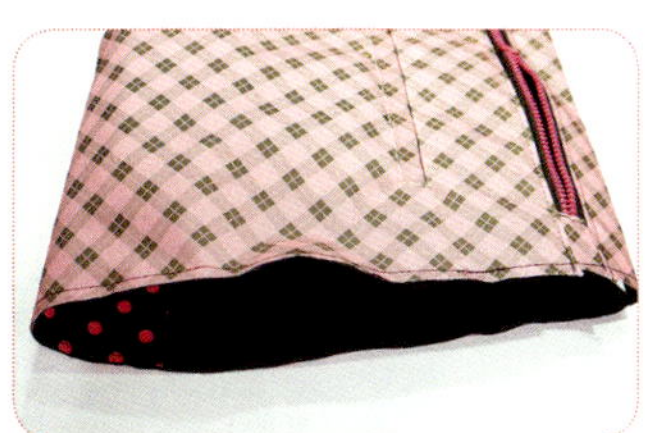

13将袋身两侧车成一圈。

注：是车成圆圈，而不是车平缝合哦！

148cm织带穿入D形环后对折，共4个，分别车于25cm拉链左右两侧边以及护角上方。

⑮依纸型上的折线位置，折好袋身的山线、谷线，先以强力夹固定好，再一起叠起夹住。

⑯步骤15侧身。

⑰取滚边布④，将上下两端折入。

⑱再参照156页【机缝滚边法】在袋身左右两侧滚边。

⑲从拉链口将袋身翻回正面，底角处要确实翻好，才会呈现底宽为8cm的三角形。

⑳制作袋盖，将表里袋盖正面相对，上缘缝份折入，车合U形。修剪缝份成锯齿状后、翻正，压线。

㉑再钉上磁扣与皮标。

㉒袋盖置中车于袋身上缘。再钉上提把。

注：袋盖会连同前、后袋身一起车到。

㉓于相对位置钉上另侧磁扣。

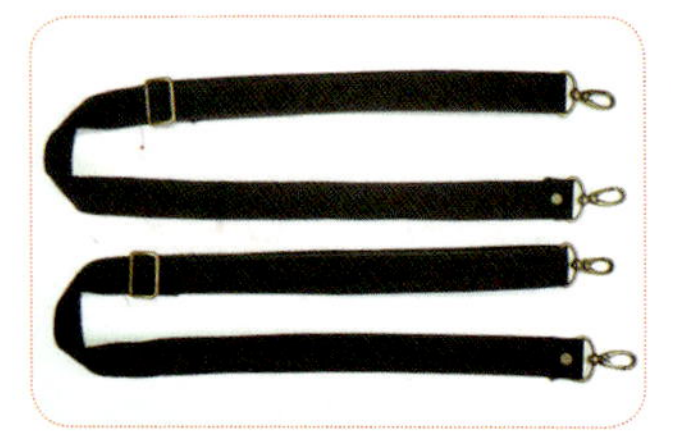

㉔制作背带，用120cm织带、日形环、手钩，制作两条双钩头背带。

背带钩于袋身即完成。利用背带的变化，可后背、斜背、手提。

可收纳 束口后背包

轻便束口后背包，
造型可变身缩小，方便存放。
两款颜色适合男生女生，
轻巧好收纳，旅行的最佳选择。

完成尺寸:宽29cm×高40cm×厚4cm

变身前……

变身后……

【裁布表】注：烫衬未注明=不烫。纸型缝份外加0.7cm，数字部分皆已含缝份0.7cm。

部位名称	尺寸	数量	烫衬
表袋身			
袋身前片、后片	纸型 A	2	
袋底	纸型 B	1	
外袋盖	纸型 C	表 1	厚布衬不含缝
		里 1	
内袋身			
袋身里布	① ↔ 37.5cm × ↕ 47.5cm	2	
内袋盖	纸型 C	表 1	厚布衬不含缝
		里 1	厚布衬不含缝
内口袋	② ↔ 19.5cm × ↕ 7.5cm	表 1	
	③ ↔ 19.5cm × ↕ 38.5cm	表 1	
	④ ↔ 19.5cm × ↕ 8.5cm	里 1	
	⑤ ↔ 19.5cm × ↕ 37.5cm	里 1	

【其他材料】

★ 5mm棉绳190cm×2条。
★ 2.5cm宽尼龙薄织带6.5cm×2条。
★ 12.5mm弹簧压扣2组。

【裁布示意图】(单位：cm)

厚棉图案布（幅宽 110cm×52cm）

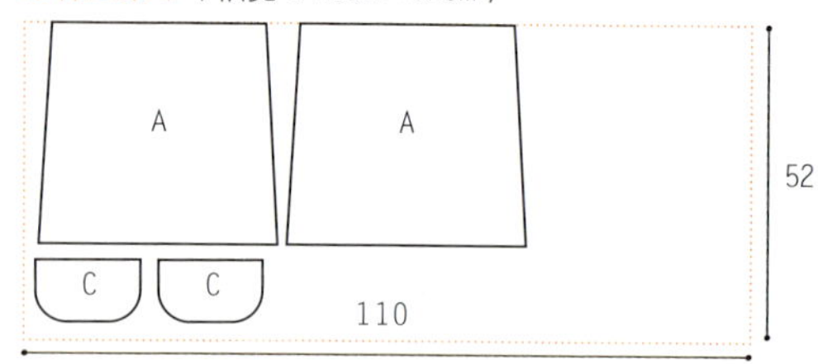

水玉薄棉里布（幅宽 110cm×50cm）

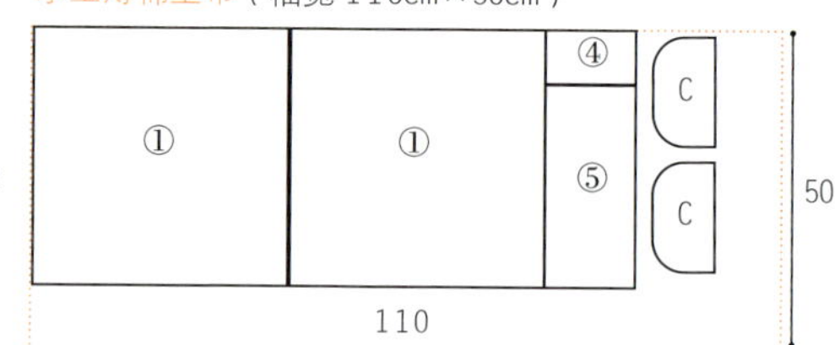

素色棉麻布（幅宽 118cm×40cm）

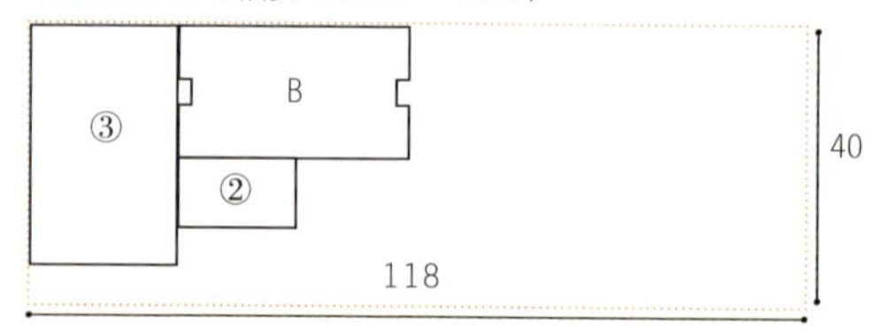

制作收纳的内口袋

01烫好衬的内、外袋盖，表里布正面相对车U形一圈后，翻回正面整烫，并压0.2cm装饰线。

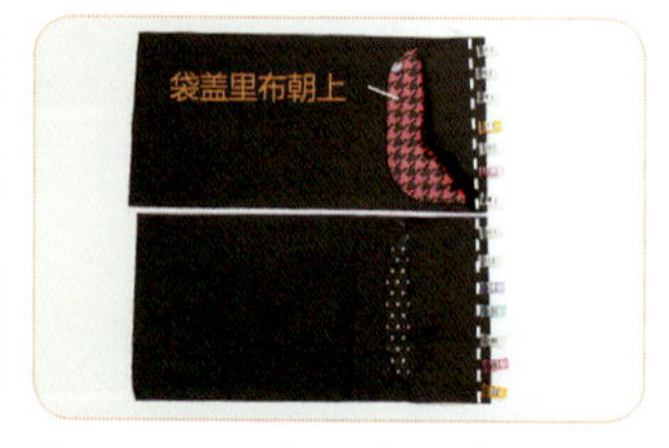

02取内口袋表布②与③夹车外袋盖，外袋盖里布朝短边②。内口袋里布④与⑤另夹车内袋盖。

03翻回正面，袋盖朝短边翻，下方压线0.2cm。

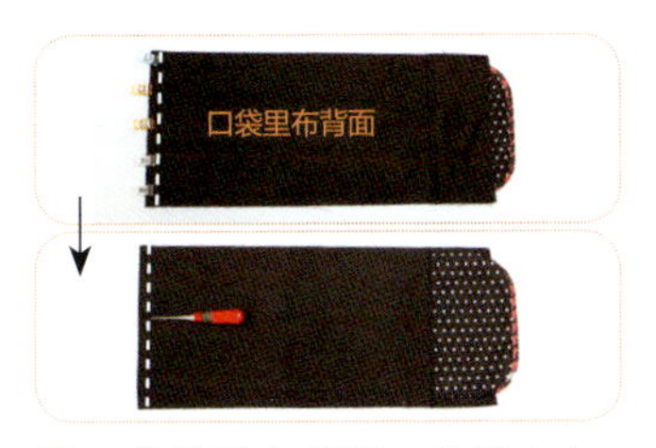

04 口袋的里布盖到口袋表布上，正对正相对，车缝左侧。并翻回正面压线0.2cm。

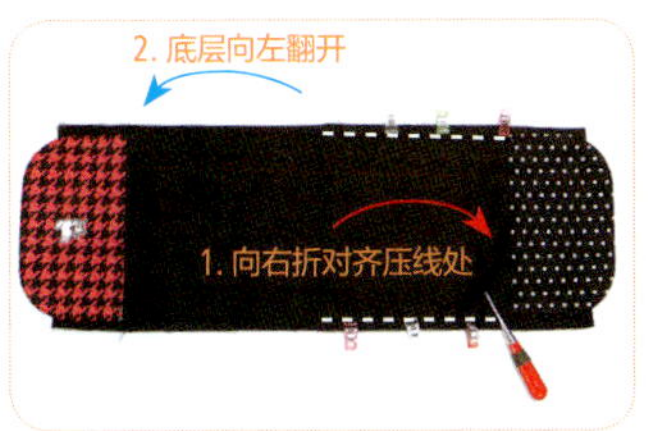

05 将压线处往右边内袋盖处折，对齐内袋盖下方，同时将底下口袋表布向左翻，疏缝口袋两侧。

06 再将左侧之口袋表布向右盖上对齐，正面相对车合两侧。注意：将袋盖往内折，小心不要车到袋盖。

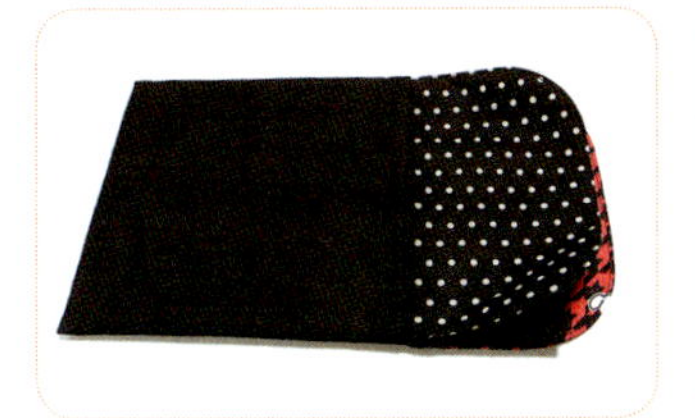

07 从返口处翻面，整烫。

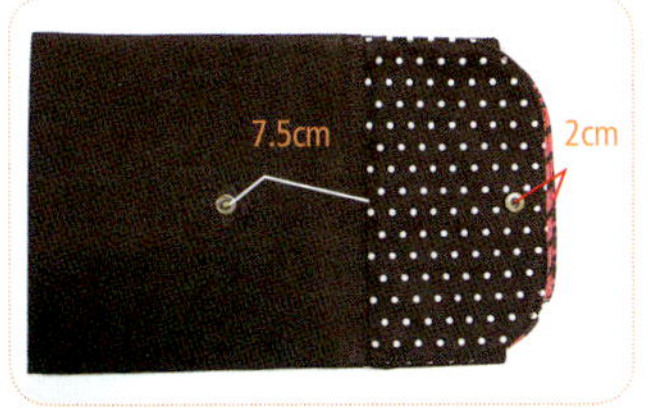

08 口袋袋口中心下方及内袋盖依图示位置，装上弹簧压扣。

09 翻到背面，在外袋盖中心距边端2cm处，装上弹簧压扣母扣（注意扣子方向）。

10 完成内口袋。

制作外袋身

11 表袋身前、后片分别于下方打折处往中心折，疏缝固定。

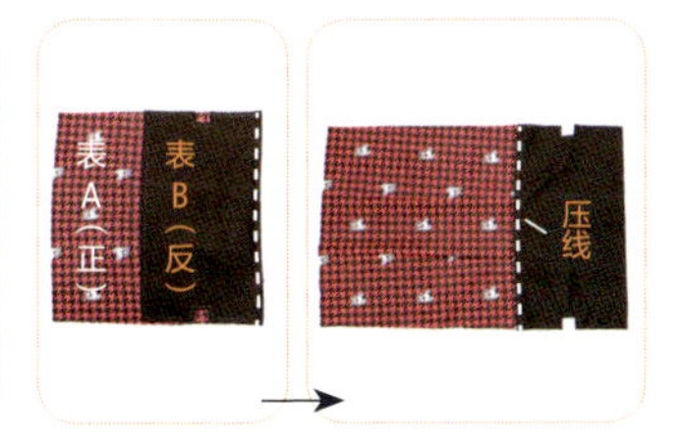

12 取袋身前片A，打折处与外袋底B正面相对车缝固定，翻回正面，缝份朝袋底B倒，压线0.2cm。

13 袋身后片A，下方打折处对齐外袋底B另一边，正面相对车缝固定，缝份往B倒，翻正压线。

14 取内袋身里布①一片，将制作好的内口袋置中疏缝固定于里布上方。

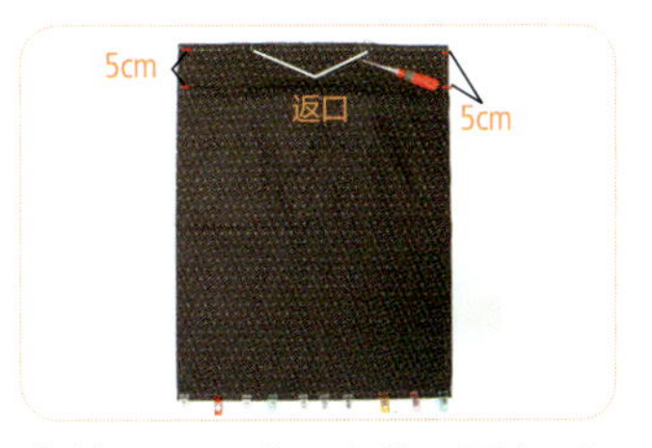

15 盖上另一片里布①正面相对，车缝袋底，缝份烫开。并分别于两片袋身里布两侧上方缝份下5cm做车缝止点记号，在没口袋的那片袋身里布标示15cm返口记号。

组合内外袋身

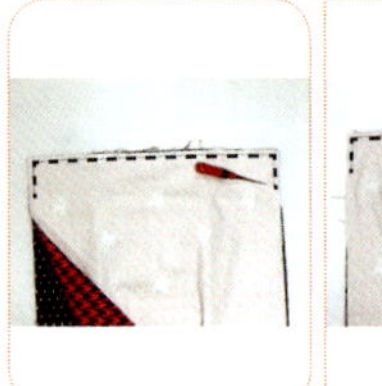

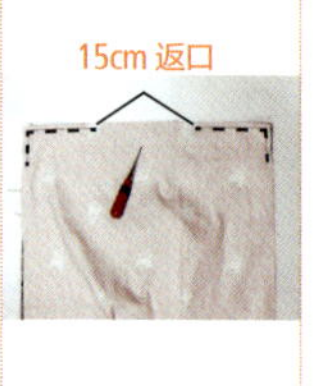

⑯将外袋身与内袋身正面相对，先车缝里袋身有内口袋处的ㄇ形上方（只能车到止缝记号点）。另一边ㄇ形，上方中心15cm返口处不车。

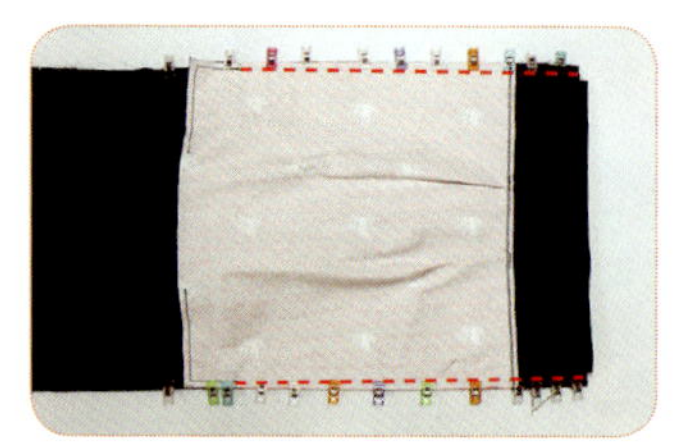

⑰由侧边将里袋身掀开，使外袋身前、后片正面对正面，并从止缝记号点开始车缝固定袋身两端。

⑱将里袋身袋口处往表袋掀，里袋身正面对正面，从止缝记号点车缝袋身两侧固定。

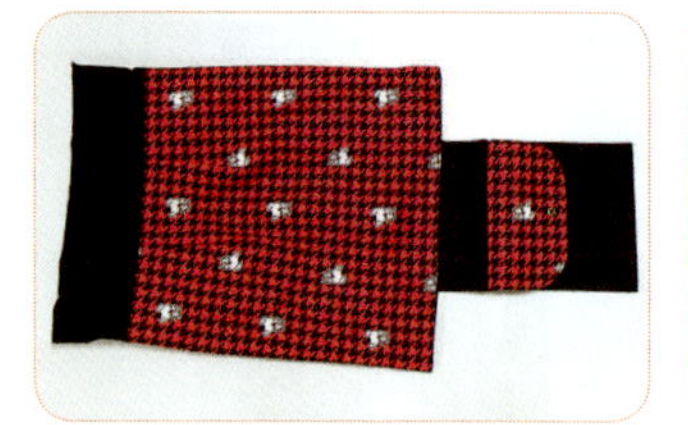

⑲从上方返口处翻面，四个角折好再翻出整烫，返口处缝份内折烫好。

⑳袋口两端开衩处压线0.2cm。

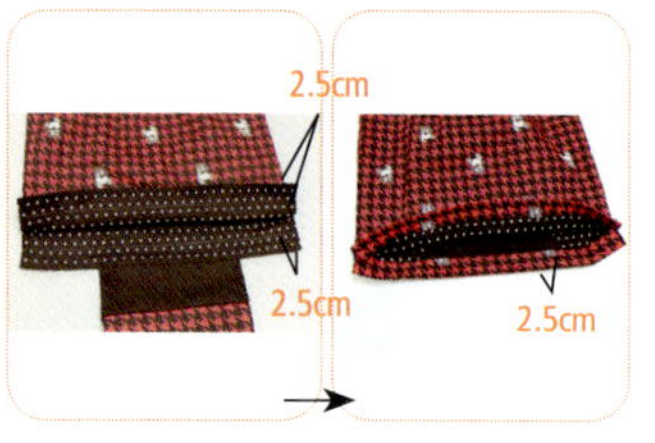

㉑距上方袋口下2.5cm处画折处记号线，再往内折烫。

㉒从里面压线一圈车缝固定，穿束绳两端头尾回针加强。

㉓将内袋底角整理好，缝份用锥子翻开。再穿出外袋底角处，对齐。

㉔车缝两端底角，剪掉多余缝份。6.5cm尼龙包边带对折，车缝固定在两端底角。

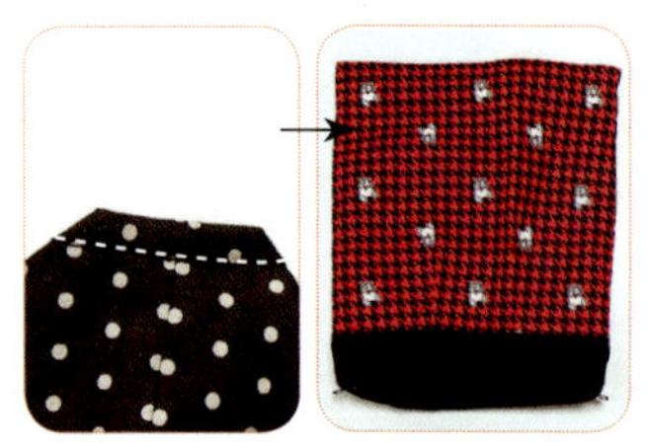

㉕将内袋翻出来，两端袋底底角车缝1cm固定。翻面，完成袋身。

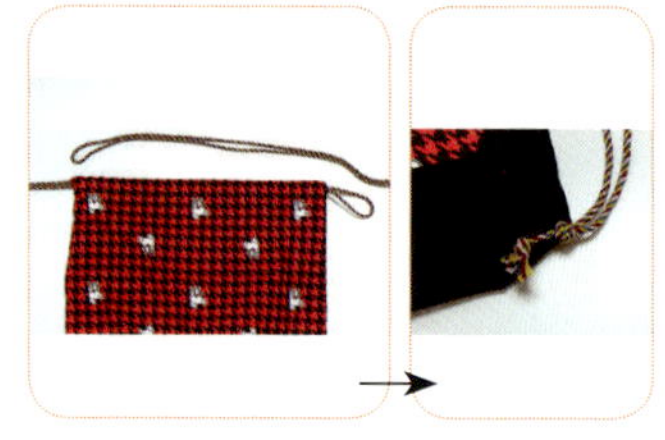

㉖袋口穿上束绳，袋底穿过打结，完成。

收纳方式

㉗将内口袋翻出来，内袋盖收到袋子里，再将袋身三折，左右再对折，即可收到口袋里。

休闲运动
随身旅行包

帅气的圆筒旅行包，
运动的最佳伙伴。
三种拿法多变换，内装容量大，
带着全家一起去健身吧！

✤ 完成尺寸：
宽22cm×高50cm×厚22cm

【裁布表】注：烫衬未注明=不烫。纸型缝份外加0.7cm，数字部分皆已含缝份0.7cm。

部位名称	尺寸	数量	烫衬
外袋身			
袋身表布	A ↔ 71cm × ↕ 31.5cm	1	
下配色表布	B ↔ 71cm × ↕ 6.5cm	1	
上配色表布	C ↔ 71cm × ↕ 16.5cm	1	
外拉链口袋布	① ↔ 25cm × ↕ 36cm	1	
袋底表布	纸型 D	1	
内袋身			
袋身里布	② ↔ 71cm × ↕ 51cm	1	烫薄布衬上下两边不含缝（布衬 49.5cm × 71cm）
袋底里布	纸型 D	1	薄布衬含缝
内拉链口袋布	③ ↔ 26cm × ↕ 36cm	1	薄布衬含缝

【其他材料】

★ 2.5cm宽织带：31.5cm × 2条、22.5cm × 1条。
★ 3.2cm宽织带：12cm × 2条、74cm × 1条、125cm × 2条。
★ 2.5cm D形环2个、3.2cm旋转钩 2个、3.2cm龙虾钩4个。
★ 3.2cm D形环3个、3.2cm日形环2个。
★ 18.5cm金属拉链1条、20cm尼龙拉链1条。
★ 9mm蘑菇装饰扣6组、8mm固定扣 4组。
★ 真皮皮标 6.5cm × 2cm 1片、0.5cm宽皮条26cm 1条。

【裁布示意图】（单位：cm）

8号防泼水帆布（蓝）（幅宽 110cm × 40cm）

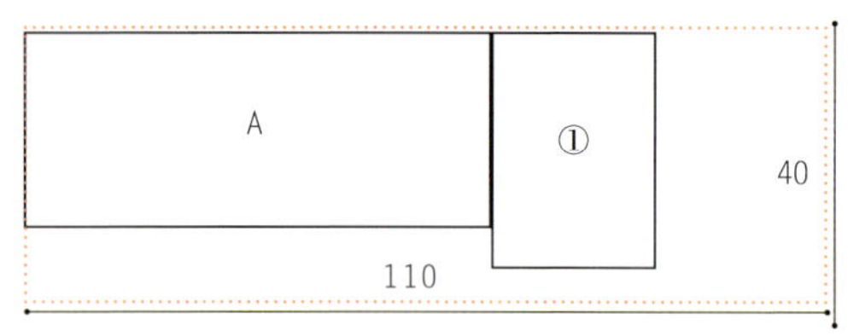

水玉棉布（幅宽 118cm × 60cm）

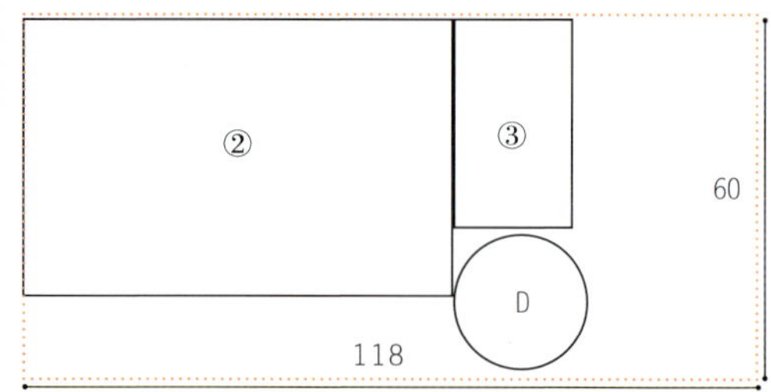

8号防泼水帆布（咖）（幅宽 110cm × 25cm）

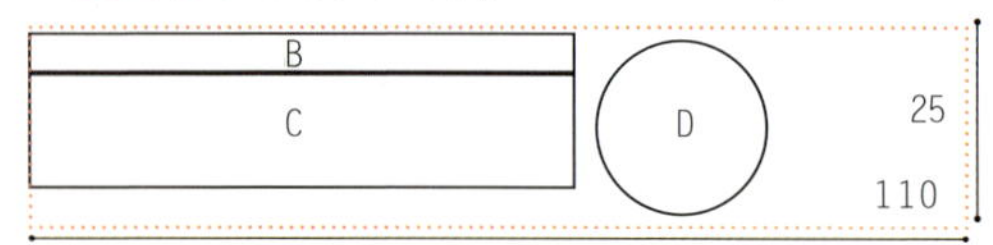

制作外袋身

01 将袋身表布A 与配色表布B，两片正面相对车缝，翻回正面缝份往B倒，正面压线0.2cm。

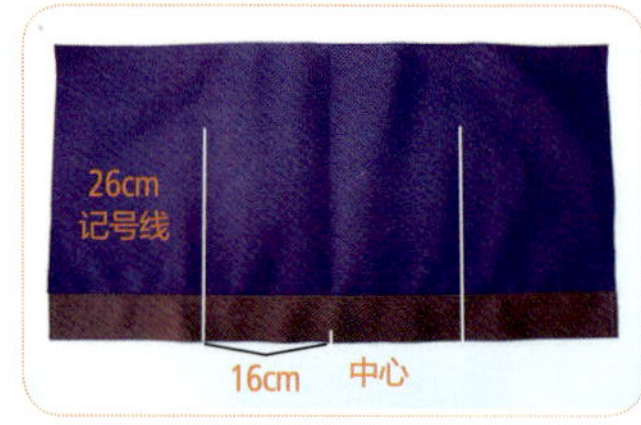

02 中心左右各16cm处，向上画26cm记号线。

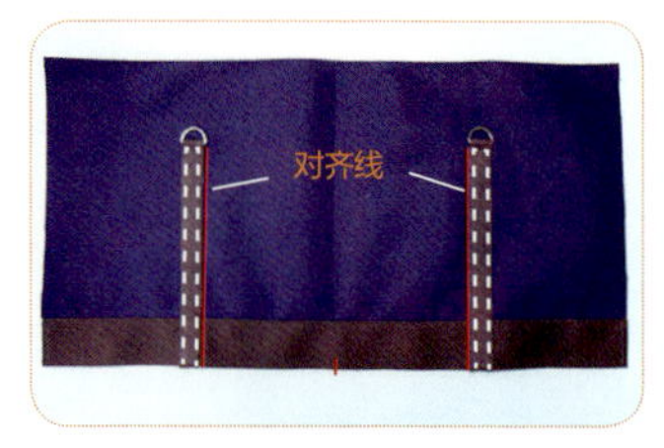

03 取2.5cm宽织带，31.5cm长2条，上方分别内折4cm套入D形环。依图示对齐记号线，沿边压线车缝∏字形固定（上方来回车缝三次加强固定）。

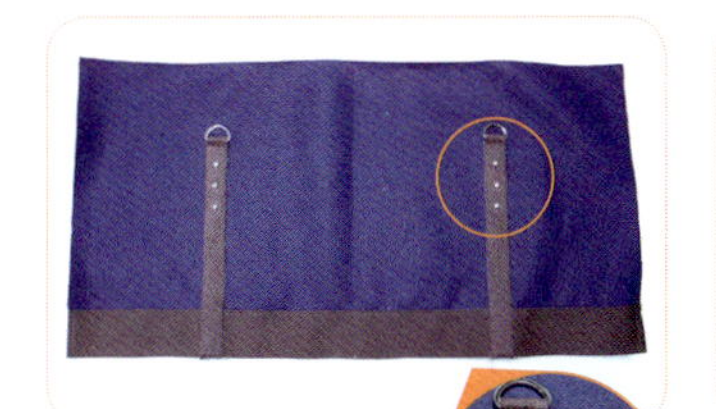

④依图示位置，在两边织带上各钉上3个蘑菇装饰扣，共6个。

⑤取3.2cm宽织带12cm长两条对折套入3.2cm D形环，依图示车缝固定。

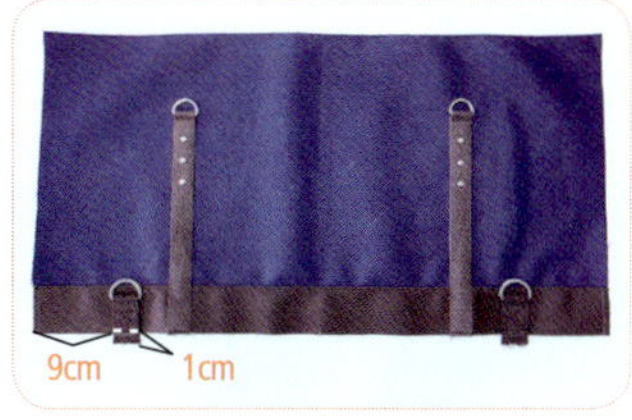

⑥再将织带下方画1cm记号线，依图示位置，车缝固定于表袋身下面两侧。

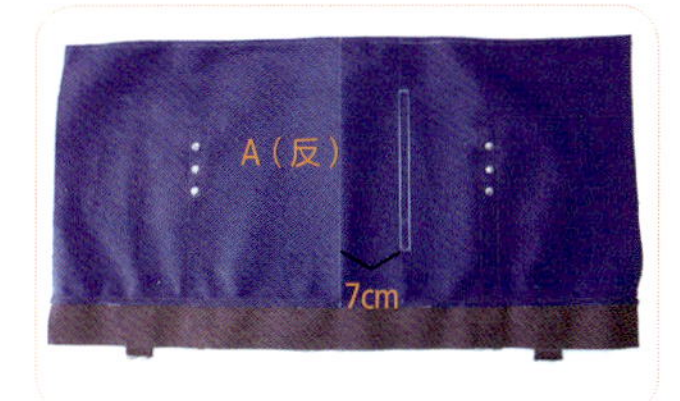

⑦翻到背面，表布A中心右侧7cm处画18.5cm×1cm框型，开一字拉链口袋。

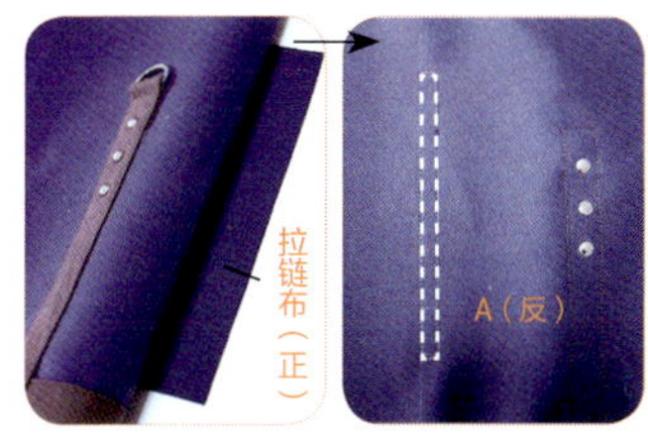

⑧再将拉链口袋布①放置表布A后方，口袋布上方离拉链口约2.5cm并朝外侧，用珠针固定，正对正车缝框形一圈。

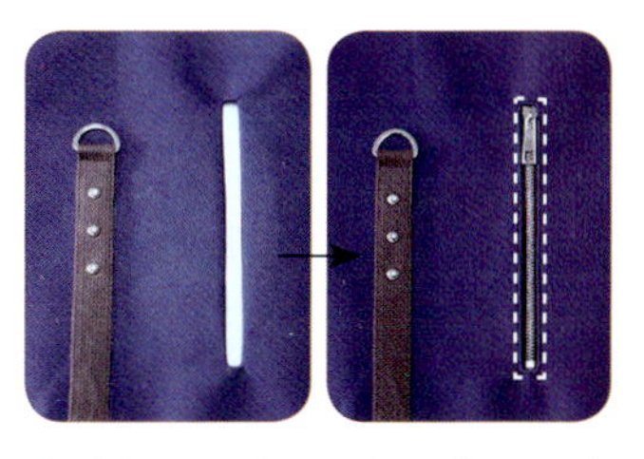

⑨将拉链框中间Y字形剪开，将口袋布从洞口翻过来，用骨笔刮顺。再将拉链头朝上放置，压线0.2cm车缝一圈固定拉链。

⑩翻到背面将拉链口袋布对折，距布边1.5cm车缝固定口袋布三边。

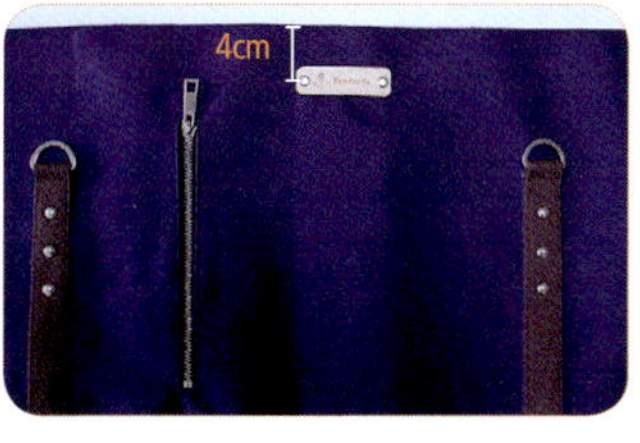

⑪于表袋A上方中心右侧图示位置，钉上装饰皮片。

⑫将主袋身对折，正面相对车缝固定，并将缝份打开用骨笔刮顺。

⑬翻正面，由中心车缝线左右各3cm处，标示提把织带位置。

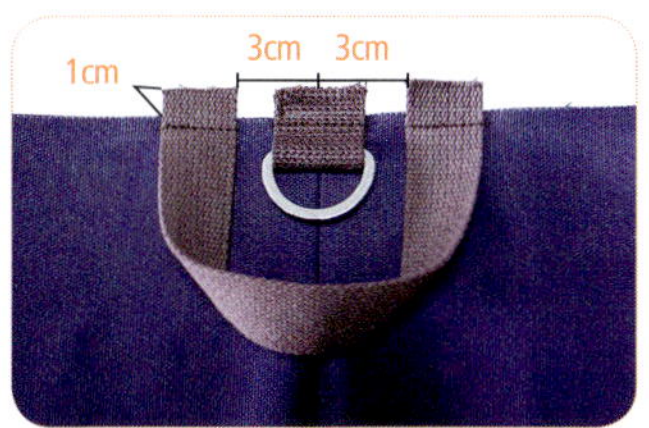

⑭将2.5cm宽织带22.5cm长，依图示位置车缝固定主袋身上方。另取7cm长的3.2cm宽织带套入D形环，对折车缝固定于中心。

制作袋口布

⑮配色表布C扣除两边缝份后，分四等份找出三点记号位置。

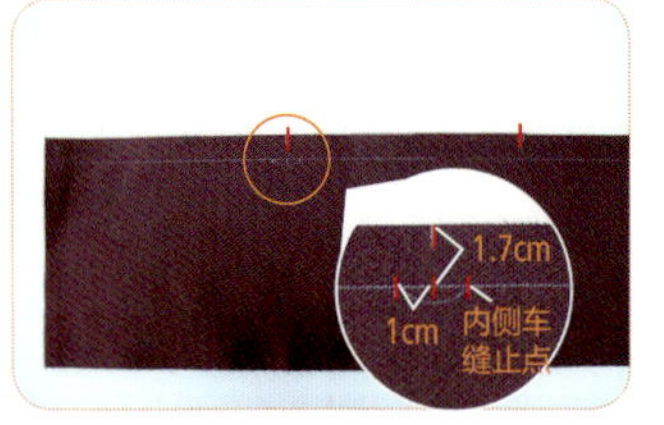

⑯上方距布边1.7cm处画一织带车缝记号线。并在两侧记号位置点左右各1cm标示扣环织带车缝位置，间隔共2cm。

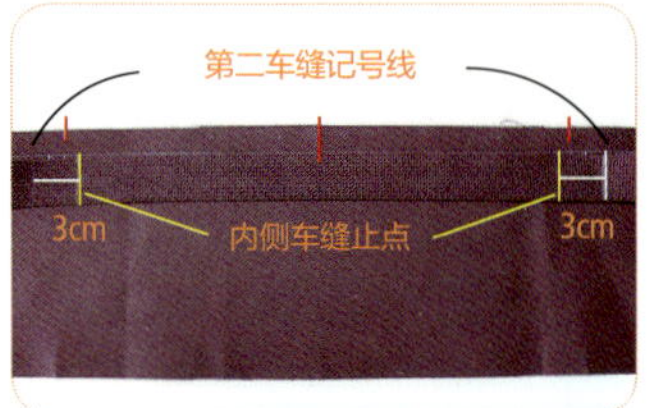

⑰3.2cm宽74cm长织带取中心点，对齐表布C中心，平放织带对齐车缝记号线，标出两端内侧车缝记号线，并各往外3cm画出第二道车缝记号线。

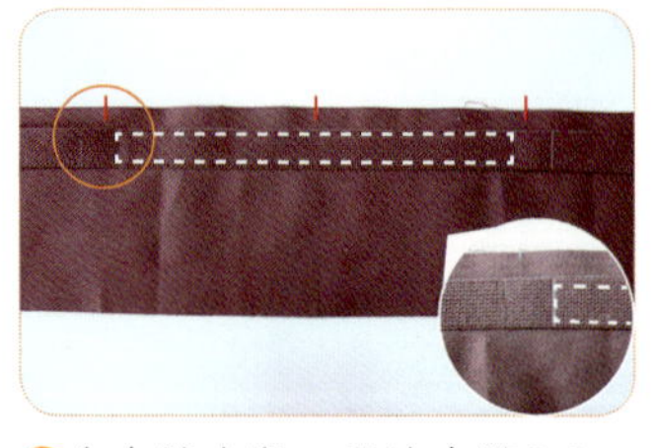

⑱先车缝中段，沿边车缝0.2cm至两边内侧止缝线，车缝一圈。两边内侧止缝线需来回车缝加强固定。

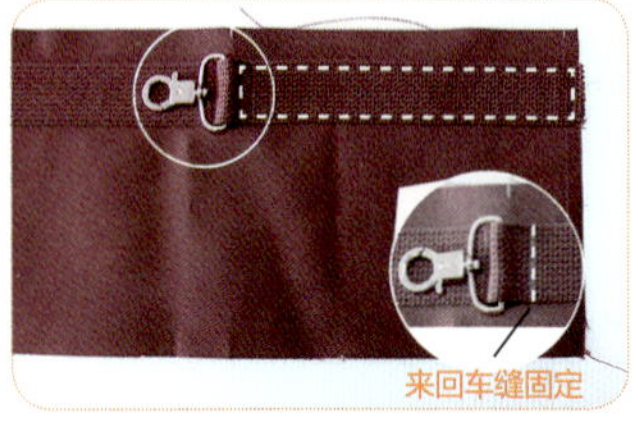

⑲先将右侧织带套入3.2cm旋转钩，织带上的3cm记号线对齐表布C的2cm外侧记号点。沿边车缝0.2cm至止缝线，车缝一圈。共完成左右两边。

⑳将表布C对折，车缝短边。

㉑缝份打开刮顺，正面相对，套入主袋身上方。对齐中心缝份处后，车缝一圈。

㉒将袋口向上翻回正面，缝份倒向表布C，压线0.2cm。

㉓接缝袋底，将袋底D，找出4个中心点。再与表袋身下方正面对正面平均分配，用强力夹固定后，车缝袋底一圈。

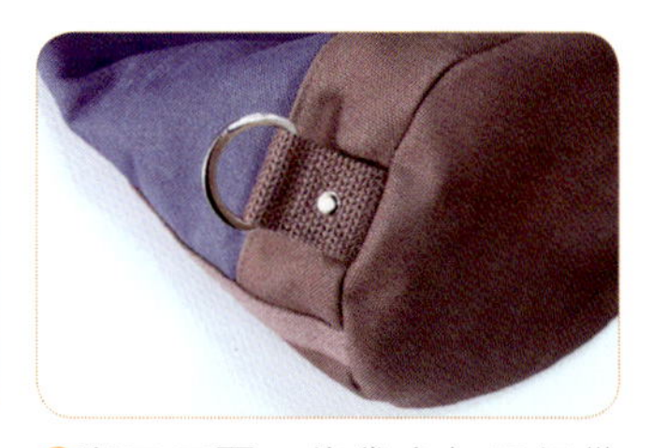

㉔翻回正面，将袋底扣环织带往上，并用固定扣固定于袋身。完成外袋身。

制作里袋

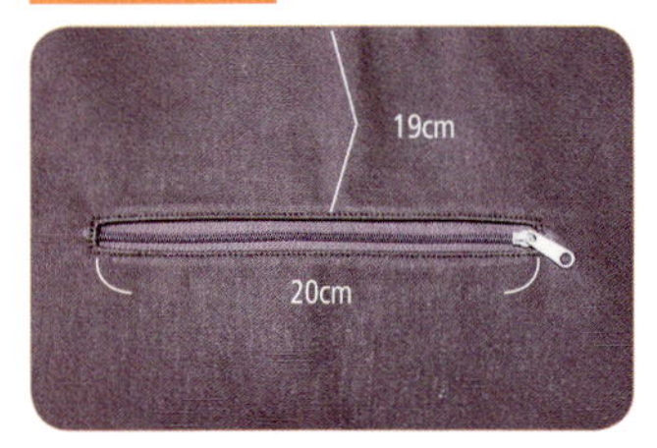

㉕取口袋布③于袋身里布②依图示位置开一字拉链口袋。

㉖将袋身里布对折，正面对正面车缝固定，缝份烫开。

㉗再将袋底里布与袋身里布，正面相对车缝一圈。

组合内外袋

㉘将内袋身套上外袋身，正面相对，表里袋中心缝份对齐。

㉙强力夹固定好袋口，车缝袋口一圈。前方中心留返口15cm不车。

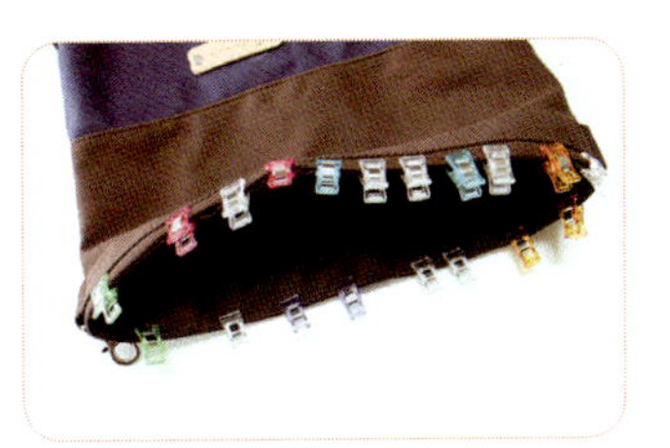

㉚从返口将外袋身翻出来。并将袋口及返口缝份整好。

㉛从后方中心点位置开始将袋口压线压0.2cm一圈，将返口一起压住。

制作背带

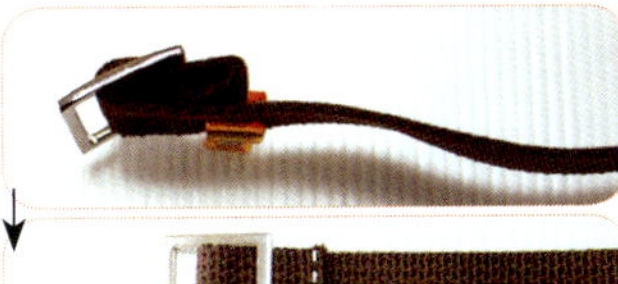

㉜取3.2cm宽125cm长织带，从日形环后方由上往下套入日形环，前端内折1cm，来回车缝三次加强固定。

㉝依图示，将织带先套入龙虾钩，再穿入日形环。织带另一端再套入龙虾钩，同样内折1cm，来回车缝加强固定。需制作两条背带。

㉞0.5cm宽皮条26cm，两边剪斜角，将皮条对折穿过拉链头做装饰。完成。

可后背、手提、单肩背、斜背……多变化背法。

悠游散步 随行包

完成尺寸：宽21cm×高32cm×厚8cm

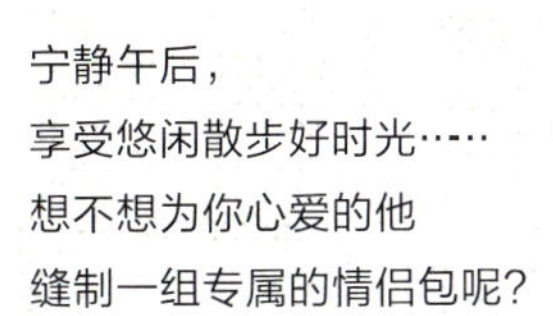

宁静午后，
享受悠闲散步好时光……
想不想为你心爱的他
缝制一组专属的情侣包呢？

【裁布表】纸型缝份外加0.7cm，数字部分皆已含缝份0.7cm。

部位名称	尺寸	数量	烫衬
表袋身			
袋身前片	纸型 A	1	不烫衬
袋身后片	纸型 B	1	不烫衬
口袋前片	① ↔ 23cm × ↕ 18.5cm	表 1 里 1	薄布衬含缝
口袋后片	② ↔ 23cm × ↕ 23.5cm	表 1	薄布衬不含缝
	③ ↔ 23cm × ↕ 20.5cm	里 1	薄布衬不含缝
拉链挡布	④ ↔ 3.5cm × ↕ 3.2cm	表 2 里 2	不烫衬
装饰袋盖	纸型 C	表 2	厚布衬不含缝
		里 2	不烫衬
拉链口布前片	⑤ ↔ 37cm × ↕ 4.5cm	表 1	不烫衬
		里 1	轻挺衬含缝
拉链口布后片	⑥ ↔ 37cm × ↕ 5cm	表 1	不烫衬
		里 1	轻挺衬含缝
里袋身			
内袋身	纸型 D	1	轻挺衬含缝
后贴式口袋	⑦ ↔ 23cm × ↕ 35.5cm	1	薄布衬含缝
前拉链口袋	⑧ ↔ 20cm × ↕ 32cm	1	薄布衬含缝

【其他材料】

★5号尼龙码装拉链：20cm×1条、38cm×1条、拉链头×3个。
★3号尼龙码装拉链：20cm×1条、拉链头×1个。
★1.4cm宽蕾丝：23cm×1条。
★3.2cm宽织带：13cm×2条、90cm×2条。
★14mm撞钉磁扣1组。
★3.2cmD形环×2个、3.2cm日形环×2个。
★合成皮连接下片（宽1.9cm长6.3cm）× 2片。
★12.5mm牛仔扣×2组。
★皮标×1、6mm-5铆钉×4组。
★植鞣皮片0.9cm×6cm2条、8mm-6铆钉×2组。
★19mm宽皮条：20cm×1条。
★20mm口形环×2个、8mm-8铆钉×4个。

【裁布示意图】（单位：cm）

8 号防泼水帆布（黑）（幅宽 110cm×50cm）

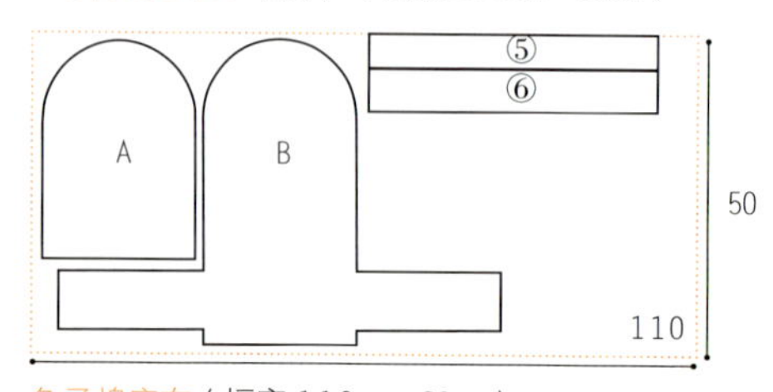

兔子棉麻布（幅宽 110cm×20cm）

配色格子棉麻布（幅宽 110cm×25cm）

灰薄棉里布（幅宽 114cm×75cm）

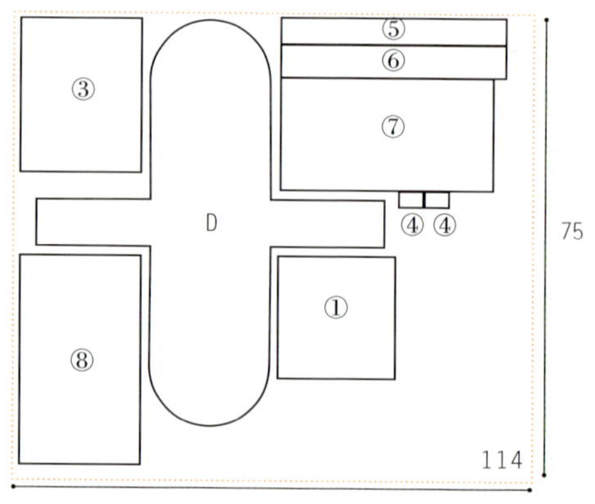

条纹厚棉布（20cm×14cm）

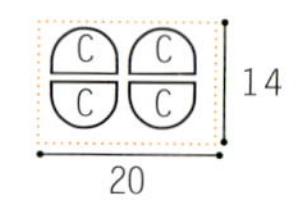

制作袋身前口袋

01 20cm5号码装拉链两端用拉链挡布④表、里夹车后，翻正压线。

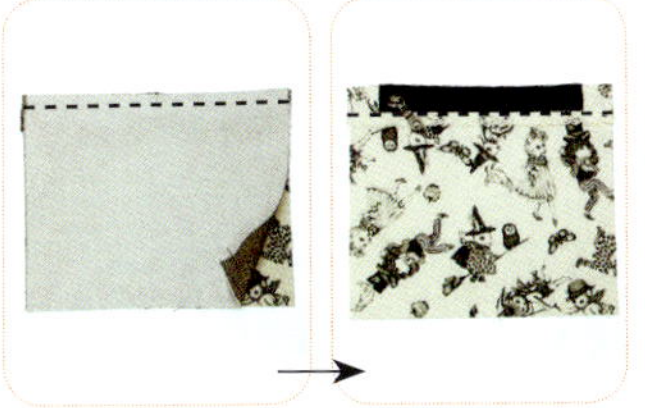

02 口袋前片①表、里布正面相对夹车拉链，翻回正面，连同蕾丝一起车缝压0.2cm。

03 口袋后片表布②与里布③正面相对，夹车拉链另一边。

04 翻回正面，将口袋后片表布②对齐下方蕾丝边遮住拉链，用熨斗烫出折痕。

05 再将口袋后片②表布沿着拉链上方往后翻折，于上方压线0.7cm。

06 完成之前口袋下缘对齐袋身前片A下方，上方两侧用强力夹固定，再将口袋往上掀，将底下口袋后片表布②下方车缝固定在袋身前片上。

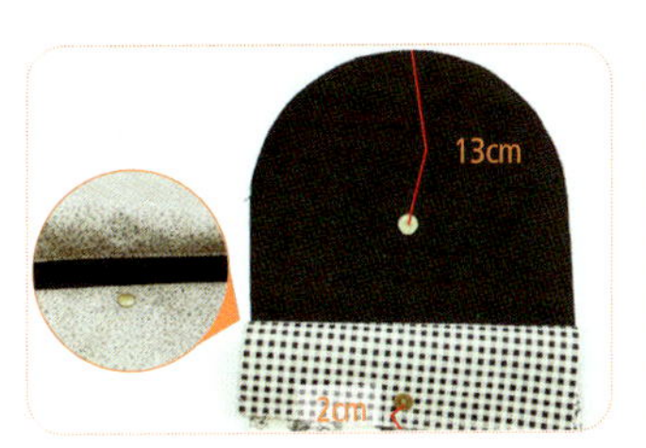

07 口袋后片依图示位置安装磁扣公扣，并将表里一起固定。再于表袋身前片A依图示位置安装磁扣母扣。

08 疏缝口袋三边并于上方标示位置钉上皮标。

制作表袋身

09 将车好口袋的袋身前片A与袋身后片B正面相对车缝。缝份倒向袋底，翻回正面压固定线。

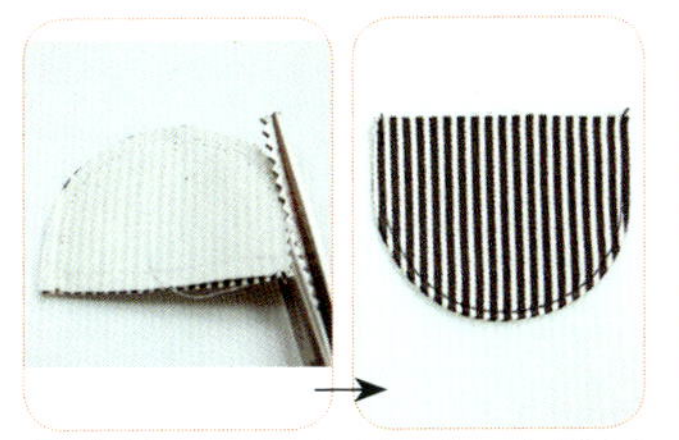

10 袋盖C表里正面相对，车缝圆弧处，并用锯齿修剪缝份。翻回正面压线，一共要完成两片。

11 袋盖分别置中对齐表袋身两侧边车缝固定，并翻开袋盖，于侧身安装牛仔扣公扣。

制作背带

12 13cm织带两条分别套入D形环车缝固定。织带下方1.5cm处以60度画斜线。再分别固定于袋身后片B两侧。

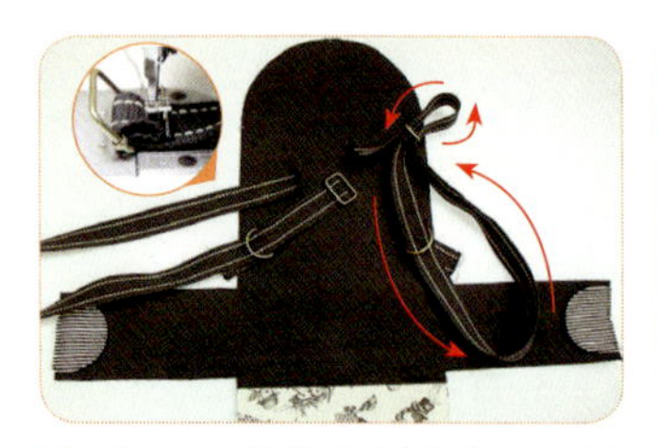

⑬2条90cm织带分别先套入日形环车缝固定，再依序穿入D形环及日形环。

⑭将织带固定于袋身后片中心上方（注：背带可依个人喜好修改为单肩背）。

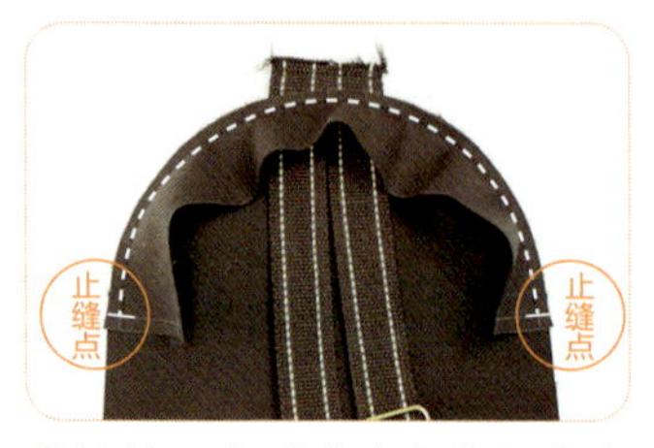

⑮拉链口布后片表布⑥与袋身后片B上方车缝固定。口布两端缝份点对应车缝到纸型标示记号位置处。

制作里袋身

⑯7拉链口布前片表布⑤与袋身前片A上方车缝固定，口布两端缝份点对应车缝到纸型标示记号位置处。

⑰用骨笔将拉链口布接合处压平顺，整理袋型。

⑱贴式口袋⑦正面相对，对折车缝。翻回正面于袋口折线处压0.2cm（接缝处在下方）。

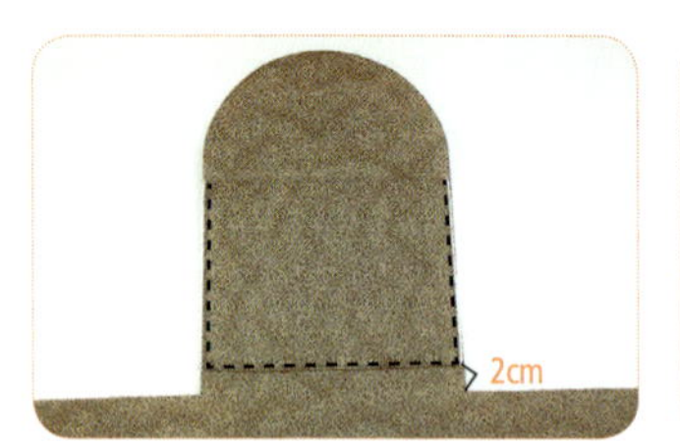

⑲再将口袋车缝固定于内袋身D后片下方位置。

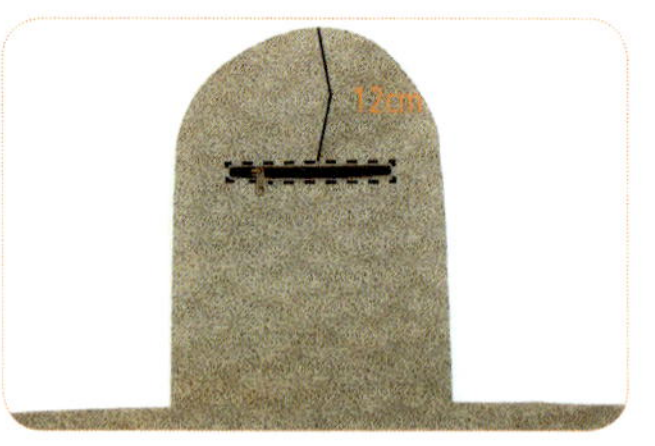

⑳20cm的3号码装拉链和前拉链口袋⑧，于内袋身D前片开16cm一字拉链口袋。

㉑拉链口布前片里布⑤、后片里布⑥，分别车缝在里袋身的前、后袋身上方处。口布两端缝份点对应车缝到纸型标示记号位置处。并将口布接合处用骨笔刮顺。

组合表里袋身

㉒码装拉链38cm，拉链一边与拉链口布前片表布疏缝固定，拉链正面朝表布正面。

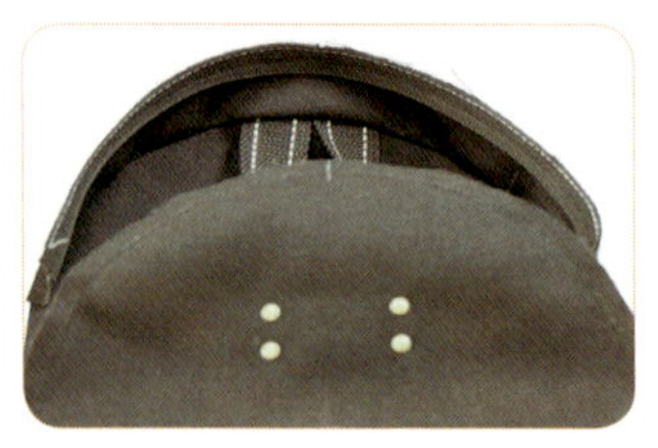

㉓另一侧的拉链与拉链口布后片对应夹好，拉开拉链，将拉链疏缝固定在口布后片上。

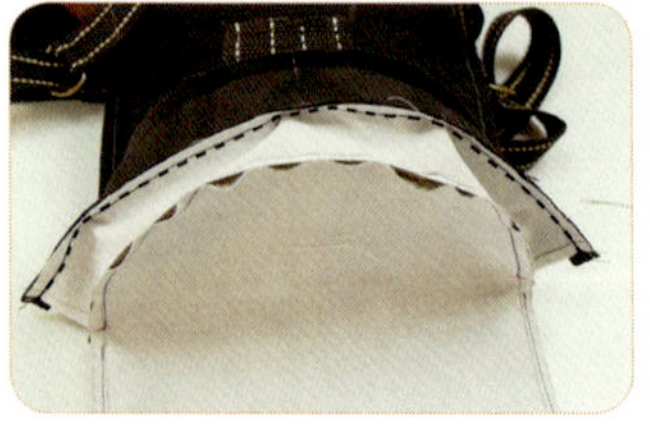

㉔将拉链口布后片里布与口布后片表布，正面相对，夹车拉链车缝固定。

㉕翻回正面，缝份处用骨笔刮顺，压线0.2cm。

㉖同步骤24～25夹车另一侧拉链口布。翻回正面压线，并从拉链两端装上拉链头对拉。

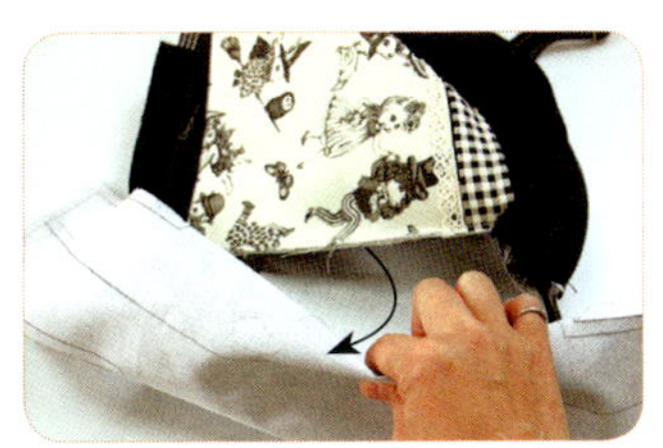

㉗从侧边将里袋小心翻出，注意拉链头尾两端不要拉开。

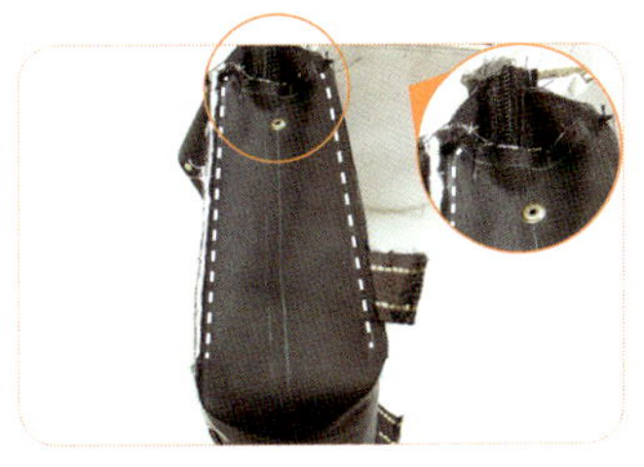

㉘组合侧身表袋。表袋侧身片对齐袋身的前、后片，正面相对车合。上方只能车到缝份点。

㉙再车缝上方两侧，分别车缝约2cm，中段先不车。

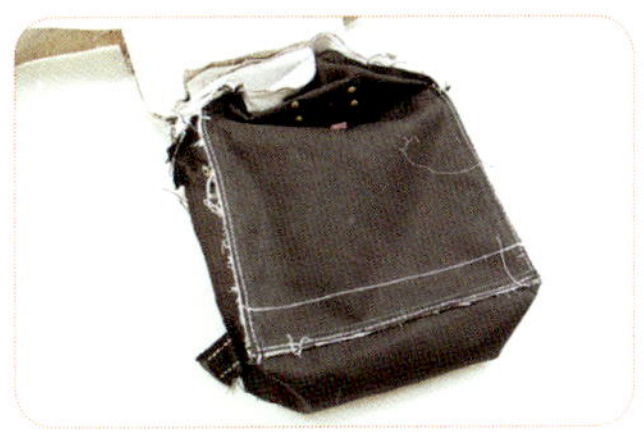

㉚另一边表袋侧身同样方法车缝固定。

㉛里袋侧边以同样方法与内袋前后片两侧车合。其中一侧需留返口。

㉜再将步骤29中段未车合处，表里袋身一起车缝固定。

㉝从返口翻回里袋身正面。返口缝份内折，藏针缝缝合。

㉞将袋身翻回正面。两侧袋盖上依标示位置钉上牛仔扣母扣。

㉟将拉链头钉上皮片，尾端剪斜角。

㊱20cm皮条，两端分别套上口形环，内折2.5cm用铆钉固定，再穿过连接下片后，固定于口布后片中心左右各8cm处。完成。

轻旅率性
后背包
防泼水尼龙布让阴天不再是烦恼，
搭配皮革的巧妙变化，
休闲又不失时尚感。
轻巧方便的束口后背，
贴心的减压背带设计，
绝对是少不了的！
完成尺寸：
宽31cm × 高42cm × 厚15cm

【裁布表】注：烫衬未注明=不烫衬。纸型缝份外加1cm，数字部分皆含缝份1cm。

部位名称	尺寸	数量
外袋身		
表袋身后片	纸型 A	1
后片装饰布	① ↔ 33cm × ↕ 5cm	1
后片拉链口袋布	② ↔ 34cm × ↕ 21cm	表 1 里 1
拉链袋 B	B1 ↔ 26cm × ↕ 6cm	表 1 里 1
	B2 ↔ 26cm × ↕ 16cm	表 1 里 1
	B3 ↔ 26cm × ↕ 22cm	里 1
拉链挡布	③ ↔ 3cm × ↕ 5cm	表 2 里 2
拉链袋 C	C1 ↔ 26cm × ↕ 40cm	里 1
	C2 ↔ 26cm × ↕ 27cm	表 1
锁匙扣环布	④ ↔ 4cm × ↕ 19.5cm	1
吊饰布	⑤ ↔ 4cm × ↕ 4cm	1
侧身	⑥ ↔ 18cm × ↕ 44cm	2
侧口袋 D	D1 ↔ 24cm × ↕ 25cm	表 2
	D2 ↔ 24cm × ↕ 22cm	里 2
侧身装饰布	⑦ ↔ 18cm × ↕ 5cm	2

部位名称	尺寸（cm）	数量	烫衬
袋底	纸型 E	1	
袋底装饰布	纸型 E ㊟	1	
提把装饰布	⑧ ↔ 12cm × ↕ 5cm	1	
背带布	⑨ ↔ 9.5cm × ↕ 46cm	2	
背带装饰布	⑩ ↔ 29cm × ↕ 5cm	1	
袋盖	纸型 G	表 1	厚布衬不含缝
		里 1	
内袋身			
里袋身前片贴边	⑪ ↔ 58cm × ↕ 5cm	1	
里袋身前片	⑫ ↔ 58cm × ↕ 41cm	1	
里袋身后片贴边	纸型 A1	1	
里袋身后片	纸型 A2	1	
内口袋	⑬ ↔ 33cm × ↕ 66cm	1	
袋底	纸型 E	1	

（㊟：此袋底装饰布可依个人需求或所选布料斟酌使用。）

【其他材料】

★ EVA软垫：依纸型F裁剪（不含缝）×2片。
★ 1.3cm龙虾勾 1个、1.3cm D形环1个、固定扣8～8mm×1组、固定扣8～12mm×2组。
★ 2.5cm织带：19.5cm×1条、25cm×1条、50cm×2条、53cm×2条、20.5cm×1条。
★ 2.5cm梯扣×2组、2.5cm插扣×1组。
★ 5号尼龙码装拉链：21cm×2条、26cm×1条、拉链头×3个。
★ 3mm棉绳100cm×1条、椭圆绳扣×1个、束尾珠×2个、10mm鸡眼扣×14组。

【裁布示意图】（单位：cm）

防泼水尼龙布（咖）（幅宽 140cm×90cm）

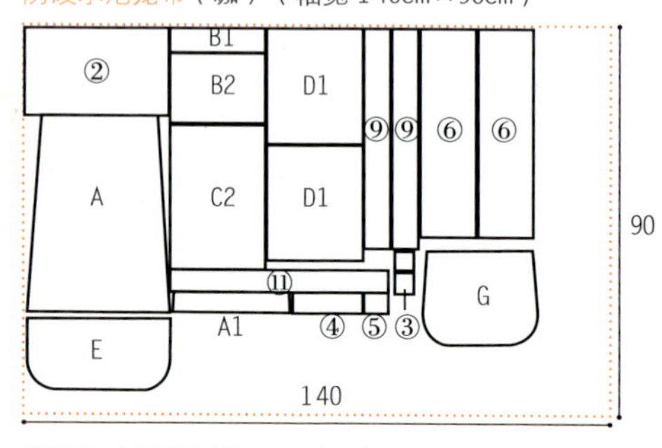

皮革布（幅宽 110cm×30cm）

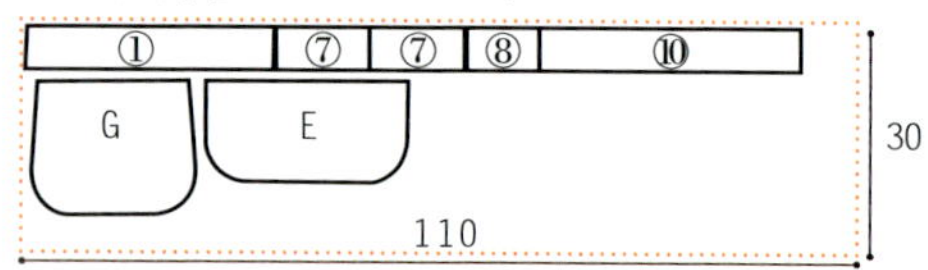

防泼水尼龙布（里）（幅宽 130cm×100cm）

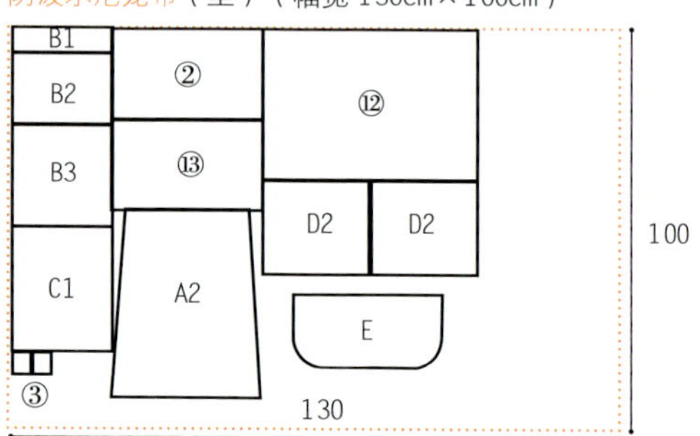

制作袋身前拉链双层口袋

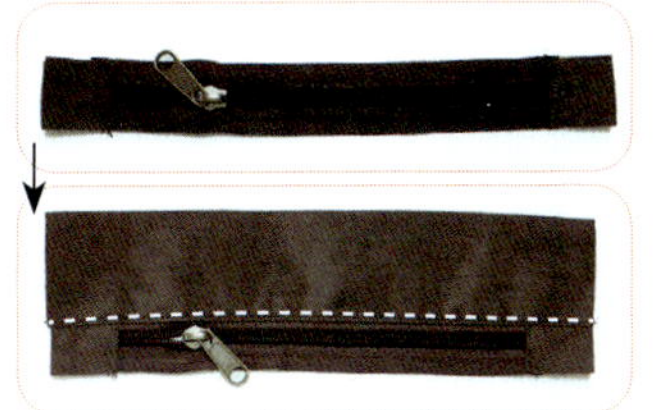

①拉链挡布③表里夹车21cm码装拉链两端，翻正压线。续用拉链袋B1的表、里布正面相对夹车拉链上方，缝份车缝0.7cm，翻正压线。

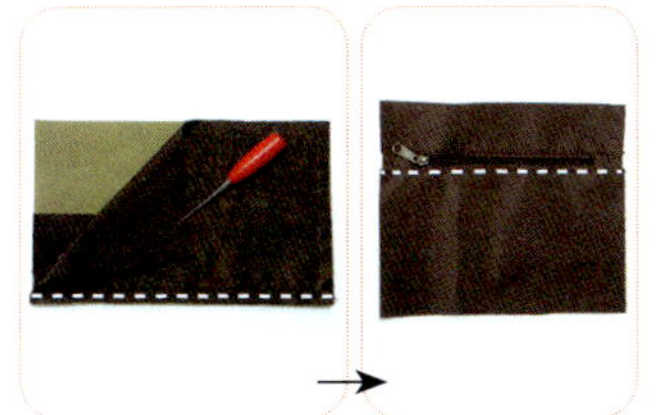

②拉链袋B2的表、里布正面相对夹车拉链下方，缝份车缝0.7cm。翻正压线。

③底层放上拉链袋B3里布，其正面对口袋里布，疏缝四周，完成拉链袋B。

④将拉链袋B上方与C1里布正面相对夹车26cm码装拉链，缝份车0.7cm。翻正压线。

⑤将C1往后折对齐拉链上方，再放上表布C2正面相对夹车拉链，缝份车缝0.7cm。

⑥车缝后，C2背面缝份往下5cm处画记号线，上方贴上水溶性胶带。粘贴处往下对齐记号线粘贴。

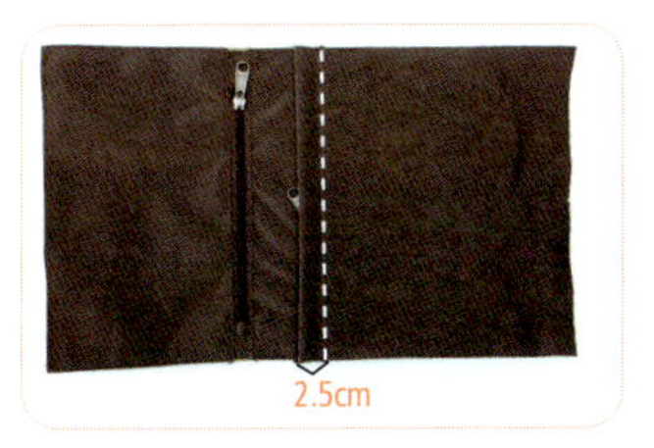

⑦翻回正面，拉链上方2.5cm处压线固定拉链。

⑧锁匙扣环布④以四折法压线车缝，套入龙虾钩后，前端内折用固定扣固定。并疏缝于内层口袋里布C1上方。再将口袋两侧疏缝固定。

⑨吊饰布⑤以四折法压线车缝，对折套入D形环，车缝固定于拉链口袋2.5cm压线处上方。

制作侧身松紧口袋

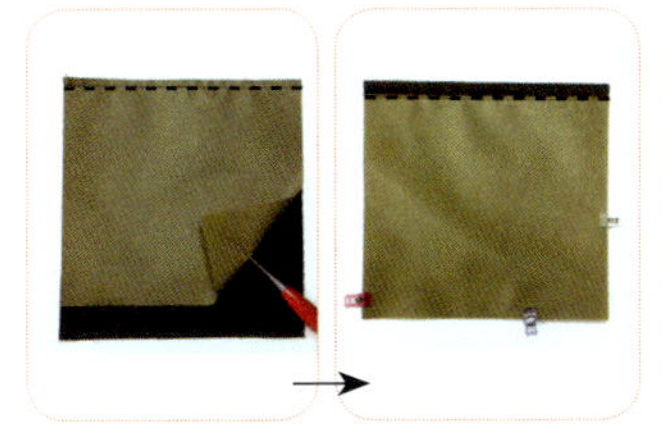

⑩侧口袋D1、D2表里布正面相对车缝。翻回正面，下方布边对齐，缝份倒向里布，沿里布边压线0.2cm。

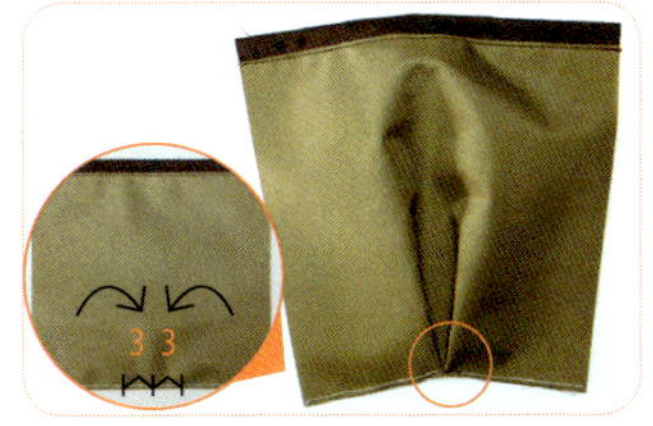

⑪口袋下方先疏缝固定。中心点左右各3cm做记号，往中心打折，疏缝固定。

⑫松紧带15cm，前后1cm作不车记号线，穿入口袋洞口。将两侧松紧带车缝固定，完成松紧口袋。

⑬侧身⑥依图示在底下3cm处画记号线，再将松紧口袋袋底对齐记号线，疏缝固定。

⑭侧身装饰皮片⑦对齐记号线车缝固定。并于正面压线0.2cm。将口袋两侧与袋底下方疏缝固定。共完成两组侧身。

组合前外袋身

⑮将两组侧身分别与袋身前片两侧正面相对车合。完成外袋身前片。

⑯先将袋底E的皮革布背面与表布正面相对，疏缝一圈，再与外袋身前片袋底车缝固定，两端都只能车到缝份点。

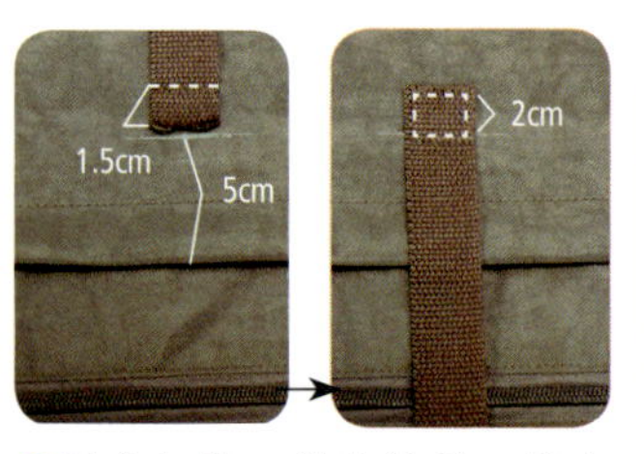

⑰固定扣带。前片拉链口袋中心上方5cm位置画记号线。取织带19.5cm依图示车缝固定。再将织带往下车缝口形加强固定。

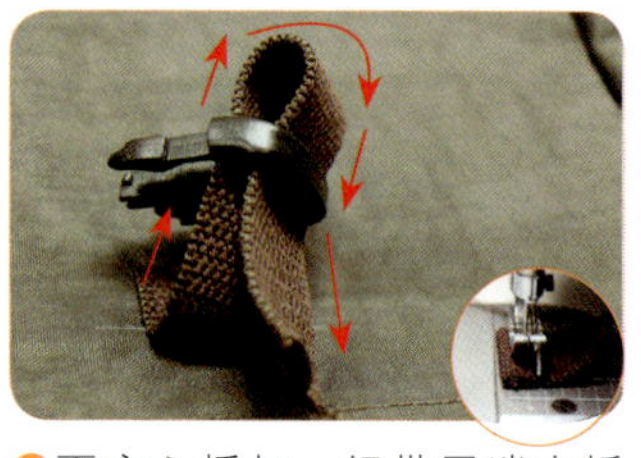

⑱再穿入插扣。织带尾端内折1cm（折2次），车缝固定。

制作后片侧拉链袋

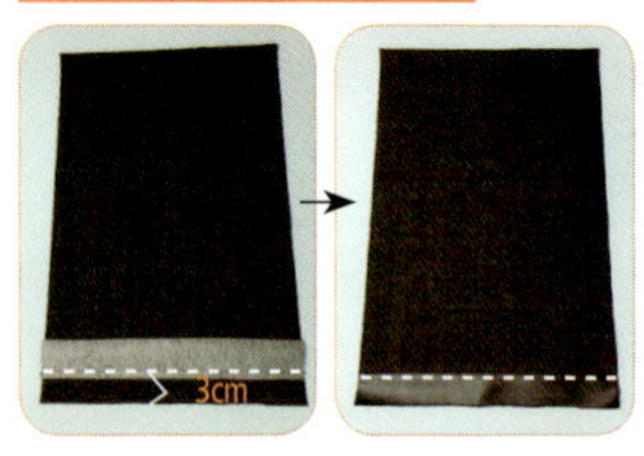

⑲后片装饰片①依图示位置正面相对对齐记号线，车缝固定于表袋身后片A下方。翻正压线并将三边疏缝固定。

⑳表袋身后片A背面依图示位置画15cm×2cm框形记号。

㉑后片拉链口袋表布②由中间15cm画两侧记号线。

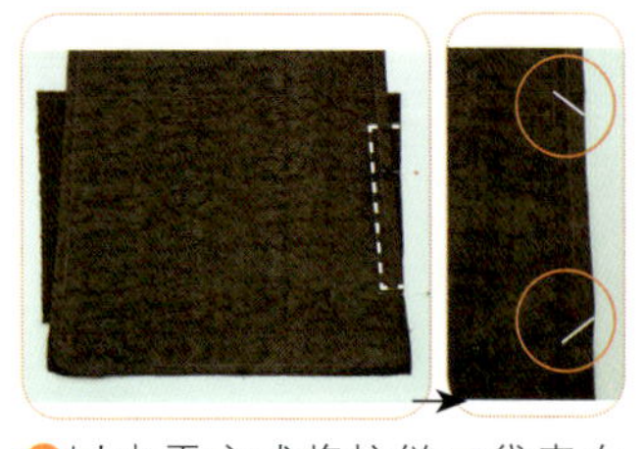

㉒以水平方式将拉链口袋表布②放置后片A后方正面相对，右边对齐记号线，用珠针固定后，车缝框线。修掉多余的边，转角处依图示剪牙口。

㉓翻回正面。车缝上21cm码装拉链。

㉔翻到背面，放上后片拉链口袋里布②，将口袋表里正面相对，车缝口袋上下两侧（注意不要车到下面的表袋身后片）。

制作提把与背带

㉕翻回正面，疏缝固定两侧，修剪掉多余口袋布。

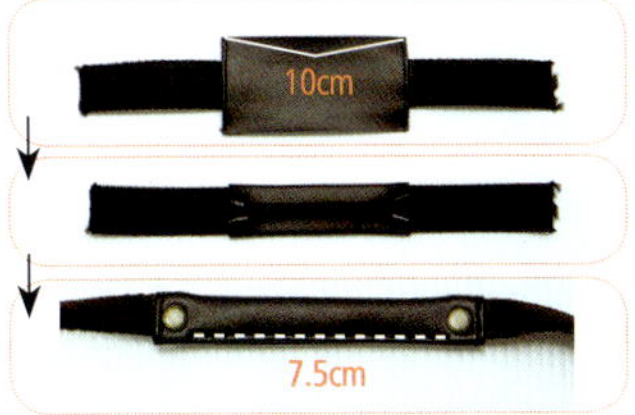

㉖25cm织带，取10cm做记号点。提把皮片⑧两端内折1cm，置中车缝两边。将皮片缝份内折以布用双面胶带固定，对折后将中间压缝7.5cm，再以固定扣固定两端。

㉗背带布⑨正面一端夹入50cm织带，依图示车缝固定后，再依纸型F画上弧度。沿着弧度车缝，并修剪两边多余的角。

㉘翻回正面，将EVA软垫从织带和缝份下方塞入。塞入时要将两侧背带布往中心折，强力夹先固定。再沿边车缝0.3cm压线固定。

㉙依图示套入梯扣。

㉚接着将织带往上折，置中对齐，前端留1.5cm，先用强力夹固定。再沿着织带边车缝0.2cm固定。一共要完成两条。

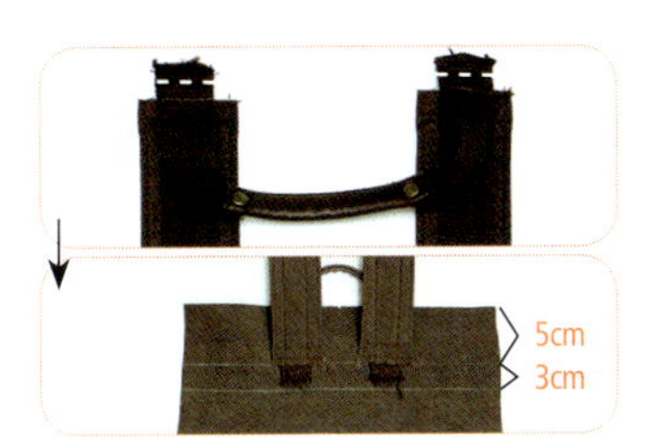

㉛提把与两条背带上方边缘对齐，疏缝固定。再将背带正面对着表袋身后片正面，依图示位置车缝固定于上方。

㉜背带装饰皮片⑩对齐记号线，正面相对车缝。再往下翻，缝份内折，正面压线0.2cm固定。

㉝53cm织带2条，先60度角画第一道记号线，上移1cm画第二道记号线。对齐表袋后片下方，第二道记号线对齐边缘，疏缝固定。

㉞织带另一端依图示套入背带下方梯扣。尾端要内折2次1cm车缝固定。

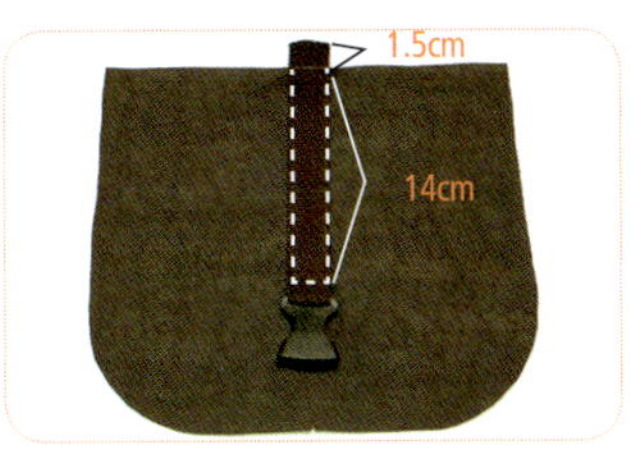

㉟20.5cm织带下方内折3.5cm套入插扣，再依图示车缝在袋盖里布上。

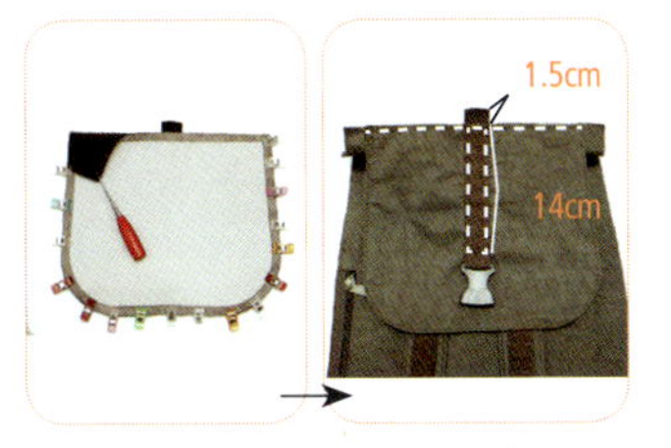

㊱将袋盖表布与袋盖里布正面相对，车缝圆弧处，翻正压线并疏缝在表袋身后片上方。

组合外袋身

㊲表袋身后片与前片正面相对，两侧从袋身上方开始车到下方缝份点。

㊳再将下方车缝固定，完成外袋身。

制作内袋身

㊴将里袋身后片与贴边正面相对车缝固定，缝份倒向贴边，压线0.2cm。里袋身前片与贴边同作法。

㊵内口袋布⑬背对背对折，于上方1.5cm处压线，再穿入27cm松紧带，车缝固定。将口袋疏缝固定于里袋身后片。

㊶将里袋身前片与袋底里布正面相对车缝固定。两端只车到缝份点。

㊷于里袋身前后片贴边处2.5cm先标出记号线，往下间隔0.5cm。再将里袋身后片与袋底夹好，点到点车缝固定袋底。

㊸车缝两侧边，其中间预留0.5cm穿绳洞口不车外（前后记得回针），其他车到底。

㊹内袋身翻回正面，缝份打开，上方贴边处压线0.2cm。完成内袋身。

组合内外袋

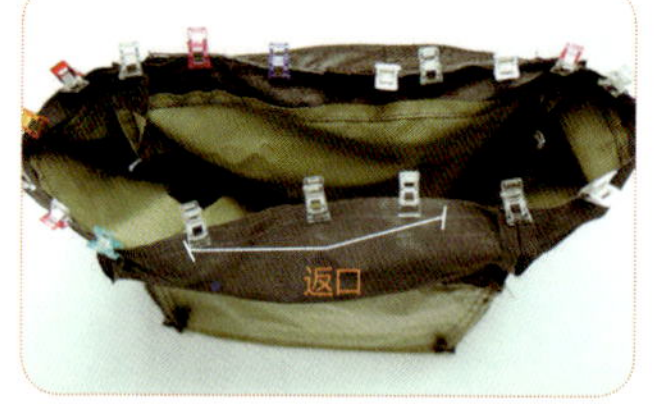

㊺内袋置入外袋中，正面相对沿袋口车缝一圈，其袋口前方留15cm返口不车。

㊻利用返口将棉绳从内袋贴边预留0.5cm洞口穿入及穿出，并将袋口处整理好，缝份内折压线0.2cm一圈。

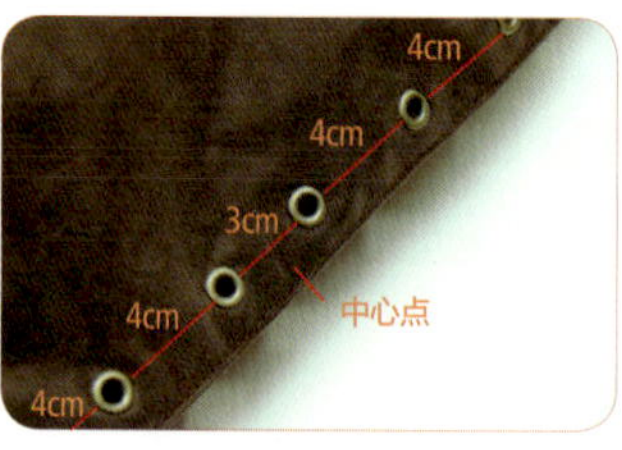

㊼袋口由前方中心间隔3cm，左右各打一个鸡眼后，往后再每间隔4cm打鸡眼扣。全部一共14颗。

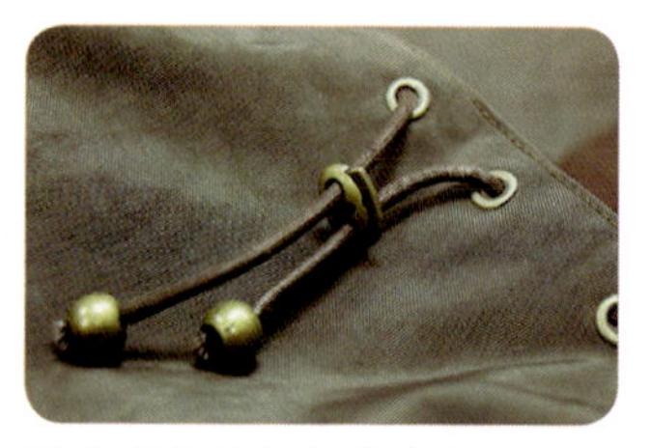

㊽将剩余的棉绳依序穿入鸡眼扣。装上椭圆绳扣及束尾珠。完成。

小巧玲珑随身后背包

可爱小巧的造型，抓皱布面的曲线，
营造精致高级的时尚感，
皮件与帆布的交织，
幻化成美丽小巧玲珑包。

✿ 完成尺寸：宽20cm × 高18cm × 厚14cm

【裁布表】纸型缝份外加0.7cm，数字部分皆已含缝份0.7cm。

部位名称	尺寸	数量	烫衬
表袋身前片、后片	纸型 A	2	不烫衬
表袋侧身	纸型 B	2	
袋盖	纸型 C	2	
后饰布	① ↔ 21cm × ↕ 5cm	1	
扣环布	② ↔ 4cm × ↕ 8cm	3	
里袋口袋布	③ ↔ 19cm × ↕ 19cm（口袋上方靠布边裁剪）	1	
内袋身	纸型 D	1	

【其他材料】

★ 2cm D形环×3个、2cm日形环×2个、2cm龙虾钩×4个、2cm口形环×2个。
★ 1.9cm宽皮条：90cm×2条、17cm×1条。
★ 8mm-10铆钉×6组、8mm-12铆钉×2组、9mm-12蘑菇固定扣×4组、6mm-6铆钉×4组。
★ 双面真皮固定式古铜书包扣（4.8cm×7cm）×1组。
★ 皮标×1个。
★ 合成皮连接下片（宽1.9cm长6.3cm）×2片。

【裁布示意图】（单位：cm）

8号防泼水帆布（幅宽 110cm×80cm）

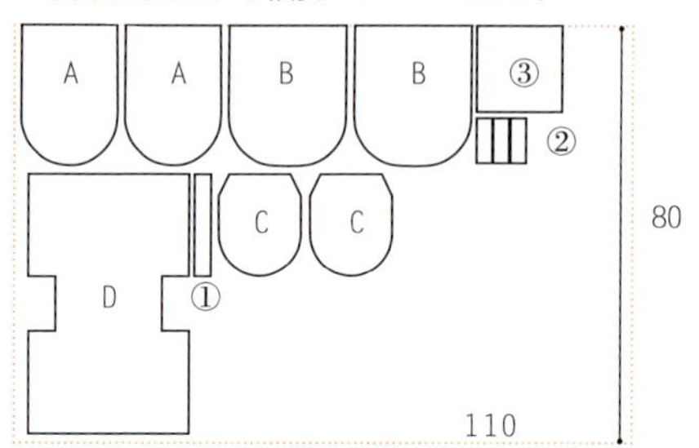

制作表前袋身

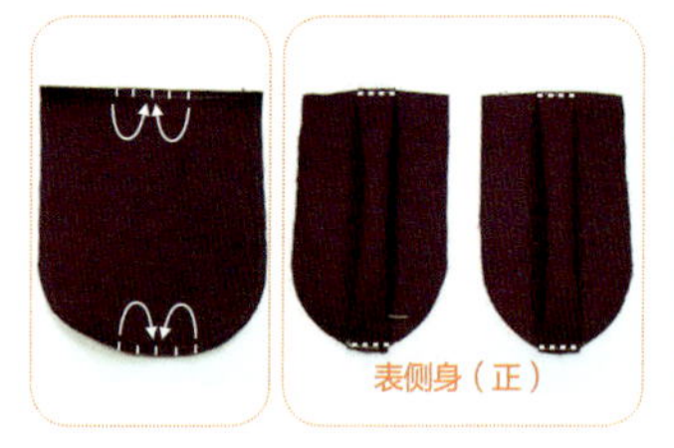

01 表袋侧身B上下方依纸型标示记号位置，往中心打折疏缝固定。共完成两片侧身片。

02 将袋身前片A与两片侧身片B左右分别正面相对，侧身B 中心对齐前片A纸型标示记号处，车缝固定。

制作袋身后片

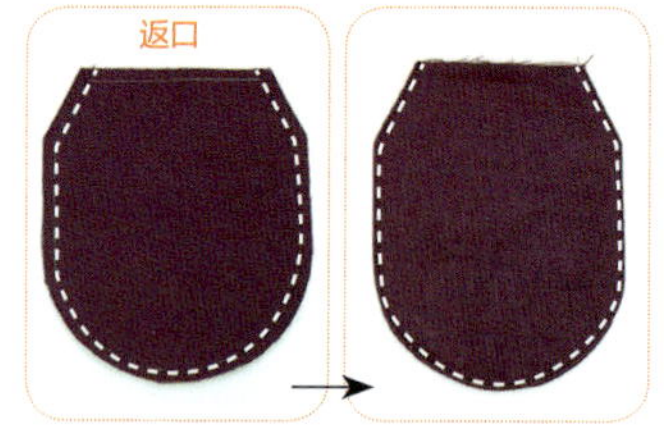

03 袋盖C两片，正面相对车缝固定，上方留返口。圆弧缝份剪锯齿状，再翻回正面，压线0.2cm。

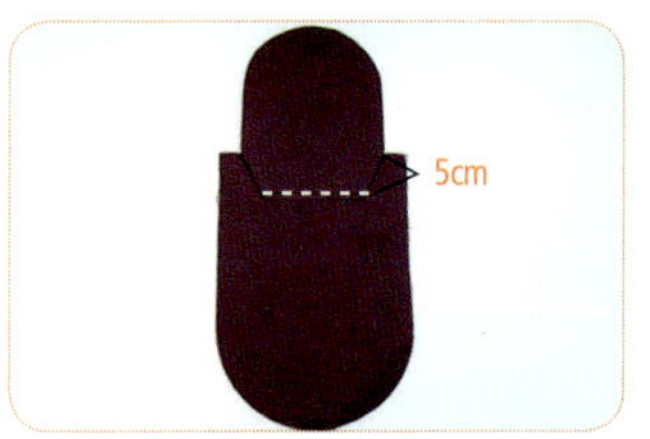

04 接合袋盖与袋身后片A。袋盖依图示位置，置中对齐车缝固定。

05 后饰布①两侧折出1cm缝份，依图示位置将其固定于袋身后片。

06 扣环布三条，分别将两侧往中心折，于两边压线0.2cm。

⑦扣环布套入D形环，一条车缝固定于图示中心位置。

⑧将后饰布往上翻，缝份内折1cm，于正面上下压线0.2cm。另两条扣环布则车缝于下方左右两侧标示位置。

组合表袋身

⑨将前后袋身正面相对，两侧身中心分别对齐后片记号位置处，车缝固定。

⑩再将中间未车缝处，以点到点，车缝固定。

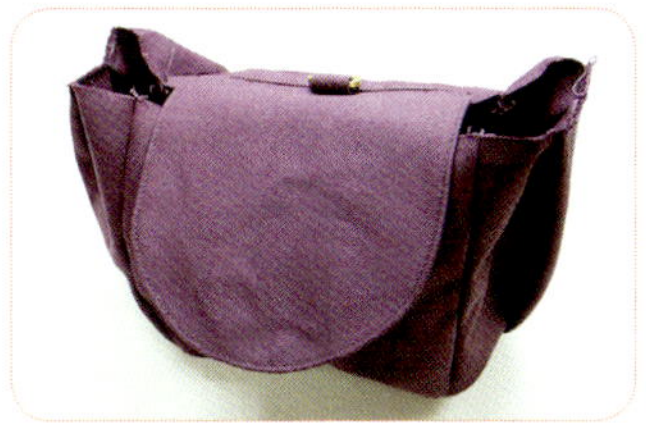

⑪袋底缝份打开，翻回正面将圆弧处缝份用骨笔刮顺，整理袋形。

制作里袋身

⑫口袋布③上方袋口缝份1.5cm作折处记号（袋口处为布边），余三边车缝Z字形锁边。

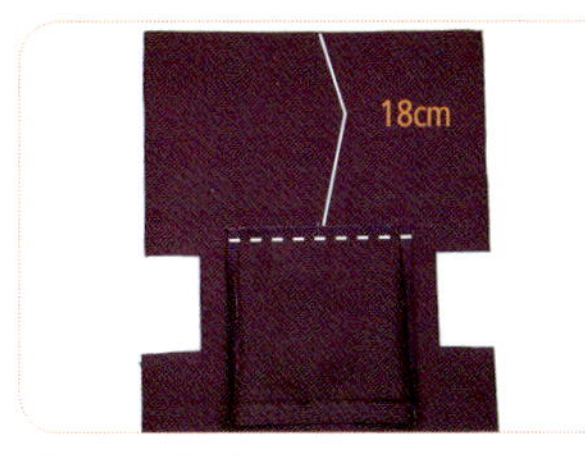

⑬口袋布袋口缝份内折1.5cm，正面压0.2cm及1cm装饰线，再将两边缝份内折1cm。下方则对齐内袋身D图示记号线位置车缝固定。

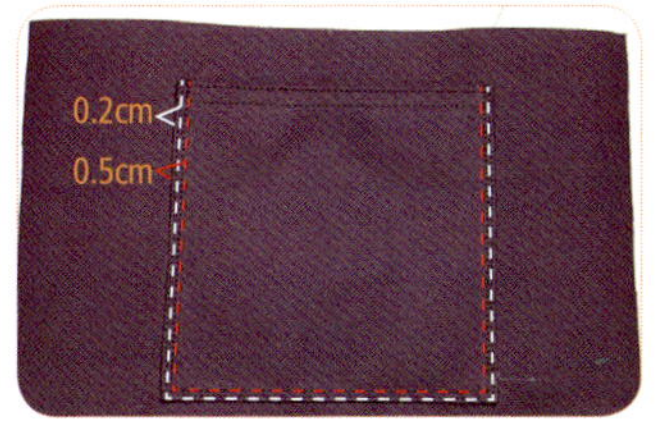

⑭再将口袋往上折，先于外围压线0.2cm车缝固定，再往内压线0.5cm。

⑮内袋身D对折，正面相对车缝两侧固定。

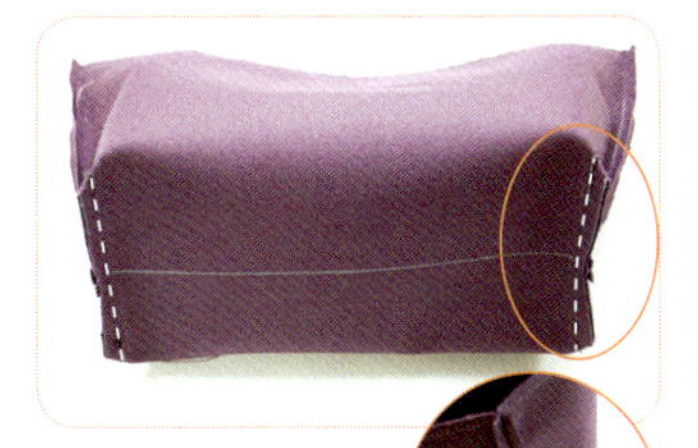

⑯缝份打开，再将两边底角车合。

组合表里袋身

⑰将里袋身套上表袋身，沿袋口车缝一圈，后方留15cm返口。

⑱从返口翻回正面，将袋口整好，返口处缝份内折，袋口压线0.2cm一圈。

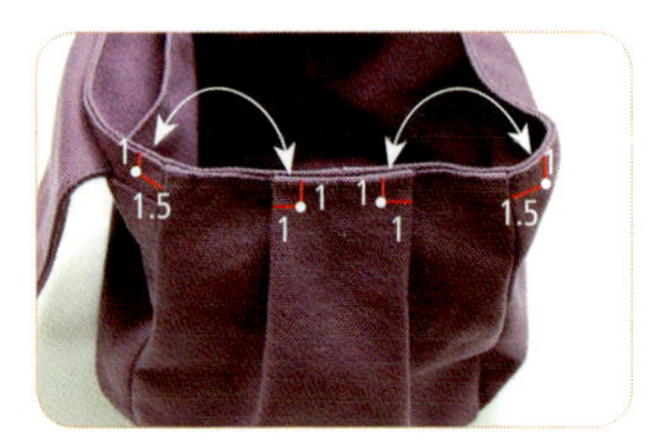

⑲袋口两侧依图示位置做记号打洞。

⑳先将前方两侧用蘑菇钉固定，再将后方侧边用蘑菇钉固定，共4处。

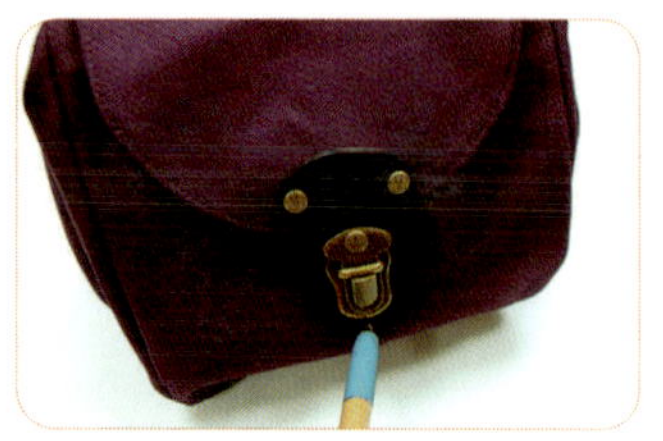

㉑袋盖安装书包扣上扣，再找出下扣适当位置固定完成。

制作背带

㉒袋盖书包扣上方1cm处，可钉上皮标。

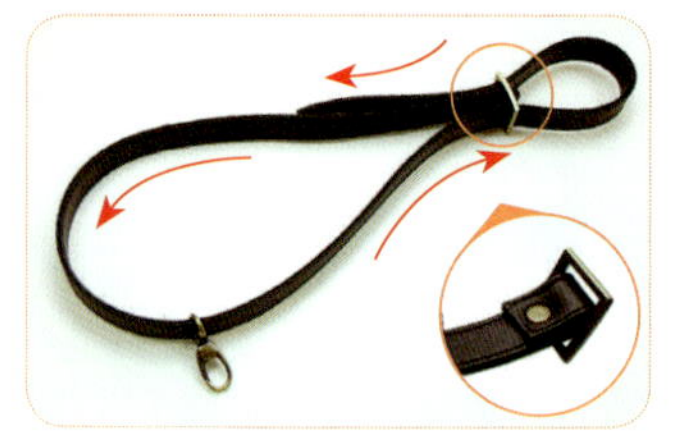

㉓90cm皮条一端穿过日形环中，内折2.5cm，用铆钉固定，再依图示先套入龙虾钩，再穿回日形环。

㉔最后于另一端套入另一个龙虾钩，内折2.5cm用铆钉固定，共完成两条。

制作提把

㉕将两条背带依图示钩在包包后方。

㉖17cm皮条两端内折2.5cm，穿入口形环用铆钉固定。

㉗口形环套入连接下片皮片，置于袋盖两侧，对齐后饰布边缘，做出提把位置的记号点。再连袋口一起打洞。

㉘用铆钉固定提把，连袋口一起固定。

㉙完成。

时尚典雅两用包

黑白风车纹，
搭配皮革设计，
最具典雅及时尚元素。
可肩背或交叉后背，
变换造型 随你心情！

完成尺寸：
宽29cm × 高30cm × 厚11cm

【裁布表】注：烫衬未注明=不烫衬。纸型缝份外加0.7cm，数字部分皆已含缝份0.7cm。

部位名称	尺寸	数量	烫衬
外袋身			
表袋身前片、后片	①↔39.5cm×↕31.5cm	2	
前口袋	②↔22.5cm×↕15.5cm	表1里1	
拉链挡布	③↔3.2cm×↕3cm	2	
扣环布	④↔4cm×↕4.5cm	2	厚布衬2cm×4.5cm
袋底	纸型A	1	厚布衬不含缝
里袋身			
里袋身贴边	⑤↔29.5cm×↕4.5cm	4	
里袋身	纸型B	2	
内口袋	⑥↔23cm×↕50cm	1	
	⑦↔3.2cm×↕3cm	2	

【其他材料】

★19mm宽皮条：110cm×2条、7cm×2条。
★2cm口形环×4个、2cm日形环×2个。
★18mm撞钉磁扣×1组。
★5号金属码装拉链：18cm×1条、22cm×1条、24cm×1条、拉链头×3个。
★2.5cm宽包边条：80cm×1条。
★3mm棉绳80cm×1条。
★8mm固定扣×4组。

【裁布示意图】（单位：cm）

风车图案毛绒布（幅宽110cm×32cm）

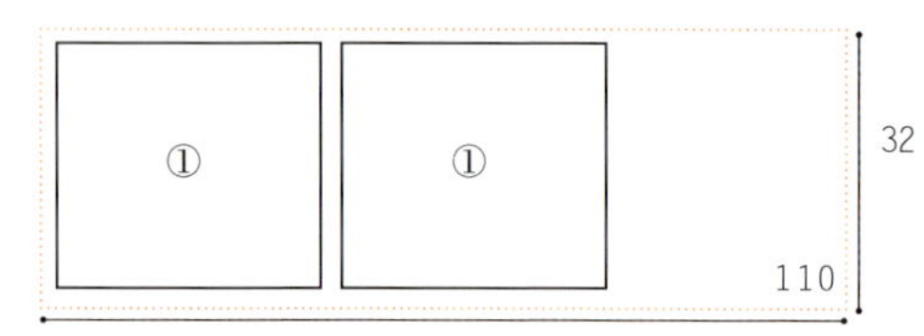

黑色皮革布（幅宽110cm×30cm）

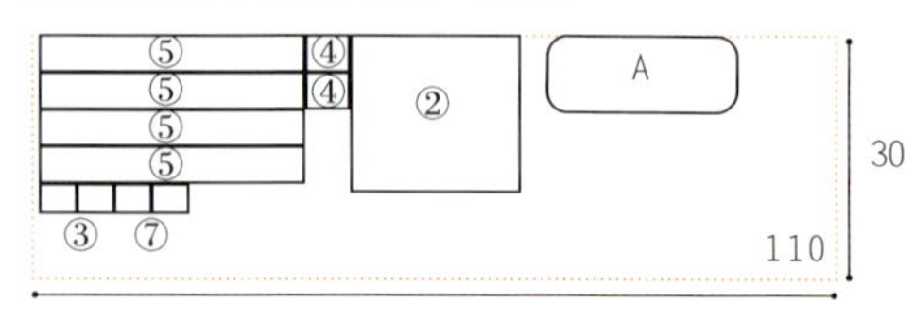

豹纹尼龙布（幅宽110cm×65cm）

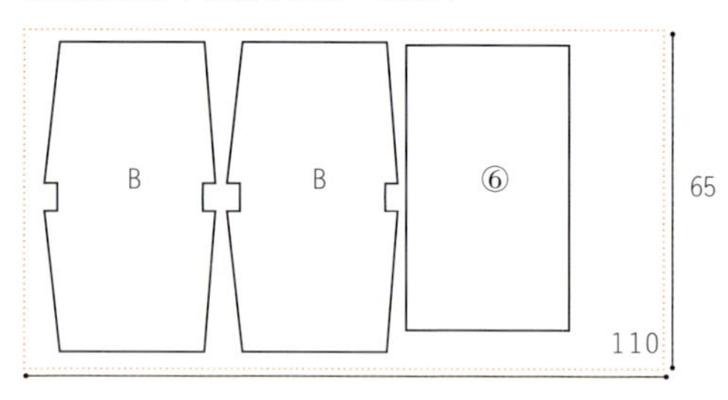

黑色尼龙布（幅宽110cm×16cm）

制作拉链口袋

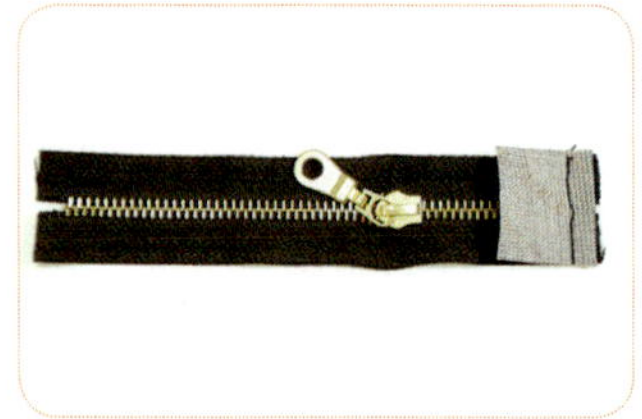

01 码装拉链18cm，前后端拔齿为15cm，两端车上拉链挡布③。

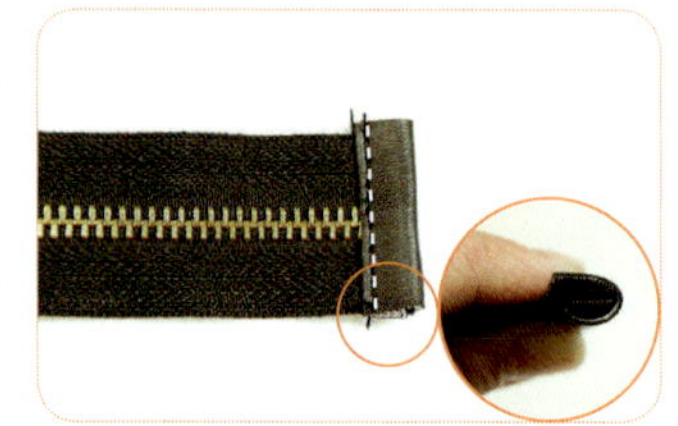

02 拉链挡布往后折，于正面压线。

03 将拉链置中疏缝于前口袋布②上方，表里布依图示车缝ㄇ字形夹车拉链。

04翻回正面，上方拉链夹车处压线0.2cm，下方表里疏缝固定。两侧1.5cm处做记号线。

05将两边记号线处折压0.2cm。

06依图示画记号线，再将口袋拉链另一侧正面对齐袋身前片①图示位置，车缝固定拉链。

07将口袋往下翻，对齐两边的记号线，压线0.2cm车缝固定口袋两侧。

制作外袋身

087cm皮条两条，下折3cm，套入口形环，分别车缝固定于表袋身后片图示位置，再钉上固定扣。

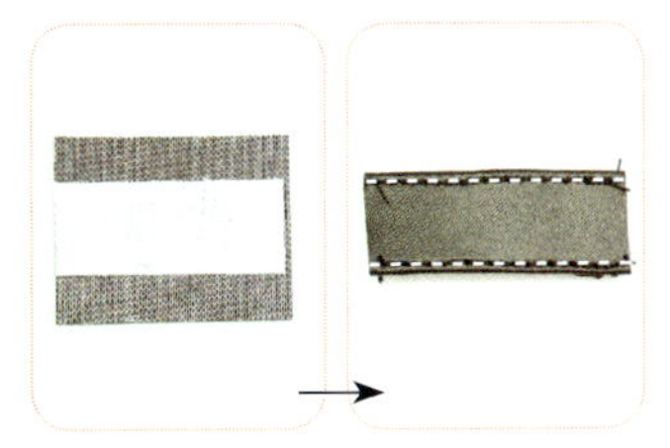

09扣环布两片，中心烫厚布衬。将两端内折，翻回正面两端压线0.2cm。

10分别套入口环，固定于表袋身后片上方图示位置。

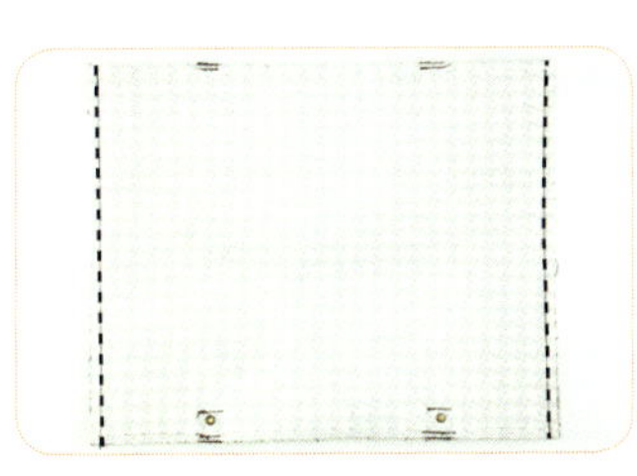

11表袋身前片与后片，正面对正面，车缝两侧。

12袋底包绳，先把80cm包边条夹入棉绳，缝份0.5cm疏缝固定。头尾留5cm先不车，再置于袋底A疏缝，车到尾端重叠部分，将多余棉绳剪掉，车合剩余部分。

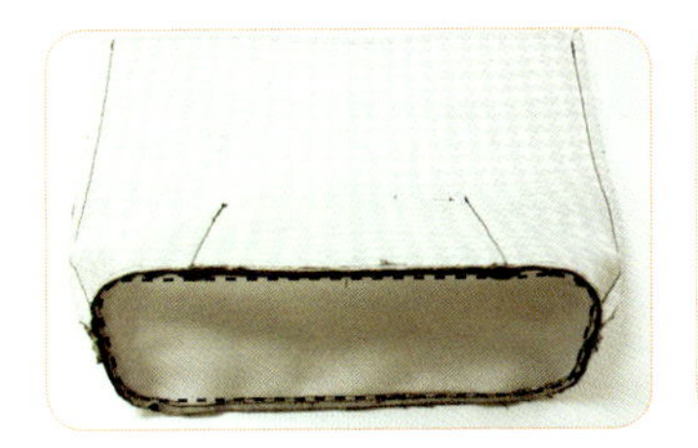

13表袋身与袋底A，正面对正面，组合车缝固定。

14翻回正面，完成外袋身。

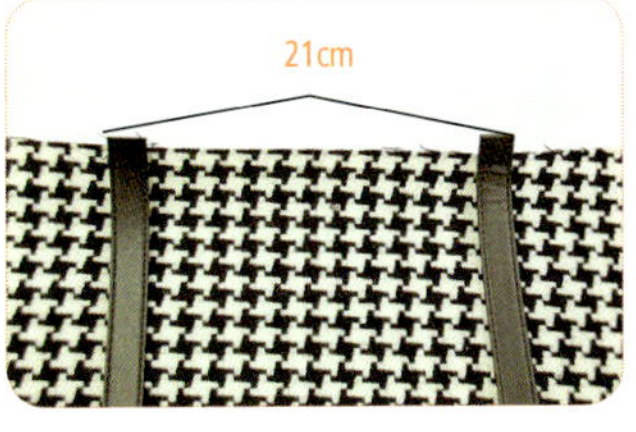

15两条110cm皮条固定于外袋身前侧上方图示位置。

制作内袋

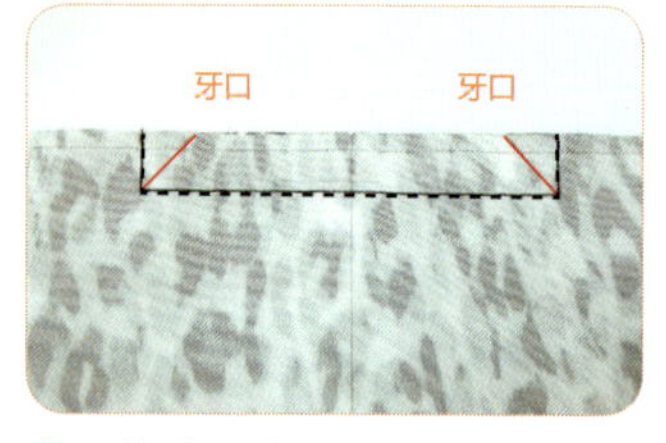

⑯取袋身里布B，上方中心依图示画18cm×2.5cm记号线。口袋布⑥放置后方，上方置中对齐，正面相对沿记号线车缝。并依图示剪牙口，翻回正面。

⑰码装拉链22cm，两端拔齿为18cm，并将拉链上方对齐布边，压线车缝固定拉链。

⑱翻到背面，将口袋布往上折，对齐上方边缘。口袋布两侧车缝固定。

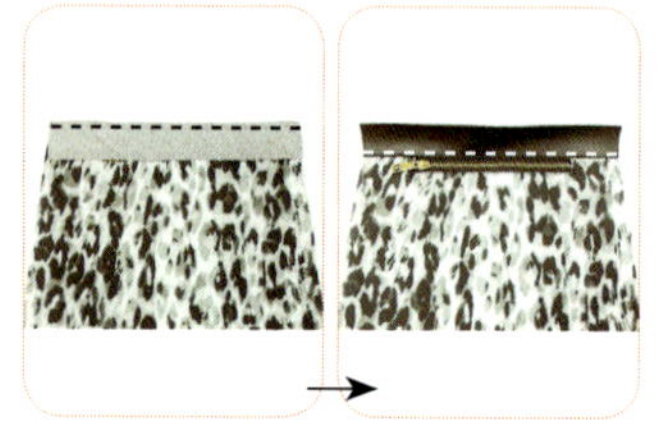

⑲翻回正面，将里袋身贴边⑤，与里布B上方正面相对车缝固定。缝份倒向贴边，压线0.2cm。

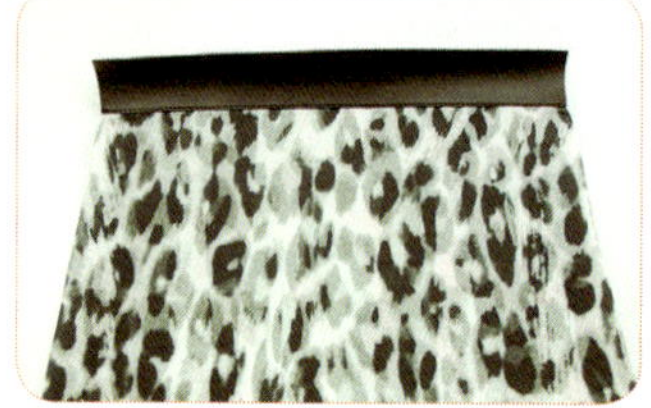

⑳再完成另一边贴边车缝。

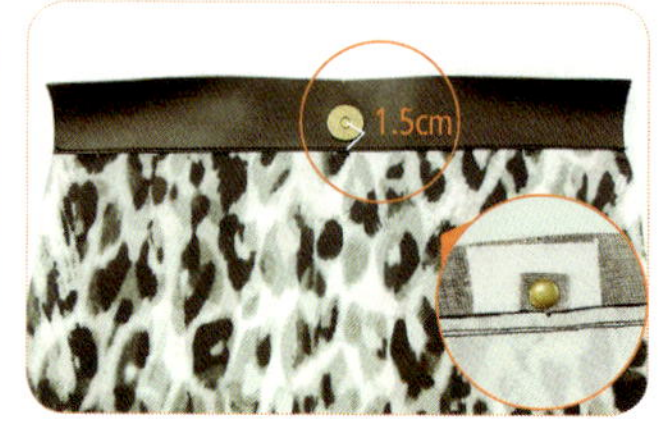

㉑于两边里袋身贴边中心图示位置，安装磁扣。磁扣背面可用布衬及皮革加强固定。

㉒里袋身对折，正面对正面，车缝里袋身两侧。

㉓将两边底角车缝起来，完成内袋身B1。

㉔码装拉链24cm，两边拔齿为22cm，两端用拉链挡布⑦包起来（同步骤1、步骤2）。再与另一片里布B与贴边⑤正面相对夹车拉链。

㉕缝份往贴边倒，压线0.2cm。

㉖里布B另一边与另一片贴边，同样正面相对夹车拉链另一边。

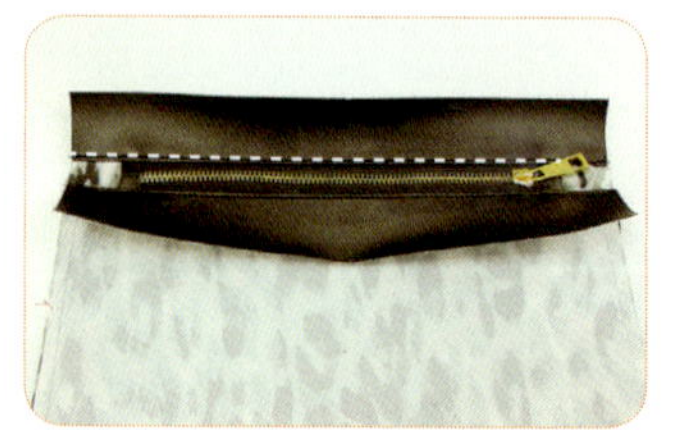

㉗缝份往贴边倒，压线0.2cm。

㉘将内袋身两侧边，对齐车缝固定。并将底角车合，完成内袋身B2。

组合内外袋

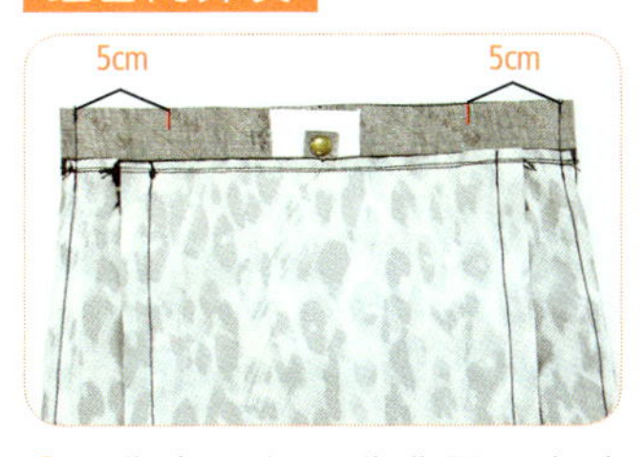

㉙里袋身B1拉链袋背面，由贴边两边缝份往内5cm处做记号止缝线。

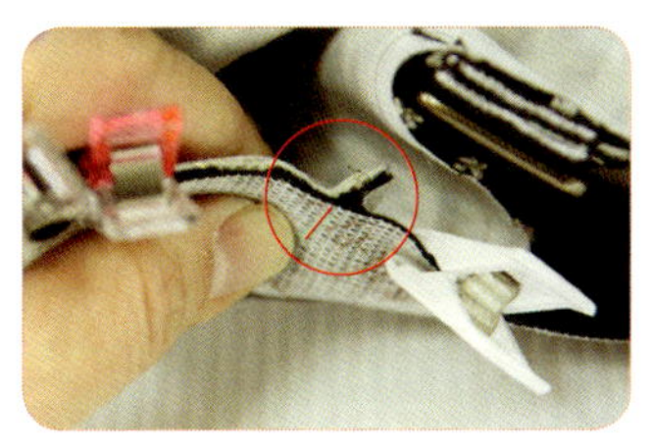

㉚将外袋身置入里袋身B1中套合，里袋身B1拉链袋那面对着外袋身后片，记号止缝线对齐外袋身两端缝份处。

㉛用强力夹固定，再沿着图示虚线车缝。

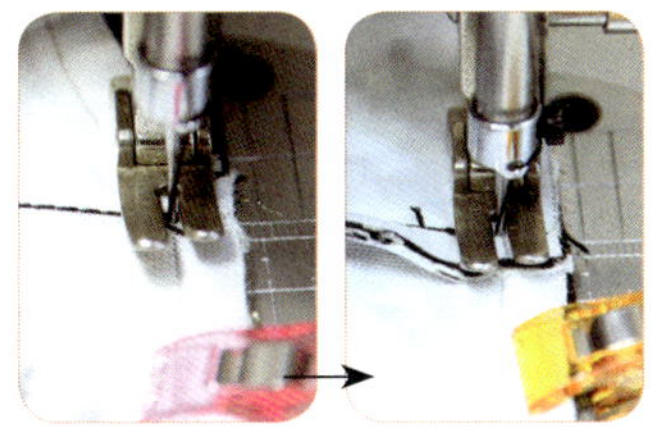

㉜注意:起点从缝份点开始车缝，车缝时记得外袋身缝份往上方倒，不要车到。车到另一边缝份止点时，缝份往下倒，不要车到缝份，记得回针。

㉝车缝完从中间返口翻回正面。边缘从两端缝份点到点压线0.2cm。完成前袋身。

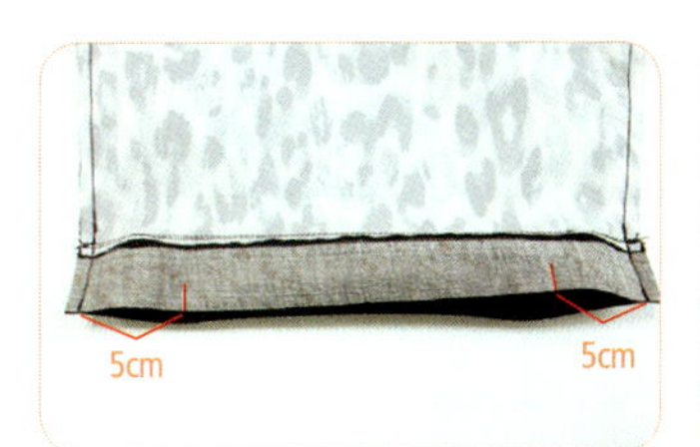

㉞续将里袋身B2，贴边两端缝份向内5cm做记号止缝线。

㉟将步骤32的外袋身置入里袋身B2内（注意拉链头方向），套合用强力夹固定。一样从止缝点到点车缝，记得回针，不要车到缝份。

㊱翻回正面，沿着袋口边缘从缝份点到点压线0.2cm。

㊲再将中间返口缝份内折，用强力夹固定。并从点对点压线0.2cm车缝返口。

制作背带

㊳将前方两条背带交叉穿入后方口形环。

㊴依图示先穿入日形环，再套入下方口形环，最后穿回日形环中心。尾端用固定扣固定。即完成。

拥抱夏天
海洋风后背包

✻ 完成尺寸：宽30cm×高43cm×厚18cm

夏天一定要有一个
海洋风格后背包。
海滩河边戏水，
就让它陪你，
一同创造美好的假期。

【裁布表】注：烫衬未注明=不烫衬。纸型缝份外加0.7cm，数字部分皆已含缝份0.7cm。

部位名称	尺寸	数量	烫衬
表袋身			
表袋前片	① ↔ 61.5cm × ↕ 41.5cm	1	
表袋后片	② ↔ 29cm × ↕ 41.5cm	1	
后拉链口袋布	③ ↔ 29cm × ↕ 41.5cm	表 1 里 1	薄布衬含缝
前贴边	④ ↔ 61.5cm × ↕ 9.5cm	1	厚布衬含缝
后贴边	⑤ ↔ 29cm × ↕ 9.5cm	1	厚布衬含缝
前口袋	纸型 A	2	轻挺衬 27cm×24.5cm 一片
袋底	纸型 B	1	厚布衬含缝
袋盖	纸型 C	2	厚布衬含缝
拉链挡布	⑥ ↔ 5.5cm × ↕ 4cm	2	
背带布	⑦ ↔ 11cm × ↕ 46.5cm	2	
出芽布	⑧ 2.5cm ×90cm（斜布纹）	1	×
背带连接布	纸型 D	2	薄布衬含缝
里袋身			
内袋前片、后片	纸型 E	2	轻挺衬含缝
内口袋布	⑨ ↔ 25cm × ↕ 38cm	1	薄布衬含缝

【其他材料】

★ EVA软垫：4cm×43.5cm×2片。
★ 5号尼龙码装拉链：22cm×1条、24cm×1条、拉链头×2个。
★ 3号尼龙码装拉链：24cm×1条、拉链头×1条。
★ 5mm自然风棉绳：90cm×2条、150cm×1条。
★ 17mm鸡眼扣×20组。
★ 3.2cm宽织带：8cm×2条、25cm×1条、50cm×2条。
★ 3.2cm D形环×2个、3.2cm日形环×2个。
★ 10mm蘑菇钉×4组。
★ 真皮调整式包扣磁扣（3.5×12cm）×1组。
★ 出芽用3mm棉绳：90cm。
★ 皮标×1个、6mm-5铆钉×4组。

【裁布示意图】（单位：cm）

蓝条纹防泼水帆布（幅宽110cm×65cm）

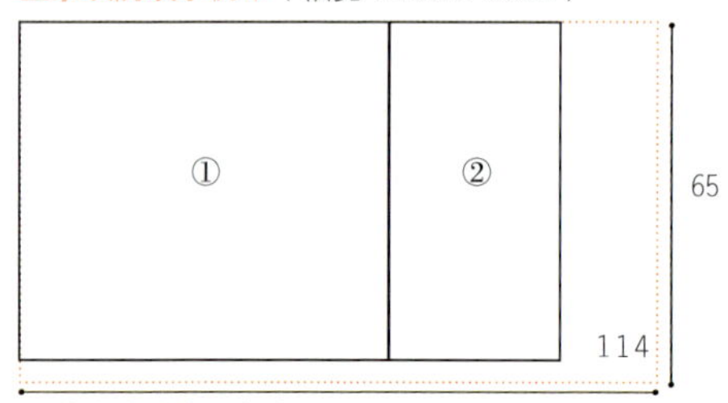

海洋风帆布（幅宽110cm×60cm）

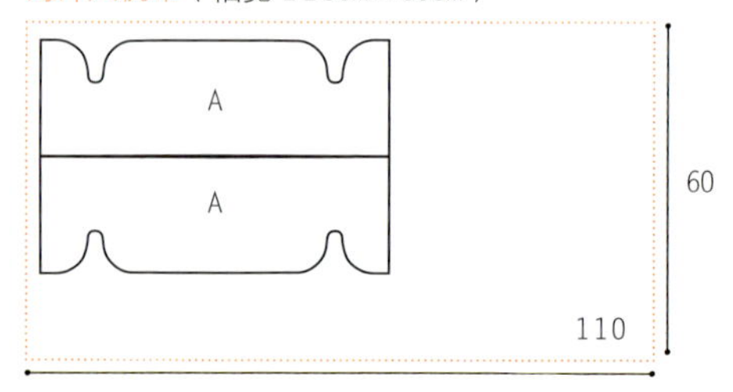

深蓝素棉麻布（幅宽118cm×72cm）

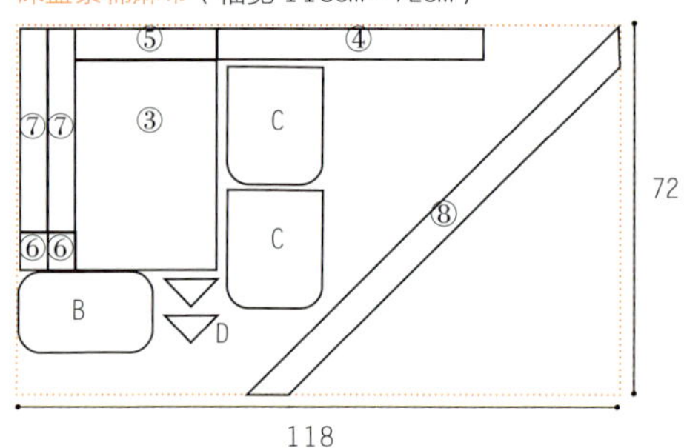

薄棉布（幅宽110cm×90cm）

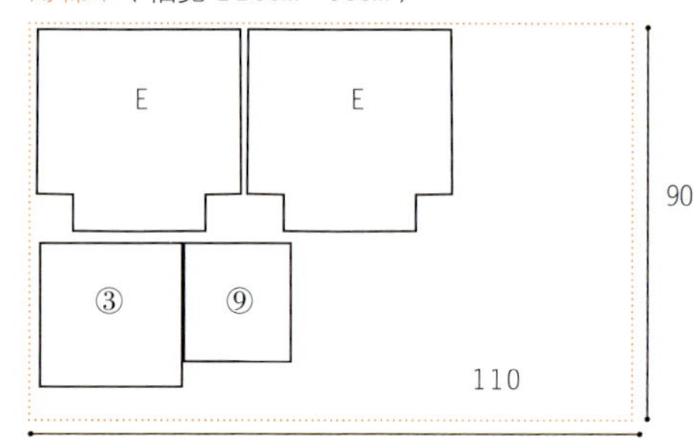

制作前口袋与侧口袋

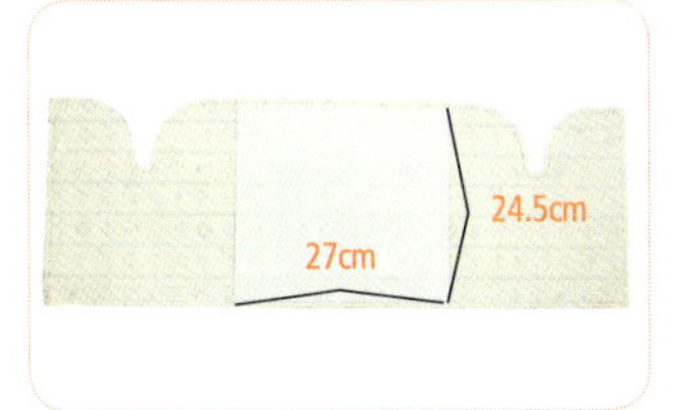

01 前口袋表布A一片中间位置烫上轻挺衬。

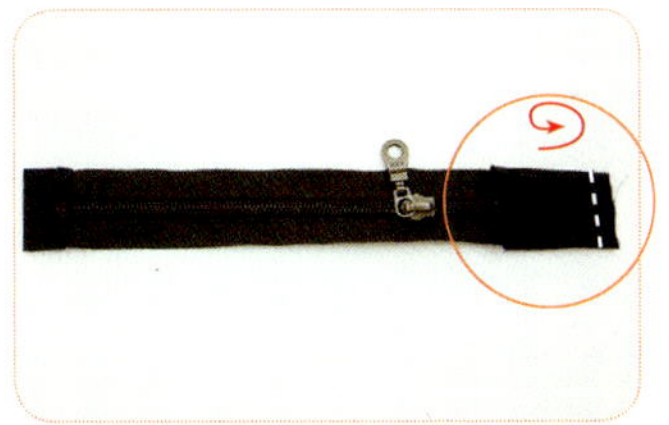

02 5号码装拉链22cm两端用挡布⑥将拉链头尾包覆。挡布上方缝份先内折0.7cm与拉链车缝固定，再往后折且将缝份内折压线固定。

03 将拉链与前口袋A正面相对，置中疏缝于A上方。

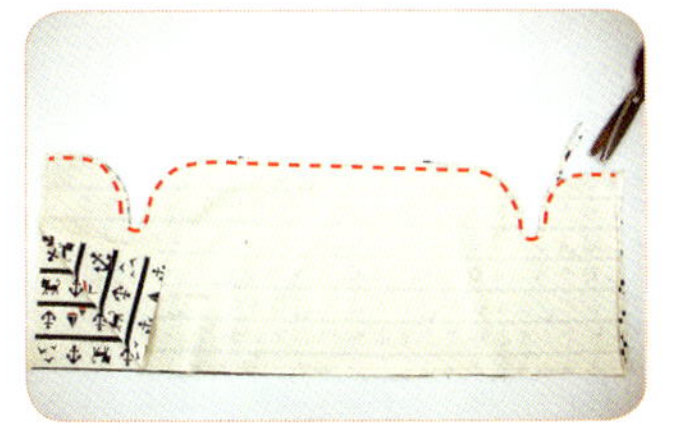

04 盖上前口袋里布A，表、里布正面相对，上方车缝固定，圆弧处修剪缝份。

05 口袋布翻回正面。上方压线0.2cm，另三边则疏缝固定。

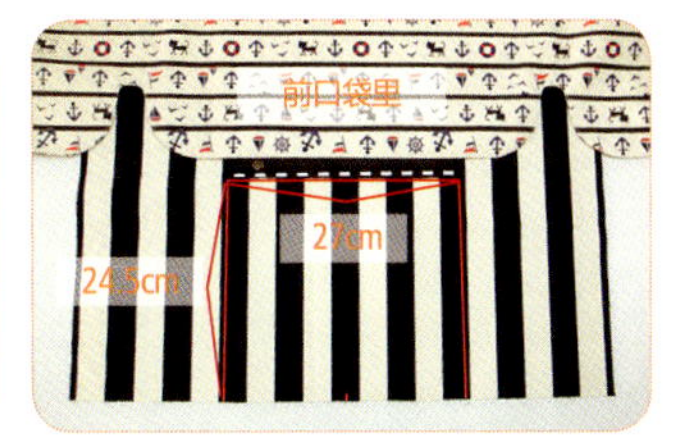

06 表袋前片①，下方中间先画出24.5cm×27cm的记号框，再与前口袋拉链的另一边对齐记号线车缝固定。

07 于纸型标示位置，两边侧口袋安装鸡眼扣，两边共12个。

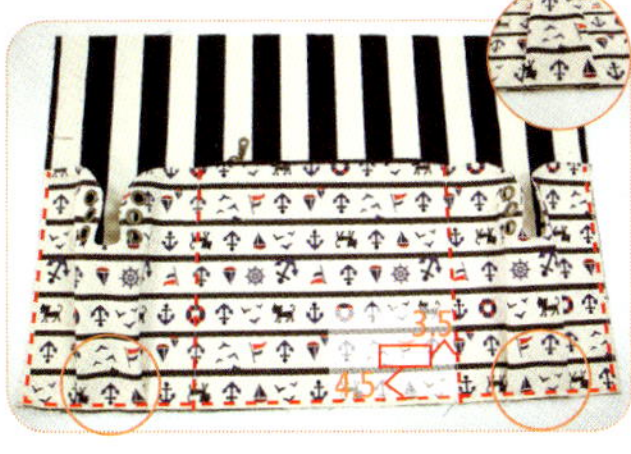

08 口袋布底端对齐表袋前片底，口袋两侧对齐表袋的记号框，车缝固定。再将两边侧口袋下方打折固定，其他三边做疏缝。PS.皮标可先于图示位置钉上，再疏缝三边。

制作背带与提把

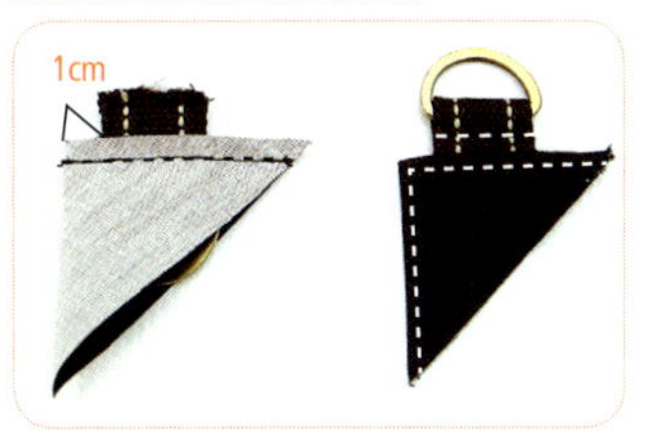

09 车缝连接布D，8cm织带套入D环车缝固定，再与背带连接布夹车，翻面压线。

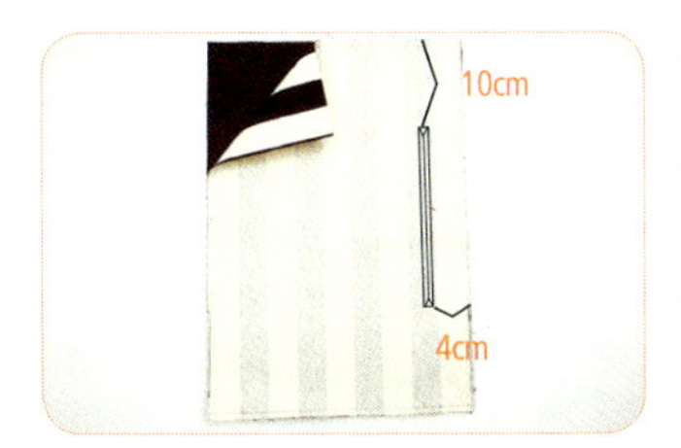

10 表袋后片②背面画一个20cm的一字拉链框。将拉链口袋布③表布置于后方，正面相对车缝拉链框，并依图示Y字形剪开翻正，开一字拉链口。

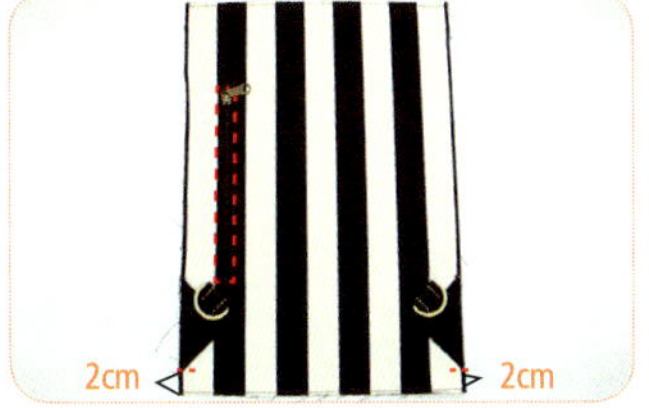

11 车缝上24cm的5号码装拉链。再将织带连接布疏缝固定于表袋后片下方。

12 拉链口袋③的里布置于下方，正面相对，四周疏缝固定。

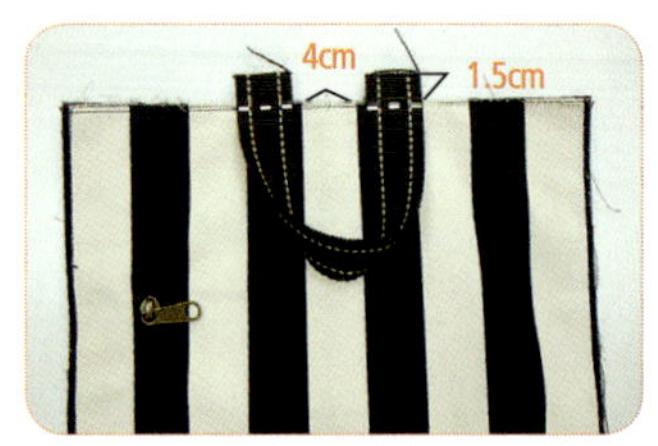

⑬车缝上提把。25cm织带，持出1.5cm固定于表袋后片上。

⑭制作2条背带⑦，将短边缝份内折1cm后，正面相对，对折长边车缝，再将背带布翻回正面。

⑮借由短边返口，塞入EVA软垫，将软垫包在缝份内。

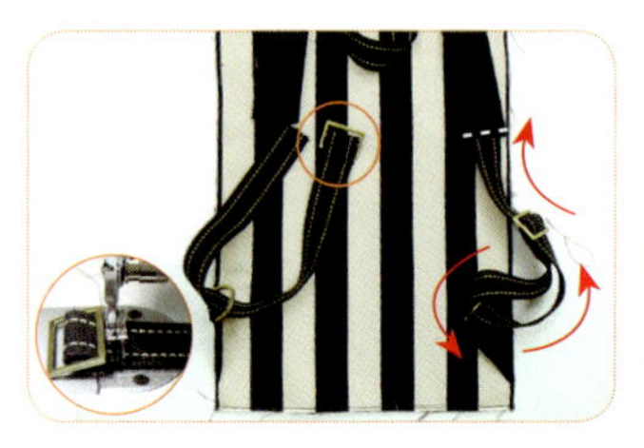

⑯50cm的织带先穿过日环车缝固定，再套入D环及日环，最后将织带插入背带中车缝固定。

⑰两条背带，分别由中心车压一直线。再将背带上方车缝固定于提把两侧。

制作袋盖

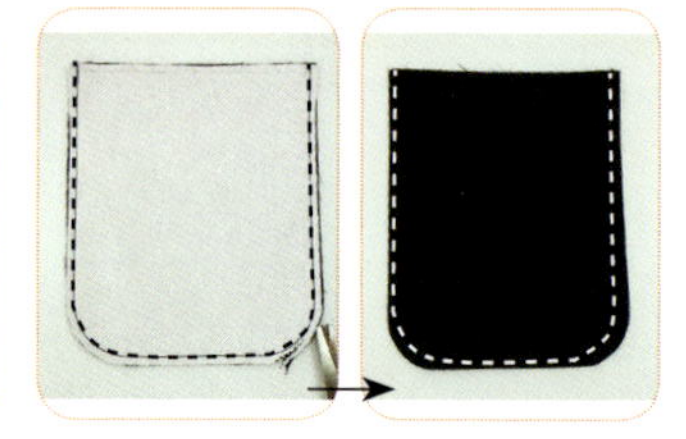

⑱将袋盖C两片正面相对车缝U形，圆弧处修剪缝份。翻面整烫，压线0.2cm。

⑲再疏缝于表袋后片上方。

组合表袋身

⑳表袋前片与后片，正面相对车缝两侧成筒状。

㉑袋底B车缝出芽一圈（参考156页包绳法）。

㉒袋底与袋身组合车缝一圈，再将袋身翻回正面。

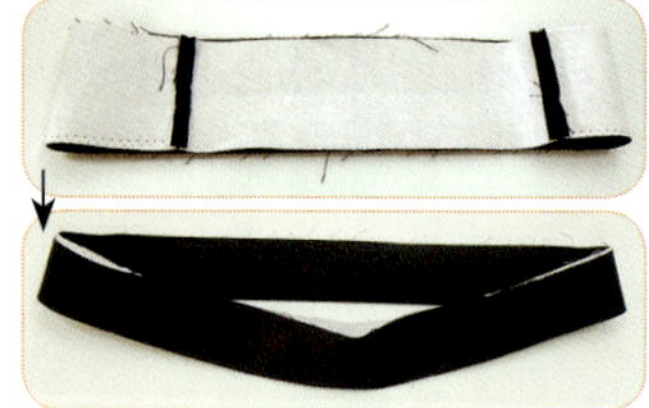

㉓制作贴边，将前、后贴边布④、⑤正面相对车缝两侧，再将缝份烫开。并将贴边背面相对烫对折。

㉔将贴边打开，套入表袋上方，正面相对车缝一圈固定（注意贴边前后位置）。

㉕缝份往贴边倒，正面沿车缝边压线固定。

㉖棉绳90cm两条分别穿入两边口袋鸡眼洞，再将绳尾打个结。于口袋两侧再钉上蘑菇固定扣。

制作里袋身

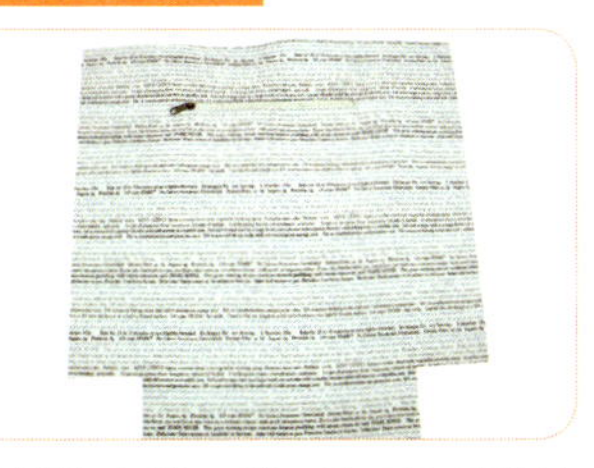

㉗制作内袋口袋，取3号码装拉链24cm于内袋后片D开20cm一字拉链口袋。

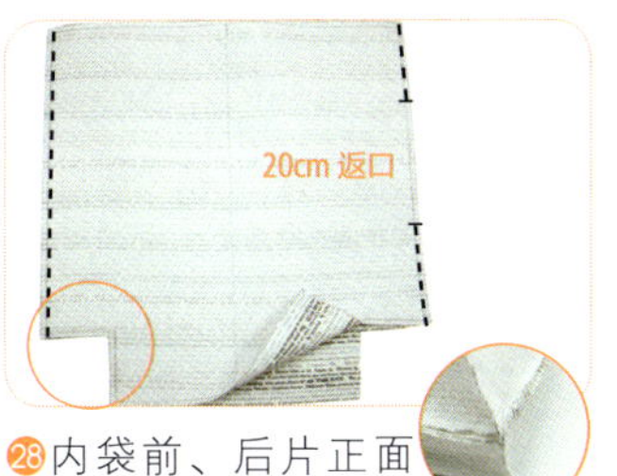

㉘内袋前、后片正面相对车缝两侧，一侧留20cm返口，将缝份烫开。再车缝袋底，缝份烫开，并将袋底与底角分别车合。

组合表、里袋身

㉙表袋身置入里袋身，正面相对套入，袋口车缝一圈固定。

㉚由返口将袋身翻回正面，并沿贴边折线处压线一圈。

㉛于袋盖及袋身标示位置，缝上磁扣皮片。

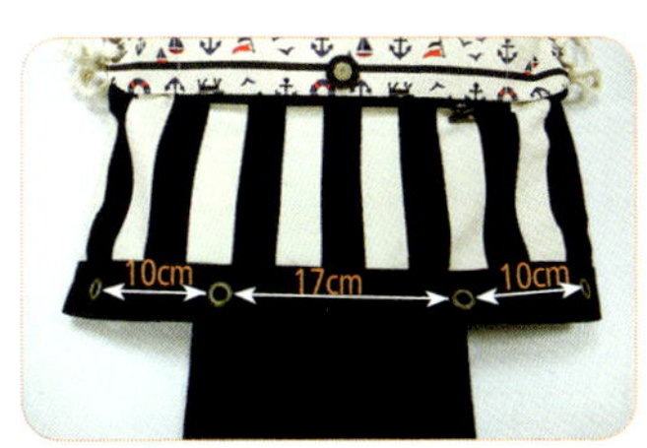

㉜贴边袋口，依图示距离画出鸡眼扣位置，前、后4个。共8个鸡眼。

㉝由前方中间依序穿入150cm棉绳，两端绳尾打一个结。

㉞返口缝份以藏针缝合。即完成。

学院风
帆布后背包

完成尺寸：宽30cm×高31cm×厚9cm

时下最流行的方形后背包款，
率性又夹杂些许的文学气息，
怎么能少了这么一个包款呢！

打开袋盖，
还有前拉链口袋喔。

【裁布表】纸型缝份外加0.7cm，数字部分皆已含缝份0.7cm。

部位名称	尺寸	数量	烫衬
表袋身			
表袋身前片	纸型 A	1	不烫衬
表袋身后片	纸型 B	1	厚布衬 3cm×3cm×2 片
袋底	C1 ↔ 10.5cm×↕ 36.5cm	1	不烫衬
侧身	C2 ↔ 10.5cm×↕ 29.5cm	2	
拉链口布	① ↔ 29.5cm×↕ 5cm	4	
前口袋表布	② ↔ 27.5cm×↕ 17.5cm	1	
前口袋侧身	纸型 D	正 1 反 1	
前口袋里布	纸型 E	1	
拉链挡布	③ ↔ 3cm×↕ 4cm（长边处靠布边裁剪）	2	
背带扣环布	④ ↔ 4cm×↕ 8cm	2	
内袋身			
里袋前片、后片	纸型 F	2	厚布衬含缝
里袋侧身	⑤ ↔ 10.5cm×↕ 88cm	1	厚布衬含缝
内袋盖	纸型 G	1	不烫衬
前片贴边	⑥ ↔ 31.5cm×↕ 3.5cm	1	
侧身贴边	⑦ ↔ 10.5cm×↕ 3.5cm	2	
拉链口袋布	⑧ ↔ 20cm×↕ 32cm	1	薄布衬含缝
立体口袋布	纸型 H	1	薄布衬含缝

【其他材料】

★双面合成皮包扣（宽1.9cm长19cm）两组。
★合成皮连接下片（宽1.9cm长6.3cm）两片。
★19mm皮条：30cm×2条，90cm×2条，19cm×1条。
★半圆拉链尾皮片（宽3.7cm×长3cm）两个。
★2cm线形口形环、D形环、口形环、针扣、束尾夹各2个。
★8mm-8铆钉14组。
★蕾丝：35cm×1条。
★3号尼龙码装拉链：20cm×1条，拉链头×1个。
★5号尼龙码装拉链：37cm×1条，18cm×1条，拉链头×2个。

【裁布示意图】（单位：cm）

8号防泼水帆布（幅宽 110cm×90cm）

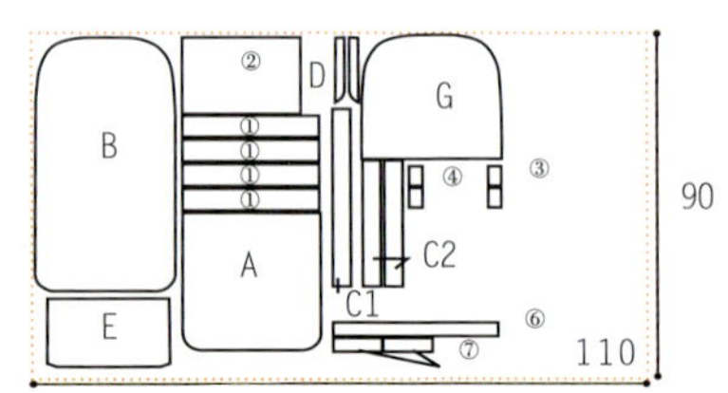

花卉薄棉布（幅宽 114cm×90cm）

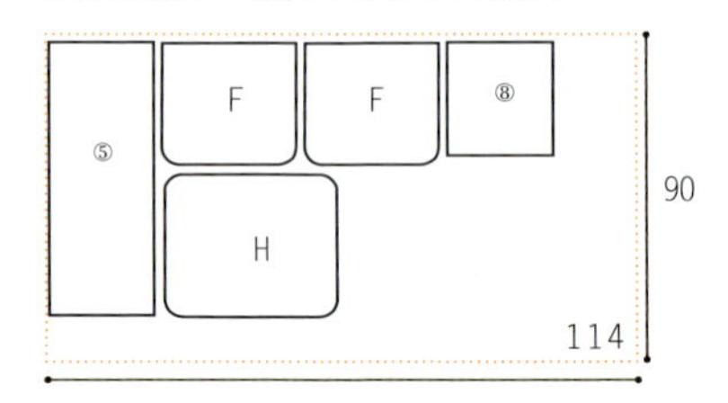

制作立体口袋

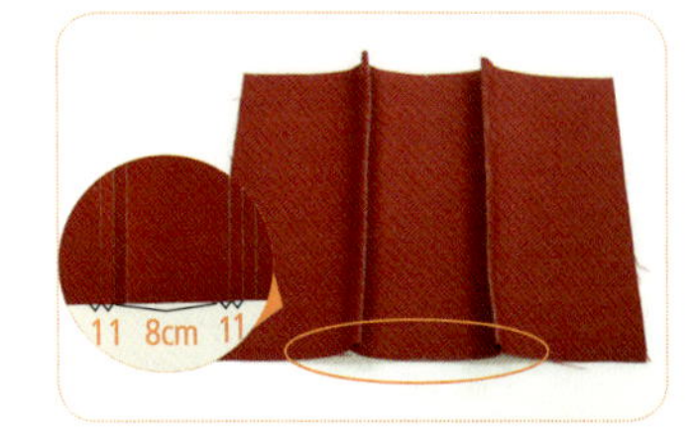

01前口袋表布②背面依图示间隔距离，左右各折车1cm固定。

02缝份往中心倒，正面压线0.2cm。

03再与前口袋侧身D圆弧边正面相对车缝固定。

④缝份往中间倒，正面压线0.2cm。

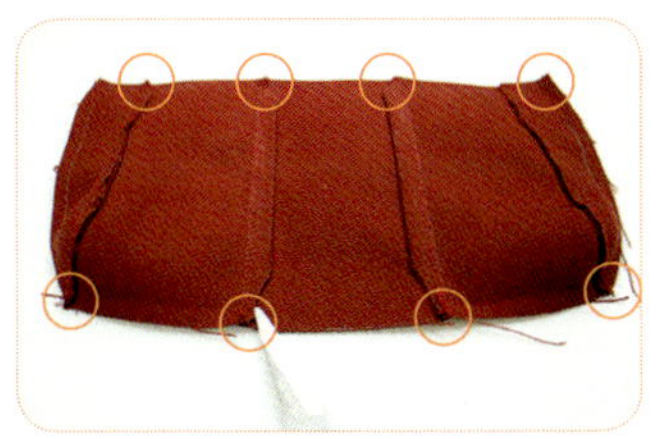

⑤由背面修剪缝份。

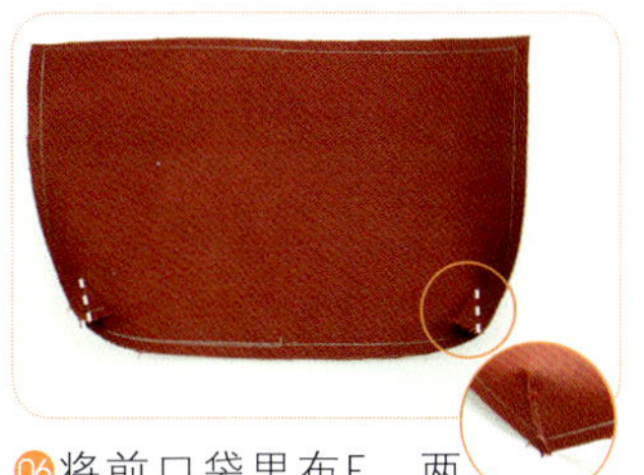

⑥将前口袋里布E，两侧折角车合，并修剪缝份。

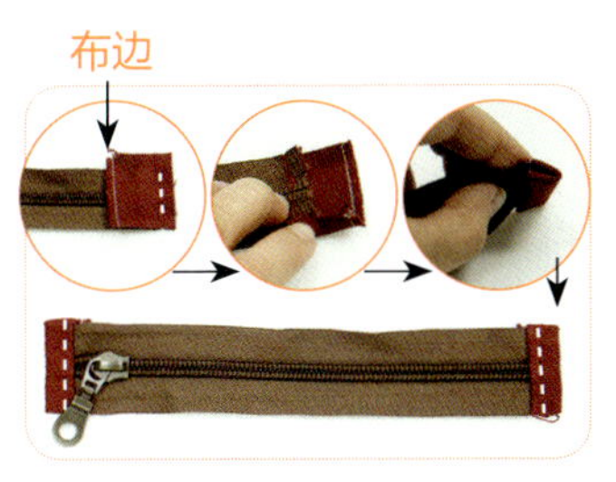

⑦18cm的码装拉链，两侧用挡布③包缝固定，再由正面压线固定（注意挡布对齐位置及方向）。

⑧将拉链置中车缝固定在前口袋表布上方。缝份0.7cm。

⑨盖上前口袋里布E，两侧底角缝份左右错开，车缝一圈固定。拉链处上方中心留15cm返口不车。

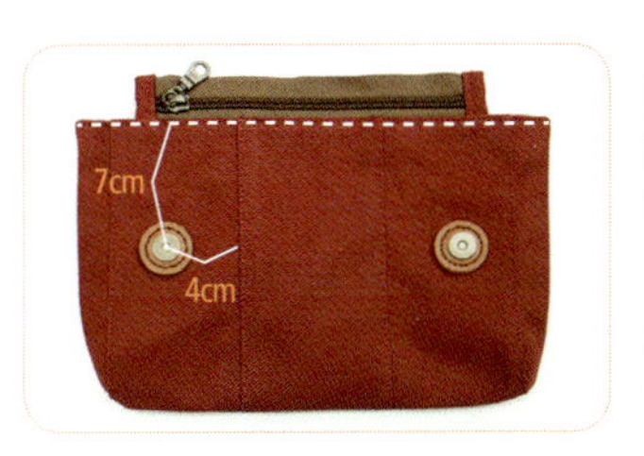

⑩翻回正面，将拉链处返口缝份内折，于正面压线，并依图示位置，缝上皮包扣母扣。

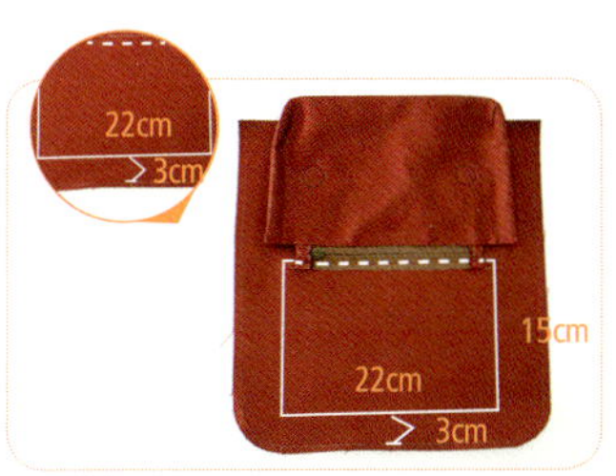

⑪在表袋身前片A画出口袋车缝记号框，上方记号线再往下画出0.7cm缝份线。将前口袋拉链处对齐0.7cm缝份线车缝固定。

⑫将口袋往下翻，对齐两侧记号线，先压线0.2cm车缝固定口袋两边。

⑬再将口袋侧身往内凹，口袋下方压线0.2cm车缝固定。

制作表袋身

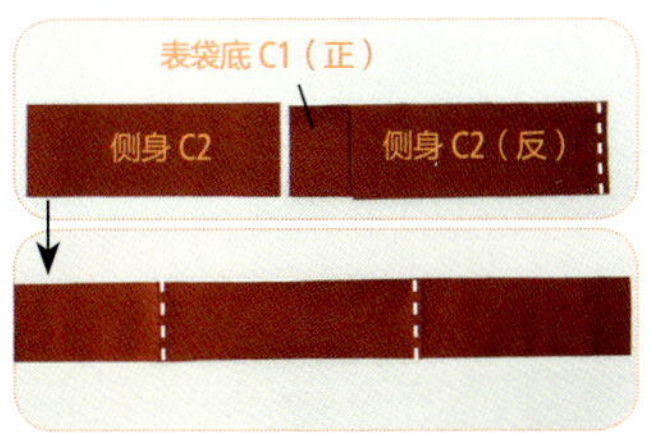

⑭表袋底C1两侧分别与侧身C2，正面相对车缝。缝份往袋底倒，翻面压线。

⑮表袋身前片与侧身，正面相对车缝固定，缝份往表袋前片倒，并于袋身前片正面压线。

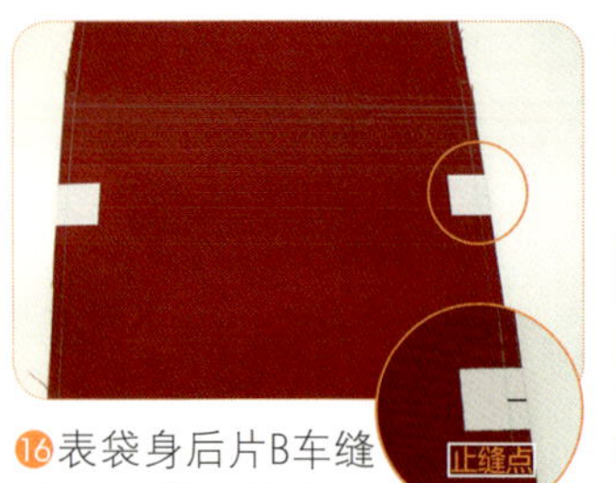

⑯表袋身后片B车缝记号止缝点处烫上3cm×3cm厚布衬加强，再将记号止缝点画出来。

⑰背带扣环布④两侧往中心折，并压线固定。套入D形环，前后错开0.7cm。短边朝内，固定在表袋身后片B下方两侧转角处。

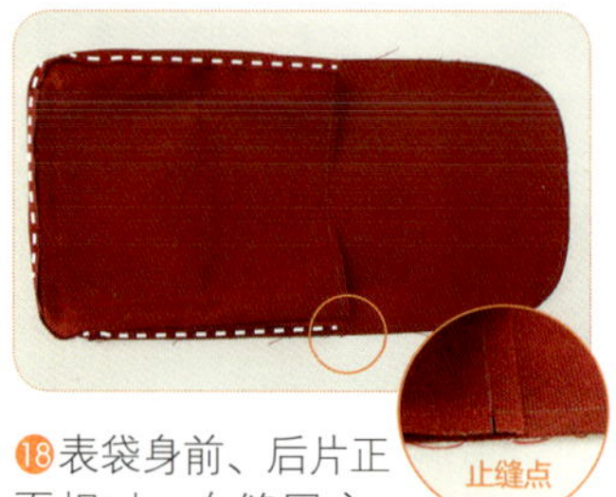

⑱表袋身前、后片正面相对，车缝固定。两端只能车缝到记号止缝点。

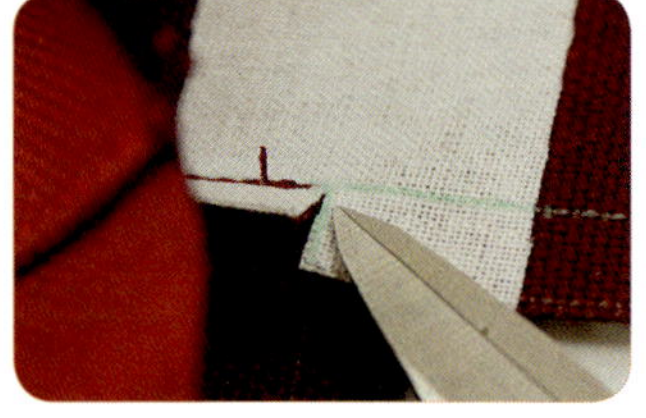

⑲在表袋身后片记号止缝点处剪牙口。完成外袋身组合。

制作内袋

⑳取3号码装拉链20cm与拉链口袋布⑧，于里袋后片F上开16cm一字拉链口袋。

㉑立体口袋布H背面相对对折，袋口车缝蕾丝装饰。口袋中心左右各间隔2.5cm，压线0.2cm车缝立体折线。

㉒将后片后方拉链口袋布往上翻，再将立体口袋车缝中线固定于里袋后片上。两边立体折线往中线折，并疏缝口袋三边。

㉓拉链口布①头尾缝份内折，夹车37cm码装拉链。翻正压线固定。

㉔步骤22的里袋后片和内袋盖G，正面相对夹车拉链口布。

㉕缝份往袋盖倒，正面压线0.2cm。

㉖拉开另一边拉链口布，里袋前片则和前片贴边⑥，正面相对夹车拉链口布另一边。缝份往贴边倒，压线0.2cm。

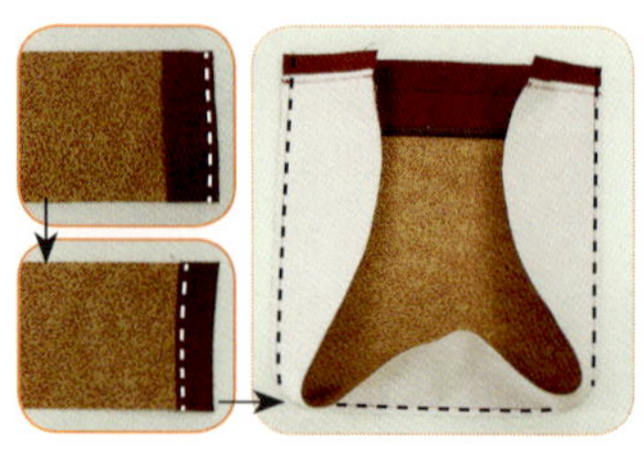

㉗里袋侧身两端分别与侧身贴边⑦正面相对车缝固定，缝份往贴边倒，翻正压线。并将里袋侧身与里袋前片，正面相对车合。

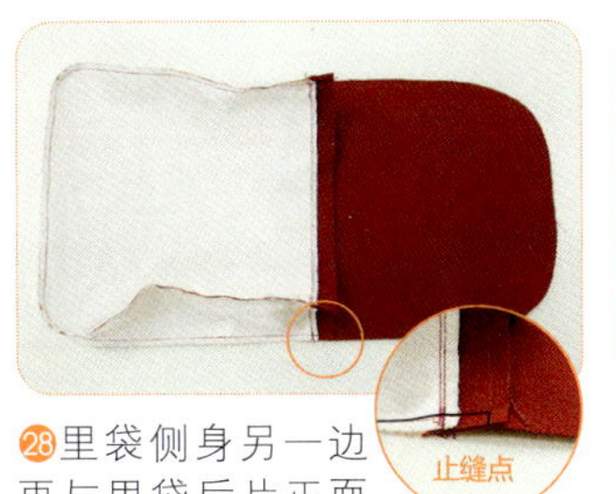

㉘里袋侧身另一边再与里袋后片正面相对车缝固定。两端只能车到缝份止缝点。

㉙背面内袋盖缝份止点处剪牙口。

组合表里袋身

㉚将表袋身和内袋身正面相对套入。先车缝袋盖圆弧处。两端都只能车到止缝点（注意不要车到侧身缝份）。

㉛再将表里袋侧身后方缝份内折，前方缝份错开，车缝固定表里袋身袋口，前方中心留25cm返口不车。

㉜从返口翻回正面，返口缝份内折用强力夹固定，沿着袋盖及袋口压线一圈。

制作背带

㉝30cm皮条两条，3cm处先用皮带打孔器打洞穿上针扣，用铆钉固定。再用铆钉将皮条固定在袋身后方D环。

㉞将皮包扣公扣上方内折2.5cm，套入线形口形环，固定在袋盖上。

㉟90cm皮条两条前端内折3cm，固定在皮包扣口形环另一边。

㊱19cm皮条两端内折3cm，套入口形环，用铆钉固定，制作提把。

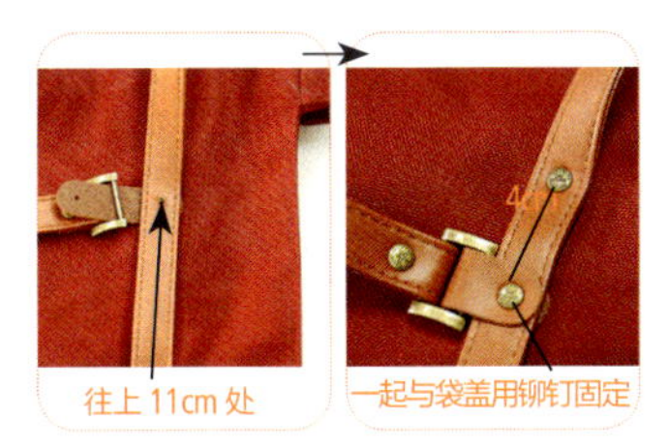

㊲90cm皮条由口形环往上11cm处打孔。再将提把用连接下片一起将皮条固定在袋盖上。往上4cm，用铆钉再次固定皮条。

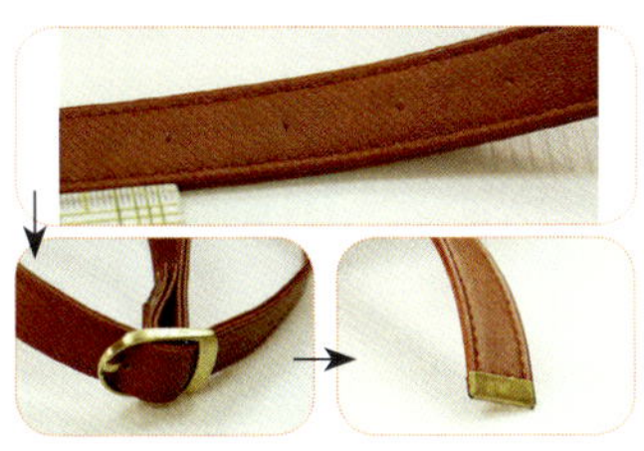

㊳皮条尾端15cm处开始每间隔2.5cm往上打孔，共打4个孔。将皮条穿过另一边的针扣。尾端用束尾夹收尾固定。

㊴袋口码装拉链装上拉链头。再将头尾缝上拉链皮片，完成。

卡哇伊猫头鹰
圆弧口金后背包

✼ 完成尺寸：
宽29cm × 高39cm × 厚17cm

来亲自为您的孩子缝制一个
卡哇伊的猫头鹰圆弧口金后背包吧！
舒适的减压背带，贴心多口袋设计，
方便使用的圆弧拉链开口，
小孩一定爱不释手。

【裁布表】纸型缝份外加0.7cm，数字部分皆已含缝份0.7cm。

部位名称	尺寸	数量	烫衬
表袋身			
袋身前片（上）	纸型 A	1	厚布衬含缝
袋身前片（下）	①↔25.5cm×↕23cm	里 1	厚布衬含缝
袋身后片	纸型 B	1	厚布衬含缝
侧身	纸型 C	2	不烫衬
袋底	纸型 D	1	轻挺衬不含缝
前贴式口袋	②↔28.5cm×↕23.5cm	表 1	薄布衬含缝
	③↔28.5cm×↕19.5cm	里 1	薄布衬含缝
侧身口袋	④↔24cm×↕21cm	表 2	厚布衬含缝
	⑤↔24cm×↕18.5cm	里 2	薄布衬含缝
拉链挡布	⑥↔5.5cm×↕3.2cm	2	不烫衬
袋盖口袋布上片	纸型 E1	1	不烫衬

部位名称	尺寸（cm）	数量	烫衬
表袋身			
袋盖口袋布下片	纸型 E2	里 1	薄布衬含缝
袋盖口袋布前片	纸型 E3	1	不烫衬
后侧口袋布	⑦↔21cm×↕46.5cm	1	不烫衬
背带布	⑧↔11cm×↕46.5cm	2	不烫衬
口金穿入布	纸型 G	4	厚布衬含缝
织带连接布	纸型 H	2	不烫衬
内袋身			
里袋身前、后片	纸型 F	2	轻挺衬含缝
拉链口袋布	⑨↔25cm×↕40cm	1	薄布衬含缝

【其他材料】

- ★5号尼龙码装拉链：22cm×1条、48cm×1条、拉链头×3个。
- ★3号尼龙码装拉链：24cm×1条、拉链头×1个。
- ★半圆拉链皮尾（3cm×3.7cm）×2个。
- ★3.2cmD形环 ×2个、3.2cm日形环×2个。
- ★EVA软垫：4cm×43.5cm×2片。
- ★3.2cm宽织带：25cm×1条、8cm×2条、40cm×2条。
- ★14mm撞钉磁扣一组。
- ★固定式古铜插扣（4.8cm×7cm）一组。
- ★1cm宽松紧带：15cm×2条。
- ★30cm圆弧支架口金一组。

【裁布示意图】（单位：cm）

猫头鹰图案布（幅宽110cm×72cm）

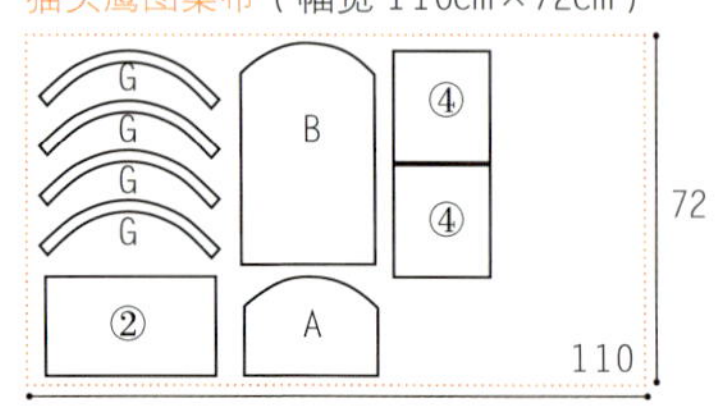

水玉棉布（幅宽114cm×80cm）

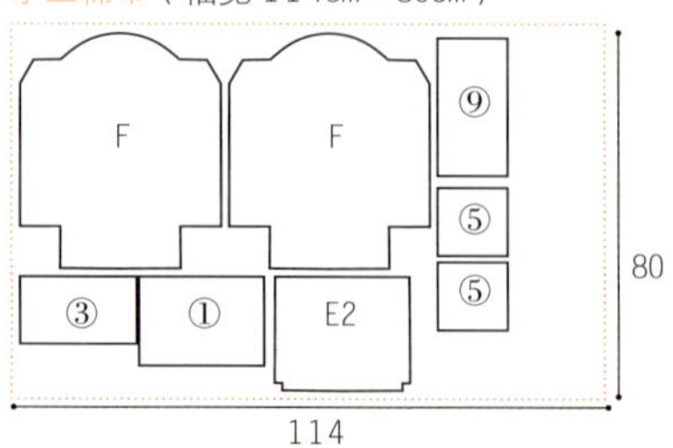

红色帆布（幅宽114cm×55cm）

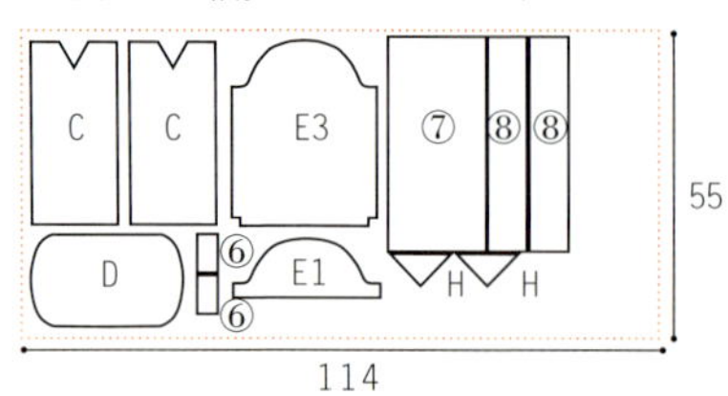

制作前口袋

01前贴式口袋表布②、里布③，正面相对，上下车缝再翻面置中整烫，将缝份往表布倒，口袋上方落针压线固定袋口。

02将贴式口袋下方车缝固定在袋盖口袋布E3纸型标示位置上，两侧疏缝固定。

03拉链挡布⑥两端缝份内折，将22cm码装拉链头尾包起后，取袋盖口袋布E1、E2，正面相对夹车拉链，缝份往E2倒，压线0.2cm。完成口袋后片。

04将袋盖口袋布前片与口袋后片正对正，车缝袋盖圆弧处，修剪缝份。

05翻回正面压0.2cm，并将四个底角各别车缝起来，注意底角只能车到缝份止点。接着将4个底角缝份转角处剪牙口，缝份烫开。

06袋盖下折对齐贴式口袋口，将口袋三边表里袋疏缝。安装插扣。

07表袋身前片（上）A与袋身前片（下）①，正面相对，夹车口袋拉链另一边。

08掀开口袋与表袋身前片（上）A，缝份往袋身前片（下）①倒，压线0.2cm。

09先将口袋下方与袋身前片（下）①下方疏缝固定，再疏缝口袋两侧。

制作侧松紧口袋

10将两片侧身C的上方折角先车缝固定，缝份烫开。

11侧身口袋表布④、里布⑤，正面相对车缝固定。将口袋下方表里布对齐，缝份往里布倒，压线0.2cm。

12续将侧口袋三边疏缝，袋底依图示间隔做折线记号，并往中间打折，疏缝固定。

⑬将口袋上方穿入15cm松紧带车缝固定，再与步骤10的表侧身C对齐下缘后车缝固定。

制作一字开放口袋

⑭表袋后片B与后侧口袋布⑦，依纸型标示位置车缝一字口袋记号框，口袋布上方需预留8cm。并将记号框中间Y字剪开。

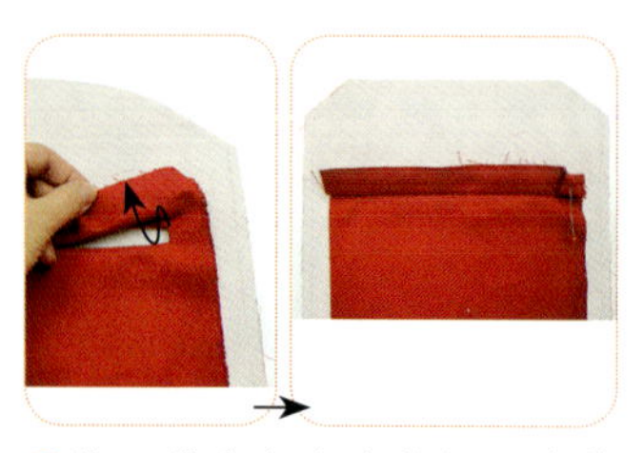

⑮将口袋布翻出来整烫，先往上0.5cm，再下折对齐口袋口，盖住袋口，再往上折后，将口袋布折烫好。

⑯从正面沿着口袋框压线0.2cm。

⑰后方口袋布上折对齐，将口袋布三边车缝起来。

制作提把与背带

⑱制作提把，25cm织带取中间10cm对折车缝固定。再把提把固定于后片中心上，中间间隔4cm。并依纸型标示位置安装口袋磁扣。

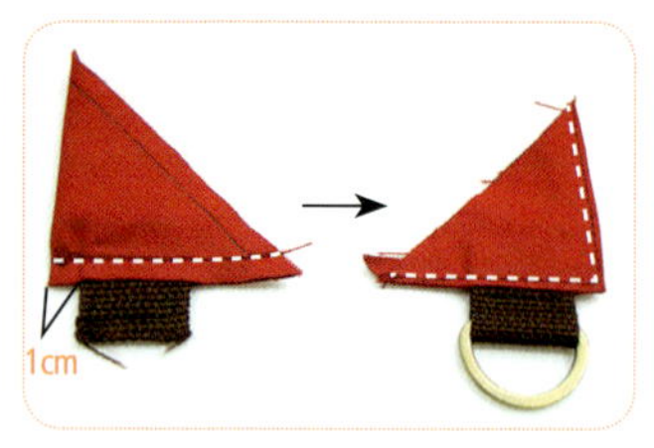

⑲8cm织带套入D形环车缝固定。再与织带连接布夹车，翻面压线。

⑳织带连接布固定于后片两侧下方纸型标示位置处。40cm织带一端先套入日形环车缝固定，再依图示穿入D形环及日形环。

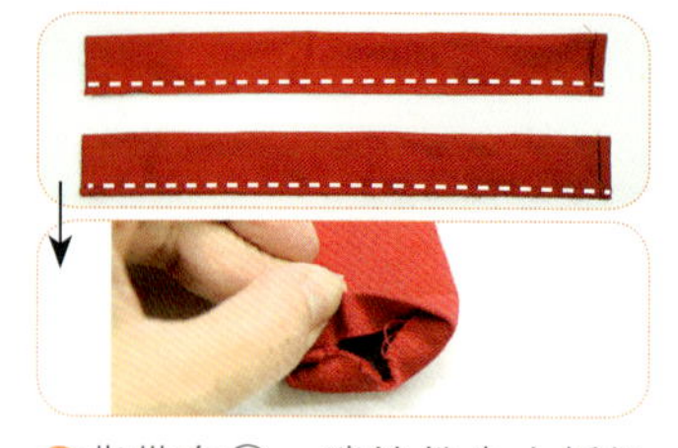

㉑背带布⑧一端缝份先内折烫1cm后，正面相对，对折车缝。翻面整烫，塞入EVA软垫，将软垫一端包在内折缝份内。

㉒织带前端1.5cm做记号，插入背带布中，压线车缝固定。并将背带中心压线固定软垫。

㉓再将背带布上方固定于提把两端。完成表袋身后片。

组合表袋身

㉔两片侧身C与表袋前片两侧，正面相对，车缝固定。钉上皮标，再与表袋后片两侧车缝固定成筒状。

㉕表袋身缝份往侧身倒，与袋底正面相对车缝一圈固定。

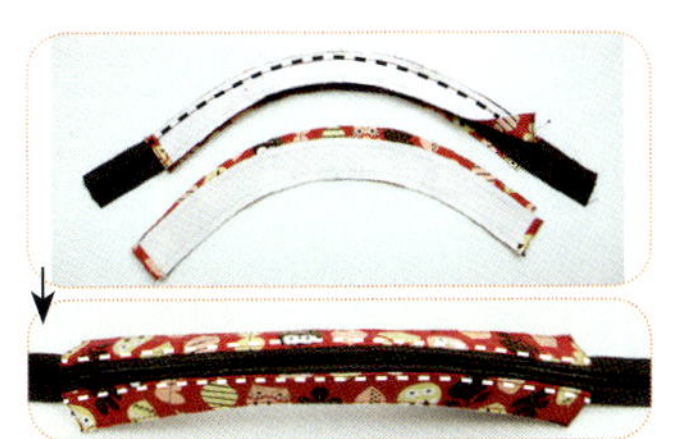

㉖口金穿入布两端缝份内折压线固定。再两两正面相对，上方圆弧处夹车拉链两边。再由正面压线0.2cm，并将下方圆弧处疏缝固定。

㉗口金穿入布疏缝固定于表袋身上方前后片，但前片返口预留位置处，口金穿入布缝份需车缝0.7cm车缝固定。

制作里袋身

㉘取拉链口袋布⑨，先于里袋后片F依纸型标示位置开20cm一字拉链口袋。

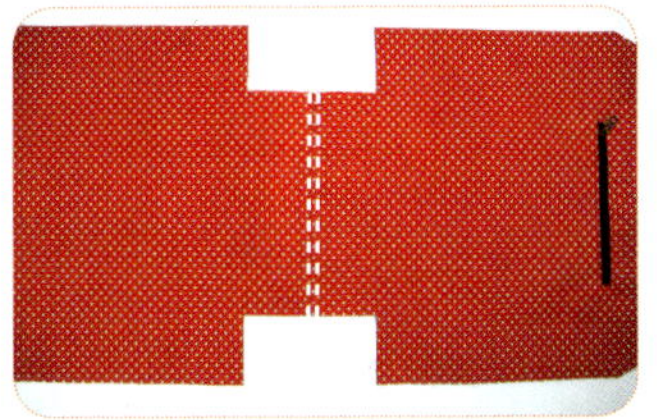

㉙里袋前片与后片正面相对车缝袋底。缝份烫开，于袋底正面接合处两边压线0.2cm。

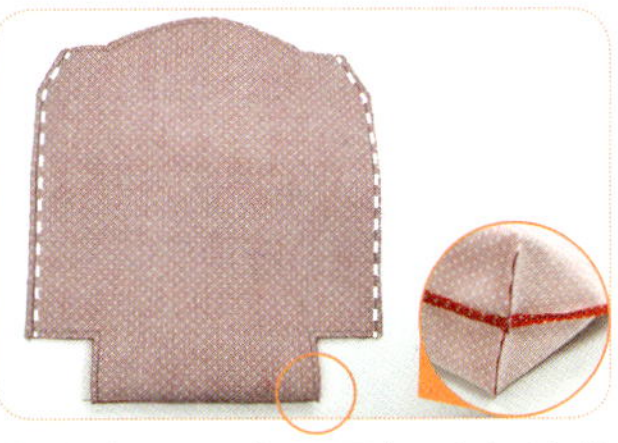

㉚前片与后片正面相对车缝袋身两边，缝份烫开。再将袋底底角车合。

组合表里袋身

㉛内袋翻回正面置入外袋身内，正面相对车缝袋口固定，预留返口处不车。

㉜从返口处翻回正面，将返口处内袋缝份内折，于正面压线0.2cm一圈，一起将返口处压线固定。

㉝从拉链两端装上拉链头对拉。修剪多余的拉链，尾端缝上皮片装饰。

㉞穿入圆弧口金，将两边口金穿入孔卷针或藏针缝起来。

㉟完成。

几何多漾
后背包

✲ 完成尺寸：
宽29cm × 高39cm × 厚11cm

可以深入底部的袋盖夹层，
绝对是少见的包款结构。
拉链夹层搭配束口开口，
增加安全与便利性。

背部提把及背带，
都做了加强的设计喔！

【裁布表】纸型缝份外加0.7cm，数字部分皆已含缝份0.7cm。

部位名称	尺寸	数量	烫衬／备注
表袋身			
表袋身袋盖后片	纸型 A	表 1	不烫衬
		里 1	薄布衬含缝
表袋身袋盖前片	纸型 B	表 1	不烫衬
		里 1	薄布衬含缝
表袋前片	E1 ↔ 53cm × ↕ 33.5cm	1	厚布衬含缝
上方配色布	E2 ↔ 53cm × ↕ 7.5cm	1	不烫衬
下方配色布	E3 ↔ 53cm × ↕ 6.5cm	1	不烫衬
拉链口袋布	① ↔ 55cm × ↕ 30cm	2	薄布衬含缝
织带连接布	纸型 C	2	不烫衬
袋底	纸型 D	1	不烫衬
内袋身			
内袋前片	② ↔ 53cm × ↕ 38.5cm	1	薄布衬含缝
内口袋	③ ↔ 33cm × ↕ 16cm	1	不烫衬
笔插布	④ ↔ 9cm × ↕ 4.5cm	1	不烫衬
袋底	纸型 D	1	厚布衬不含缝
包边条	⑤ 4.5cm × 90cm（斜布纹）	1	不烫衬

【其他材料】

★ 水桶包束绳 100cm1条、（3×2.5cm）水桶包束套1个。
★ 17mm鸡眼扣8组。18mm撞钉磁扣1组。
★ 5号尼龙码装拉链54cm×1条、5号拉链头×2个。
★ 3号尼龙码装拉链23cm×2条、拉链头×2个。
★ 3.2cm织带：180cm×1条、23cm×1条、8cm×2条。
★ 3.2cm口形环2个、3.2cm日形环2个。

【裁布示意图】（单位：cm）

几何图案布（幅宽 110cm×60cm）

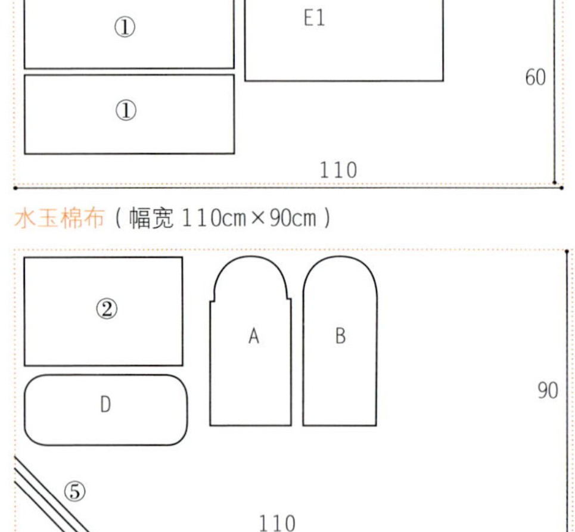

8 号帆布（幅宽 110cm×75cm）

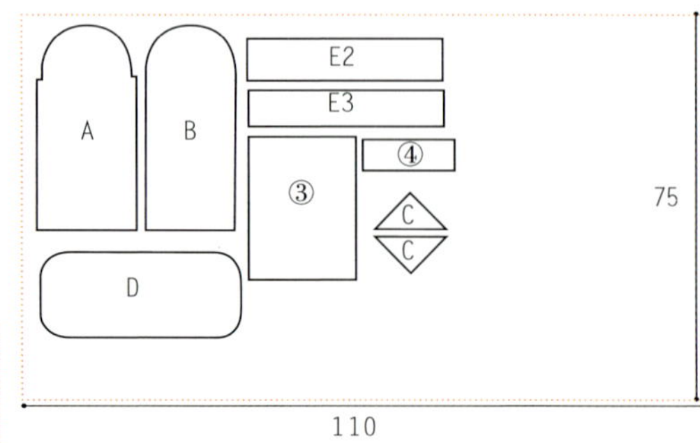

制作背带

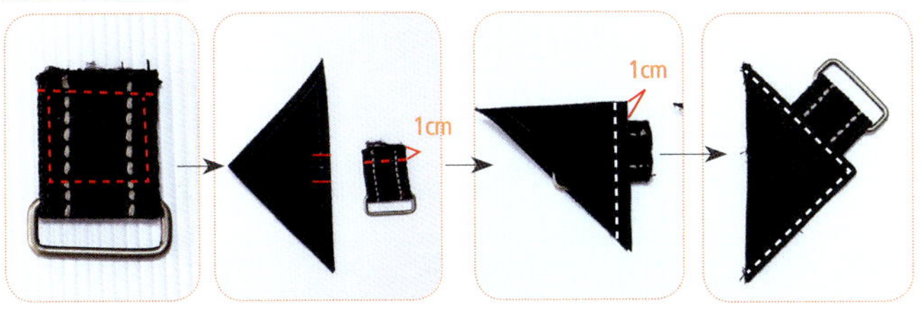

01 先将8cm织带两条分别对折套入口形环，车缝固定。将织带连接布C正面相对对折夹车织带，翻回正面压线固定。

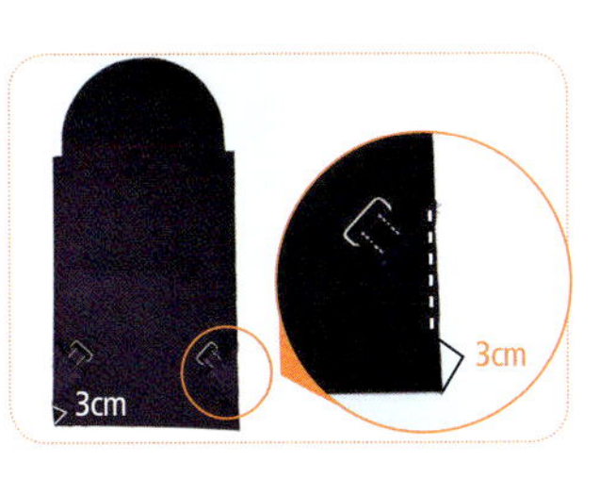

02 织带连接布疏缝固定在表袋身袋盖后片A表布两侧下方3cm处。

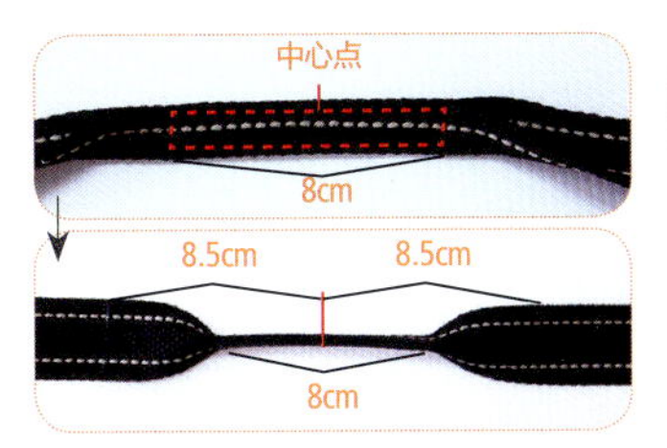

03 180cm织带对折找出中心点左右各4cm作记号。再对折沿边缘0.2cm车缝一圈固定。再从中心点左右各8.5cm处作提把记号线。

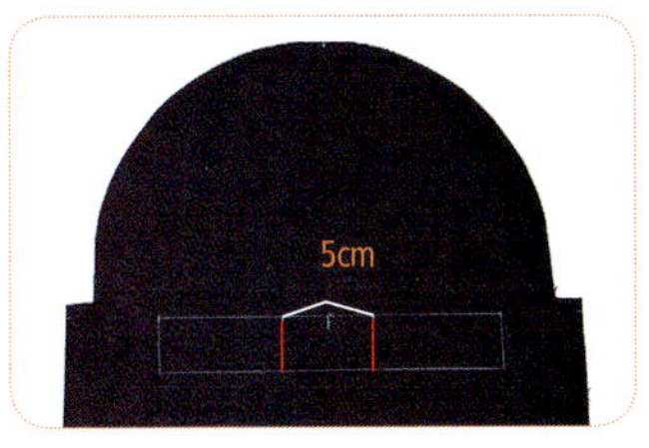

04 标示表布A织带的车缝位置，中间间隔5cm。

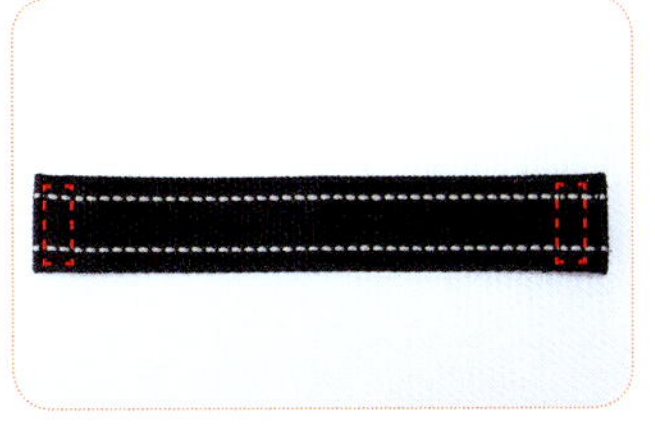

05 23cm织带左右两端内折2cm，沿边压线0.2cm一圈固定缝份。

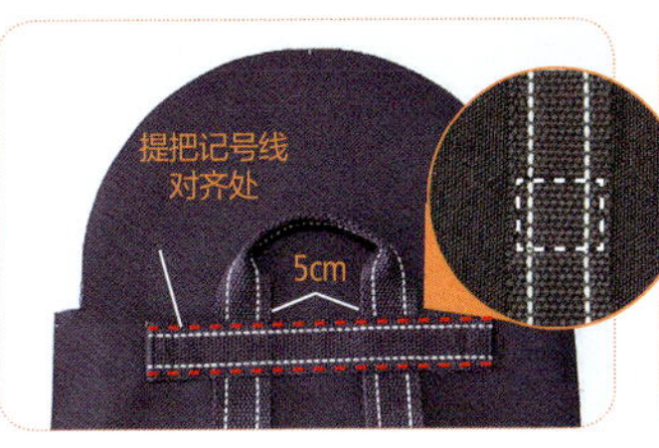

06 步骤3的织带对齐记号线先车缝固定。再盖上步骤5的织带车缝上下两边，头尾处加强回针车缝固定。

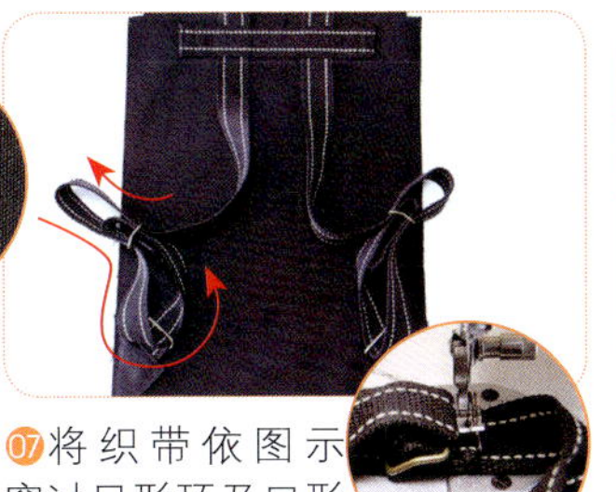

07 将织带依图示穿过日形环及口形环后，再套回日形环，并于尾端织带内折1.5cm车缝固定。

08 完成背带制作。

制作袋盖后片

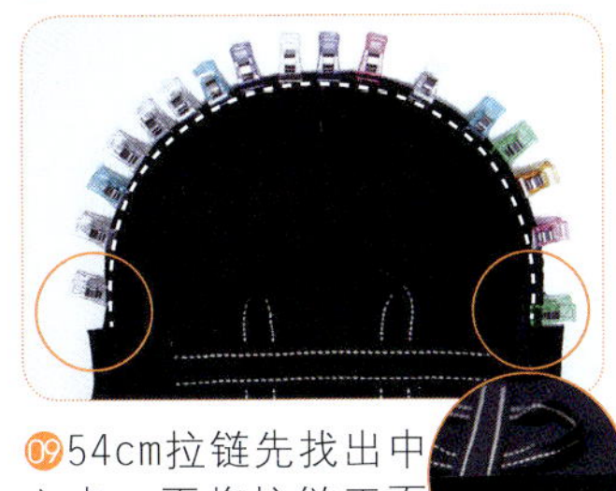

09 54cm拉链先找出中心点，再将拉链正面对表布A圆弧处，先疏缝固定，拉链两端只能疏缝到缝份边缘。

10 组合表袋身A的表、里布。两片正面相对，圆弧处夹车拉链固定。

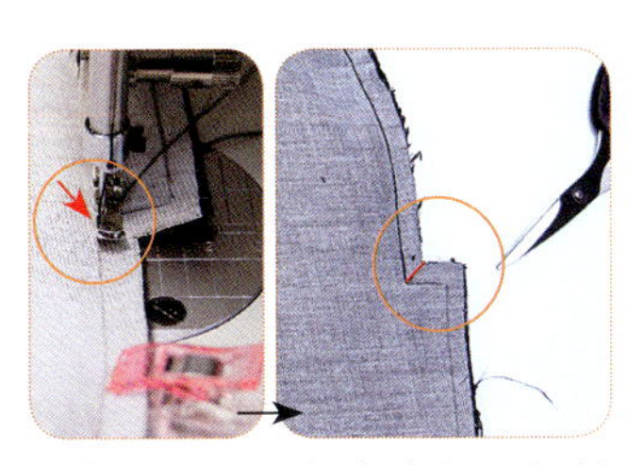

11 车缝时从缝份点车起，起始点及尾端结束时记得翻开里布，看拉链有没有拉平顺。车完后，表、里布转角处需剪牙口。

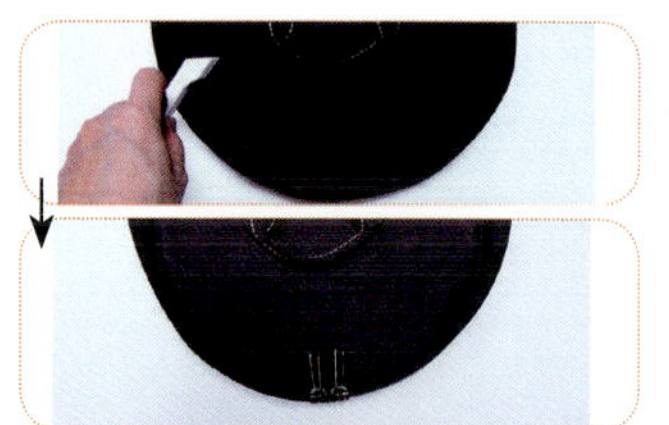

⑫翻面，用骨笔将圆弧处的缝份顺好，再由两边拉链尾端装上拉链头对拉，将拉链拉至中心。

⑬将头尾多余的拉链塞入表里布中，两端表布和里布缝份内折用水溶性胶带固定。

⑭沿边缘从正面压线0.2cm。

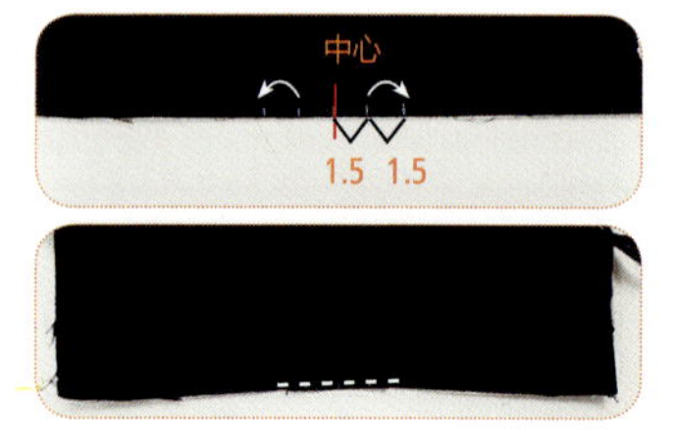

⑮疏缝表袋身A下方，由中心点距左右1.5cm及中心左右3cm处作记号，分别将两端记号处往外打褶，疏缝固定。

⑯表袋身袋盖前片B里布与表袋身袋盖后片A里布，正面相对。里布B上方与A另一边拉链中心对齐，疏缝一圈固定。

制作袋身前片

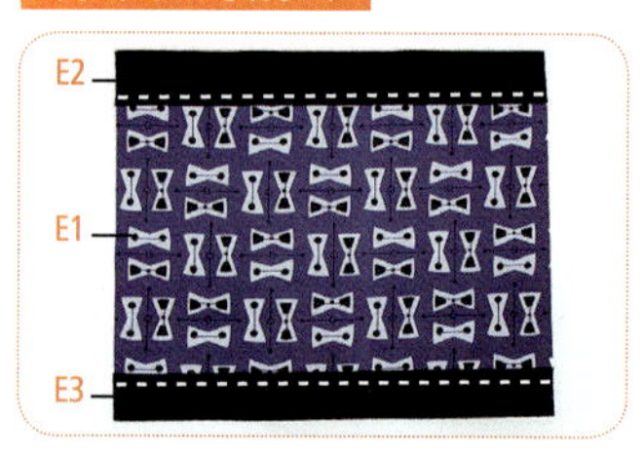

⑰配色布E2、E3分别与E1正面相对，车缝接合。缝份倒向配色布，再翻回正面压线0.2cm。

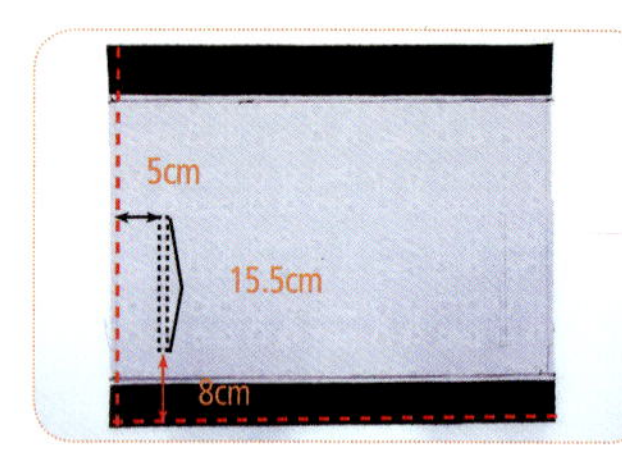

⑱翻到背面，依图示在左右两边缝份内画上15.5cm×0.7cm一字拉链记号框。

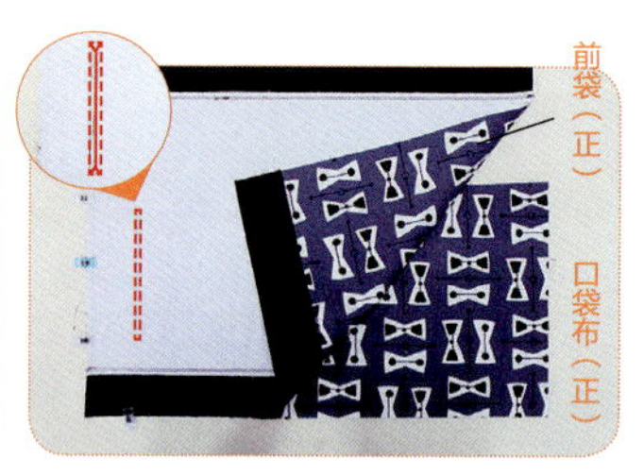

⑲先开左侧一字拉链，将拉链口袋布①，置于前片表布下方，正面相对，靠左下布边对齐，车缝拉链框，并依图示剪Y字形开口。

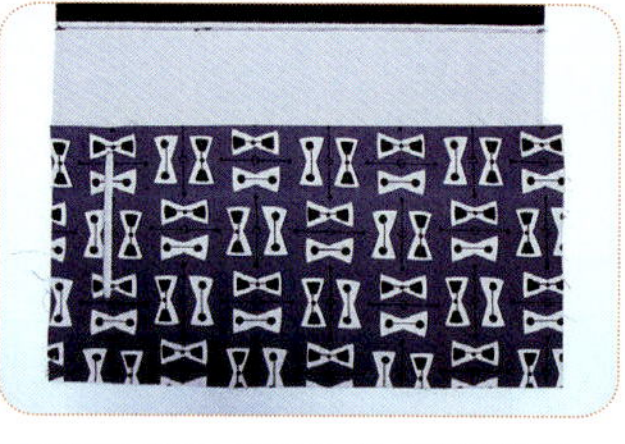

⑳将口袋布从开口处翻出整烫。

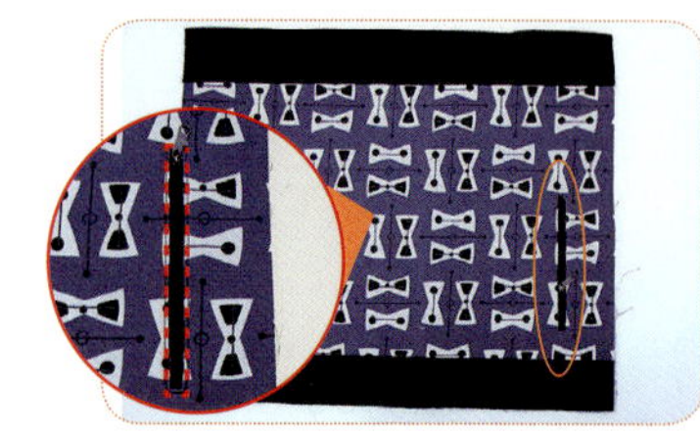

㉑翻回正面，取23cm3号码装拉链，拉链头朝上放置，车缝固定拉链。

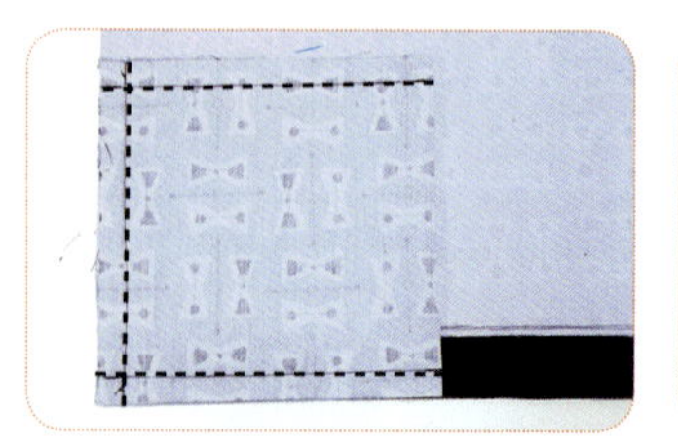

㉒翻至背面，将口袋布往左对折，并将口袋布三边距边缘2cm车缝固定。同作法完成另一边一字拉链口袋。

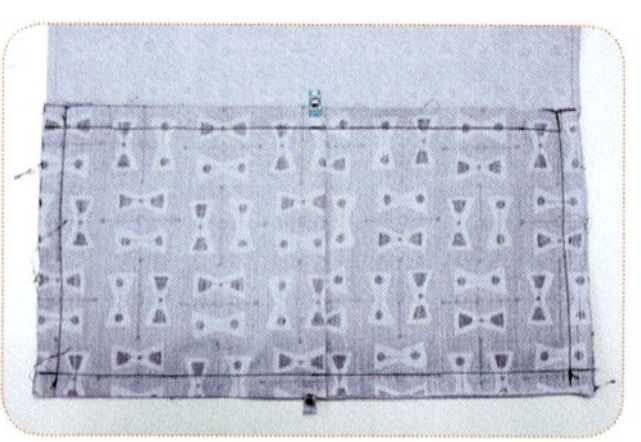

㉓背面将左右两侧口袋重叠，上下方先用强力夹固定。

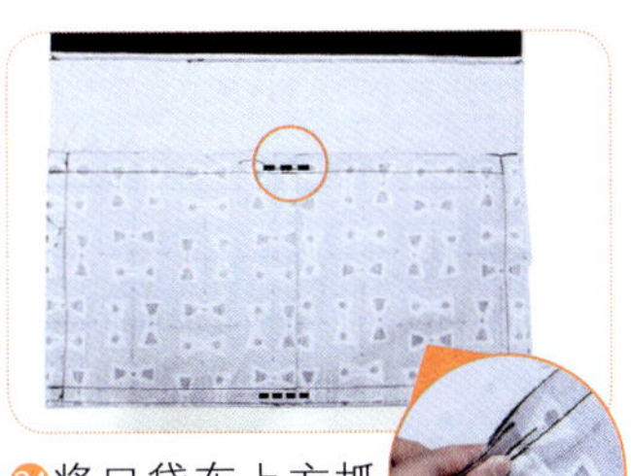

㉔将口袋布上方抓起，车缝固定两口袋（不要车到表布）。下方则疏缝固定在缝份上。

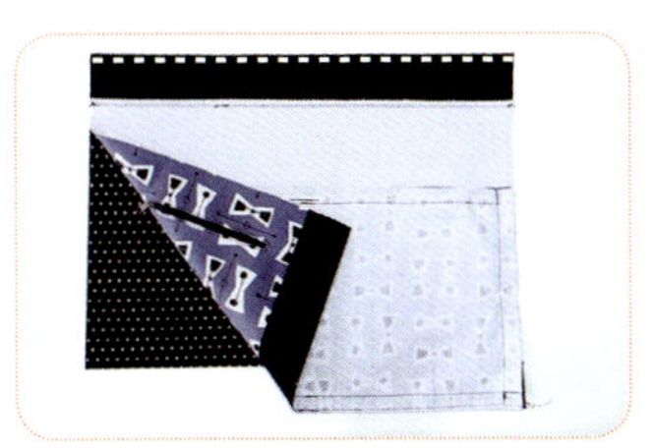

㉕接着与内袋前片②正面相对，对齐表布上方后，车缝一道固定。

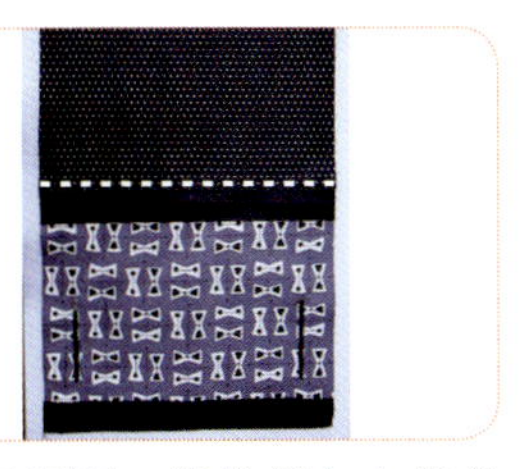

㉖翻回正面，缝份倒向内袋前片，压线0.2cm。

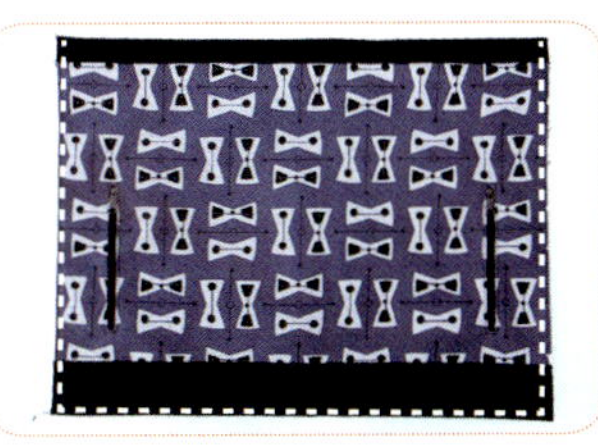

㉗将外袋前片背对背从中对折，疏缝三边固定。

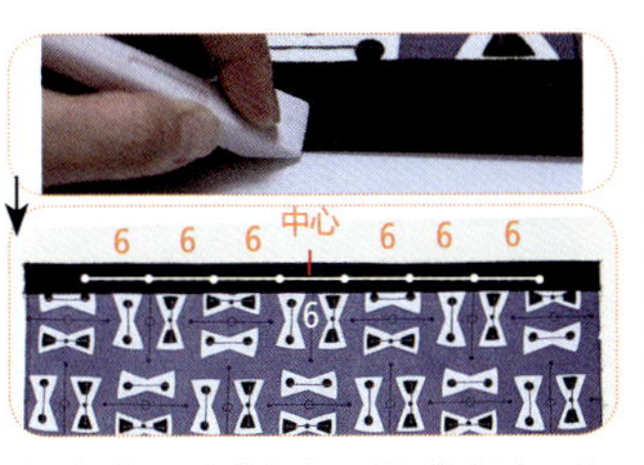

㉘前片上方折处用骨笔顺好后，由正面压线0.2cm。并找出中心点，依图示间隔6cm作鸡眼扣位置记号，共8个。

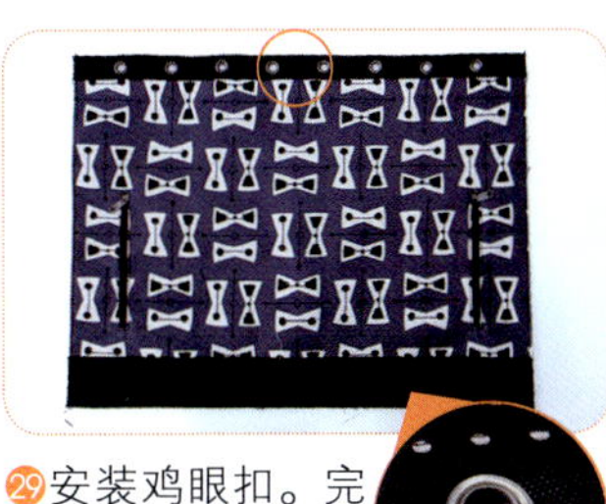

㉙安装鸡眼扣。完成袋身前片。

组合袋身前片与袋盖后片

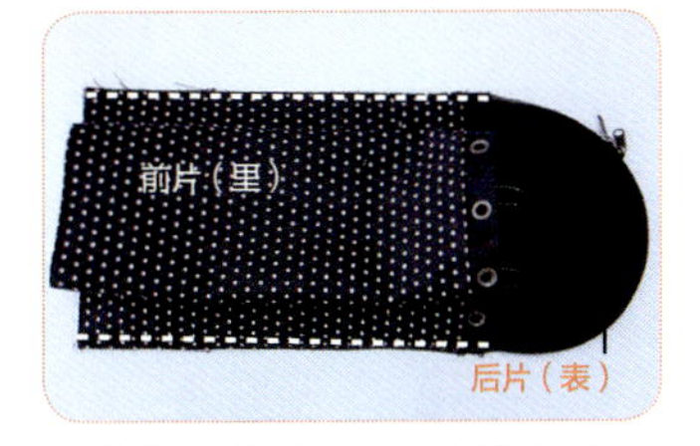

㉚将袋身前片表布对着步骤16表袋身袋盖后片表布，两侧疏缝固定。

制作口袋和笔插

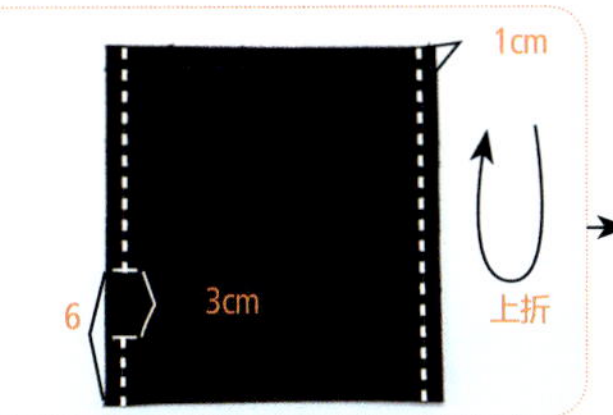

㉛内口袋布③正面短边处画1cm预留记号线。将布上折对齐1cm并车缝两侧，其中一侧预留3cm不车。由上方返口翻回正面，并于袋口折处压线1cm。

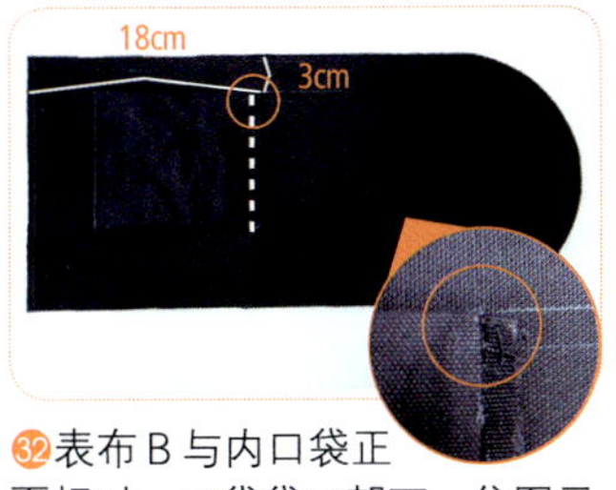

㉜表布B与内口袋正面相对，口袋袋口朝下，依图示位置车缝固定口袋袋底（注意车缝时将两侧缝份往内拉再车）。

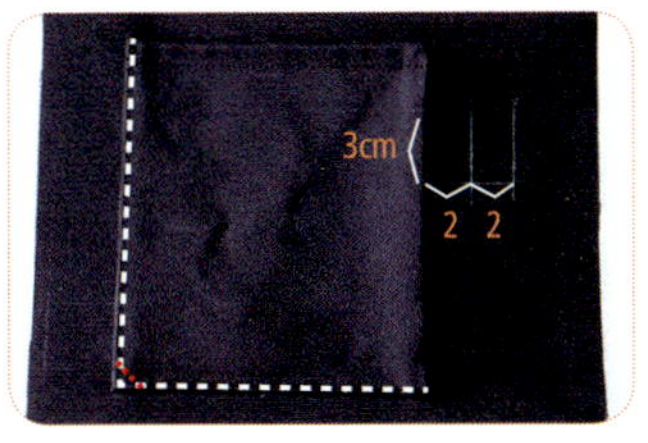

㉝再将口袋往上翻，先压左侧和下方0.2cm。右侧3cm洞口对应处，往右每间隔2cm做记号线。

注：口袋上方加强回针固定，口袋底压三角形加强固定。

好用工具介绍：实线点线器，可将缝份线刮出折痕，有利内折。

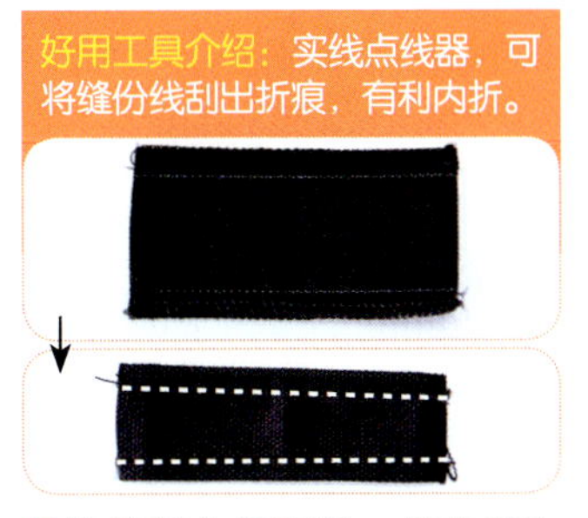

㉞将笔插布④两侧，拷克锁边或用缝纫机Z字缝车缝布边。将缝份内折，两侧压线0.5cm，并对折找出中心点作记号，两边缝份也画出来。

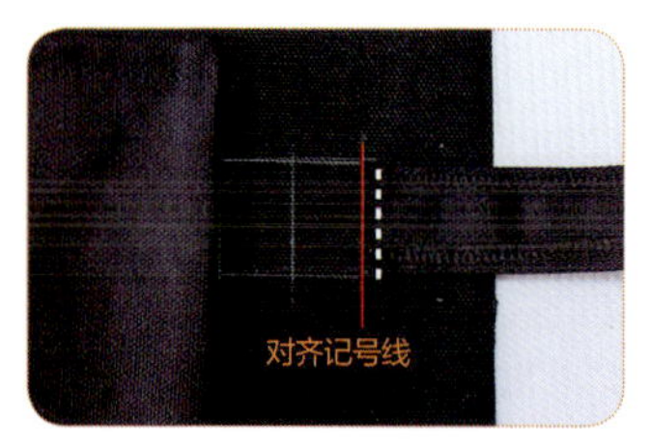

㉟笔插布正面朝下放置，左边对齐记号线，车缝0.5cm固定。

㊱再往左翻到正面，正面压线0.2cm固定。

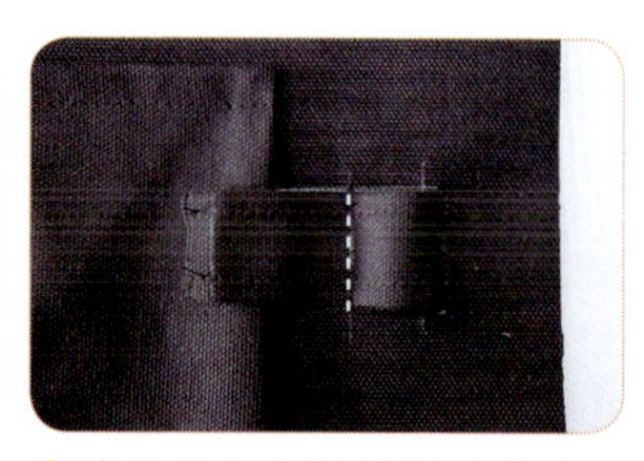

㊲笔插布中心记号线对齐底下记号线，车缝固定。

㊳最后将笔插布插入口袋预留之3cm洞口，缝份记号线对齐口袋边。口袋右侧压线0.2cm。口袋底车三角形加强固定。

组合袋身

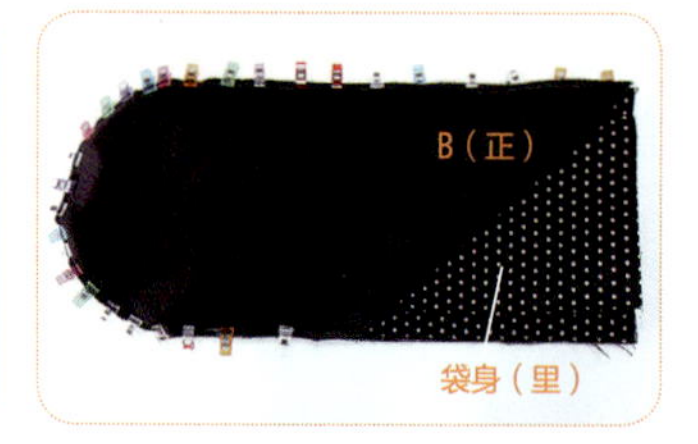

㊴完成之表布B与步骤30袋身组合，表布B正面对着袋身前片里布。

㊵车缝U形一圈，袋底当返口。

㊶从下方返口处，将袋身前片一起抓住，翻回正面。

㊷再将缝份处及拉链圆弧处用骨笔顺好。

㊸掀开袋身前片，将底下返口处疏缝固定。

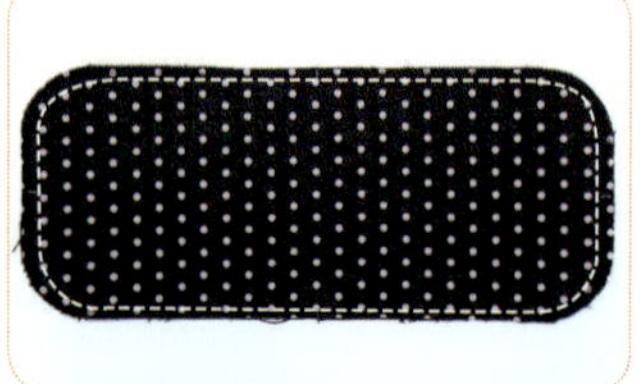

㊹袋底D里布，与表布D，背面相对，疏缝一圈。

㊺找出袋底与袋身四个中心点对齐后，车缝一圈固定。

㊻利用包边条⑤，完成袋底包边。

㊼翻回正面拉开拉链，于袋盖内侧磁扣位置及袋身压上撞钉磁扣。

㊽将束绳由前方中心依图示穿入，再穿过后方织带中，再绕回前方。

㊾套入束绳束套，并于束绳两端各打一个结。

㊿完成。

侧边拉链小口袋，
让后背包更方便使用。

前进幸福马鞍后背包

造型独特是最佳亮点，
不对称袋盖，
及正面交叉线形设计，
最能吸引众人的目光！

✲完成尺寸：宽29cm×高34cm×厚9cm

【裁布表】纸型缝份外加0.7cm，数字部分皆已含缝份0.7cm。

部位名称	尺寸	数量	烫衬
表袋身			
表袋前后片	纸型 A	2	厚布衬含缝
表袋侧身	纸型 B	2	
袋底	纸型 C	1	
袋盖	纸型 D	表 1（纸型正）	
		里 1（纸型反）	牛筋衬含缝
前口袋	纸型 E	2	厚布衬不含缝
后口袋	纸型 F	1	
拉链口袋布	① ↔ 12cm × ↕ 32cm	1	薄布衬含缝
背带扣环布	② ↔ 5cm × ↕ 8cm	2	厚布衬含缝
背带装饰布	③ ↔ 4cm × ↕ 90cm	2	不烫衬
侧包边条	④ ↔ 9.5cm × ↕ 4cm	2	
前包边条	⑤ ↔ 26.5cm × ↕ 4cm	1	
袋口滚边条	⑥ 4cm×210cm（斜布纹）	1	
束绳布	⑦ ↔ 115cm × ↕ 4cm（布幅宽）	1	
里袋身			
里袋身	纸型 G	1	先烫牛筋衬不含缝，再烫厚布衬含缝。牛津衬依纸型 G 再修剪约 0.1cm
里侧身	纸型 B	2	厚布衬含缝
里袋拉链口袋布	纸型 H	1	薄布衬含缝
拉链挡布	⑧ ↔ 3cm × ↕ 4cm	4	2 片烫薄布衬
拉链装饰布	⑨ ↔ 27.5cm × ↕ 4cm	1	不烫衬（可用缎带或蕾丝替代）

【其他材料】

★ 植鞣牛皮（厚1.5cm）：1cm条×15.5cm×1条。
★ 蕾丝：12cm×1条、27cm×1条 ★ 2.5cm口形环×2个。
★ 2.5cm宽织带：90cm×2条、25cm×1条。
★ 5号尼龙码装拉链：16cm×1条、23cm×1条、拉链头×2个。
★ 10mm蘑菇扣×4组、8mm铆钉×2组。
★ 17mm鸡眼扣×8组。
★ 1mm棉绳130cm。
★ 双面真皮固定式古铜插锁（4.8cm×7cm）×1组。

【裁布示意图】（单位：cm）

格子棉麻布（幅宽 115cm×45cm）

素麻布（幅宽 115cm×65cm）

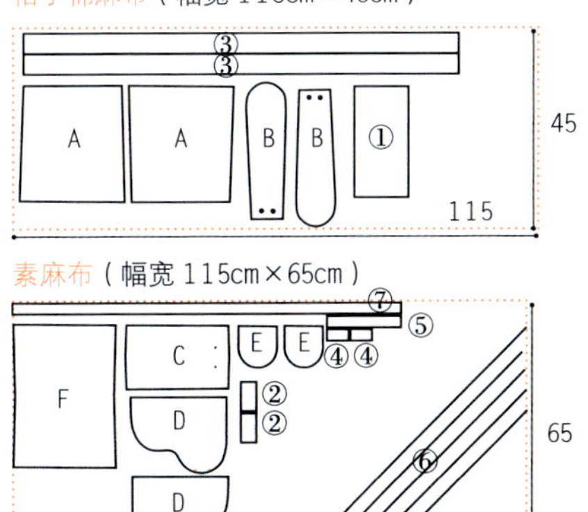

花卉薄棉里布（幅宽 110cm×80cm）

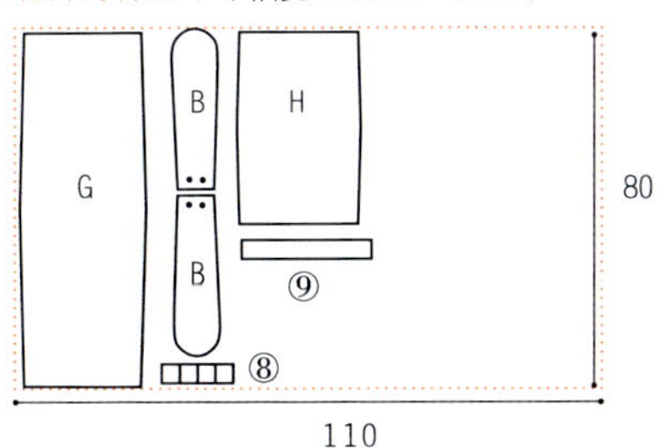

制作表袋身

①表袋前片A依纸型标示位置用强力胶将皮革条贴上。在装饰皮片两侧，每间隔1cm标示出缝线位置。

②棉绳用粗针从底端开始往上缝制，绕过上方再交叉回来底端。

制作口袋

③前口袋E表布缝份下0.5cm处车缝蕾丝，再将袋口缝份往内折烫。

④将口袋布表、里布正面相对，车缝圆弧处固定，并修剪圆弧处缝份。

⑤翻回正面整烫，袋口缝份处整好对齐压线0.2cm。

⑥将口袋车缝固定于表袋身前片位置。

⑦取拉链口袋布①于表袋前片上方依纸型标示位置开12cm一字拉链口袋。

⑧后口袋布F，中间下方0.5cm处车缝蕾丝。

⑨再背对背对折折烫，并于上方袋口压线0.2cm。

⑩后口袋对齐后表袋下方，三边疏缝固定后，中间车口袋间隔线。

⑪表袋前、后片与袋底C两边分别正面相对车缝固定，缝份往袋底倒。翻回正面压线0.2cm。

制作背带

⑫制作背带扣环，扣环布两侧往中间烫折，两侧压线。穿过口形环，下方修剪30度斜角（一正一反）。

⑬将背带扣环上下错开0.7cm缝份，固定于表袋后片两侧下方。

⑭织带25cm，对折中间车缝10cm，制成提把。背带装饰布两侧往中心折烫，车缝固定于两条90cm织带上。再将提把与背带一起固定于表袋后片上。

⑮背袋尾端依图示穿入口形环，尾端内折1.5cm车缝固定。

制作里袋

⑯表袋盖与袋身后片正面相对，上方车缝固定。缝份往袋身倒，正面压0.2cm。

⑰23cm码装拉链装上拉链头，两端以拉链挡布夹车，翻面压线。

⑱再用拉链口袋布H上下两边正面相对夹车拉链。由侧边翻回正面压线。

⑲将拉链口袋H固定于里袋身标示位置处。拉链装饰布两边往中心折烫，压线车缝固定于拉链上方（此处可用蕾丝或缎带车缝装饰）。

⑳再将口袋底压线0.2cm固定，口袋两边疏缝。

㉑里袋盖再与里袋身正面相对车缝固定。

㉒缝份往袋身倒，正面压线0.2cm。

㉓侧身表里布，背对背疏缝固定，再于袋口处利用侧包边条④车缝滚边。

组合表、里袋

㉔将表袋与里袋身背面相对疏缝固定，于前方袋口处利用前包边条⑤车缝滚边。

㉕袋底依标示位置安装蘑菇扣。

㉖袋身与侧身依标示位置安装鸡眼扣。

㉗袋身前片上安装插扣下扣。

㉘将主袋身与侧身缝份0.5cm先车缝固定。

㉙滚边条⑥利用滚边器烫好，前端先往后内折2cm再开始车缝，车缝到尾端一样后折2cm再车缝，将缝份包边。

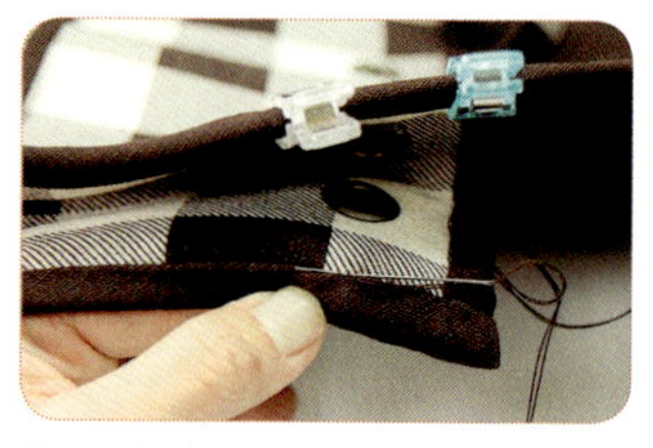

㉚再将另一边缝份内折，藏针缝固定包边。

㉛袋盖处安装插扣上扣。

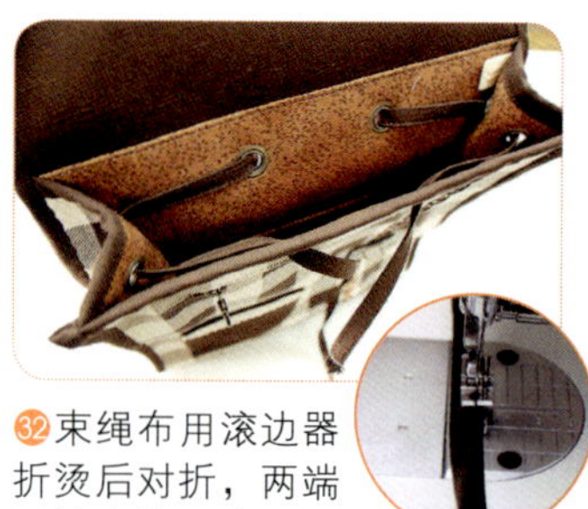

㉜束绳布用滚边器折烫后对折，两端压线车缝固定。再穿入袋口。

㉝束绳尾端用固定扣装饰固定。

㉞袋盖处用熨斗熨出袋盖弧度。完成。

缤纷热气球水桶后背包

完成尺寸：
宽28cm×高30cm×厚14cm

缤纷的色彩，时尚又俏丽。
多功能背带，立体水桶包，
今天出门的最佳伙伴，
就是你了……

里布是亮丽的蓝底白点，
还有精致双层贴式口袋喔！

【裁布表】纸型缝份外加0.7cm，数字部分皆已含缝份0.7cm。

部位名称	尺寸	数量	烫衬
表袋身			
表袋身前片、后片	纸型 A1	2	厚布衬不含缝
袋身贴边	纸型 A2	4	
侧身装饰布	纸型 B	2	
袋底	纸型 C	1	
里袋身			
内袋身	纸型 D	1	厚布衬含缝
拉链口袋布	① ↔ 22cm × ↕ 50cm	1	薄布衬含缝
带盖口袋	纸型 F	2	薄布衬含缝
磁扣皮袢片	纸型 E	2	厚布衬不含缝

【其他材料】

★袋物专用底板：纸型C沿边缘修剪0.1cm ×1片。
★2.5cm皮革包边条85cm×1条。
★3mm棉绳85cm×1条。
★19mm宽皮条：8cm×2条，190cm×1条。
★2cm日形针扣×2个。
★22mm圈环×4个。
★9mm-12蘑菇扣×2个。
★8mm-10铆钉×6个。
★合成皮下片×2个。
★5号尼龙码装拉链：22cm×1条、拉链头×1个。
★14mm撞钉磁扣×1组、18mm撞钉磁扣×1组。
★水桶包束绳100cm×1条。
★（3cm×2.5cm）水桶包束套1个。

【裁布示意图】（单位：cm）

热气球厚棉布（幅宽 110cm×30cm）

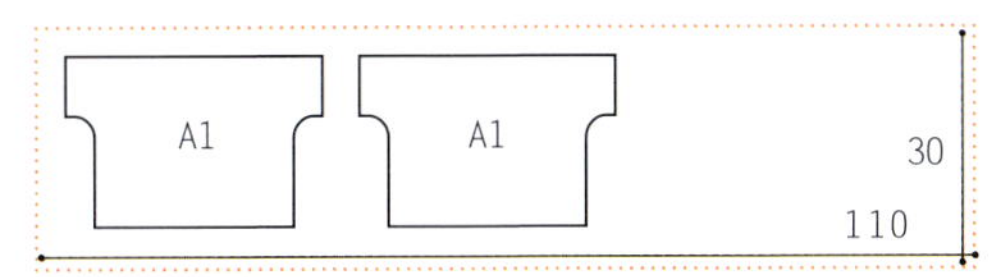

合成皮（幅宽 110cm×30cm）

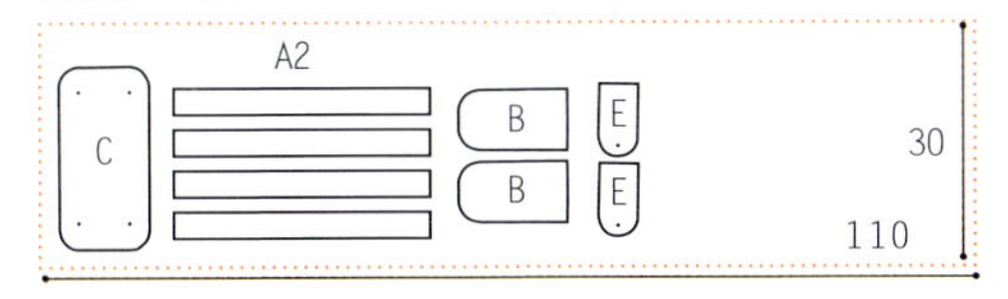

水玉薄棉里布（幅宽 110cm×70cm）

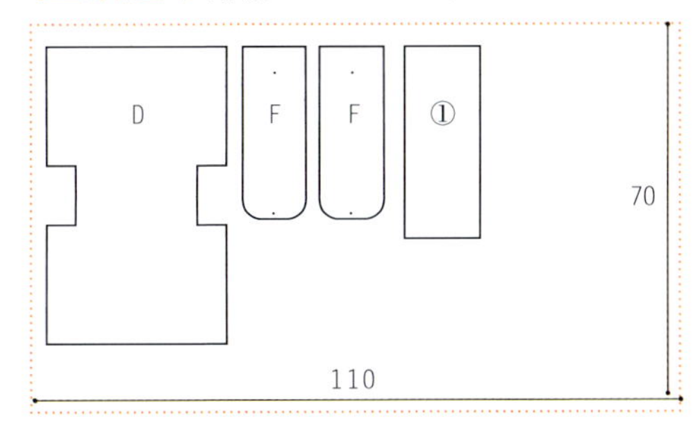

制作表袋身

01表布A1与贴边A2正面相对，上方车缝固定。

02缝份往A2倒，正面压线0.2cm，共完成表袋前后两片。

032条8cm的皮条，内折3cm套入圈环，并用蘑菇扣固定于侧身装饰布B下方中心位置。一共两片。

04表袋身前、后片，正面相对，对齐车缝一侧边固定。

05翻回正面缝份打开，于两侧压线0.2cm。以同作法完成两侧边接合，完成袋身A。

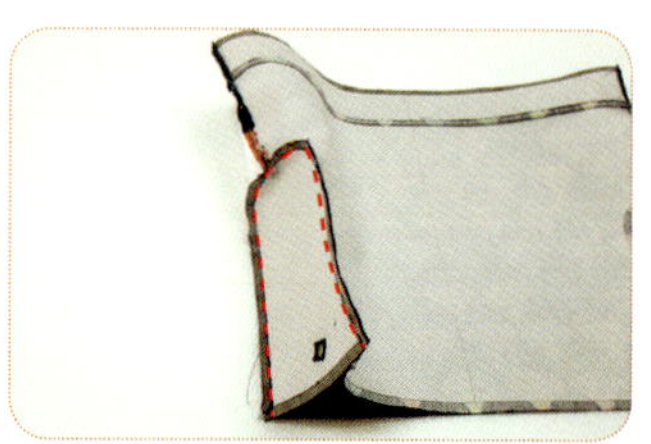

06袋身A再与侧身装饰布B，正面相对，车缝组合。

07表袋身A圆弧处剪牙口（只剪A），翻回正面，缝份倒向A，沿边压固定线。同作法，一共完成两侧边组合压线。

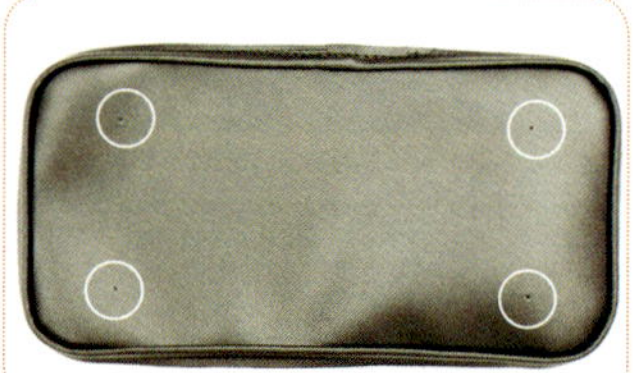

08袋底表布C，于脚钉位置先打孔预备。再于正面车缝出芽一圈（参考156页包绳法）。

09组合袋身A与袋底C，正面相对车缝一圈固定。

10翻回正面，完成表袋身。

制作里袋身

11内袋身D上方依图示画记号线，拉链口袋布①置于后方，正面对正面沿记号线车缝固定，两边转角处剪牙口。

12翻面整烫，22cm码装拉链，置中对齐将拉链车缝固定。

制作贴式带盖口袋

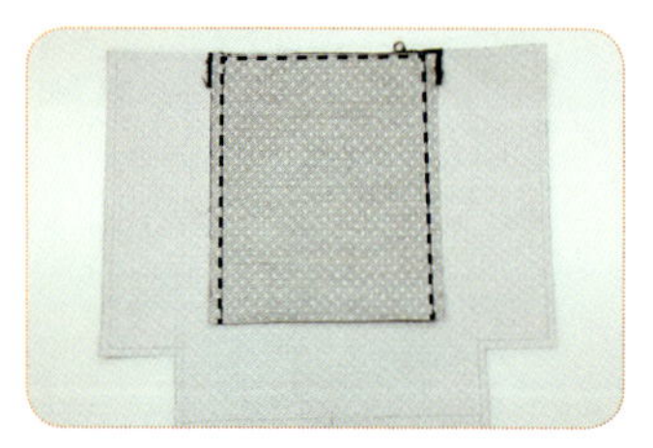

13背面再将口袋布往上折，先车缝口袋布两边1.5cm固定，再疏缝上方。

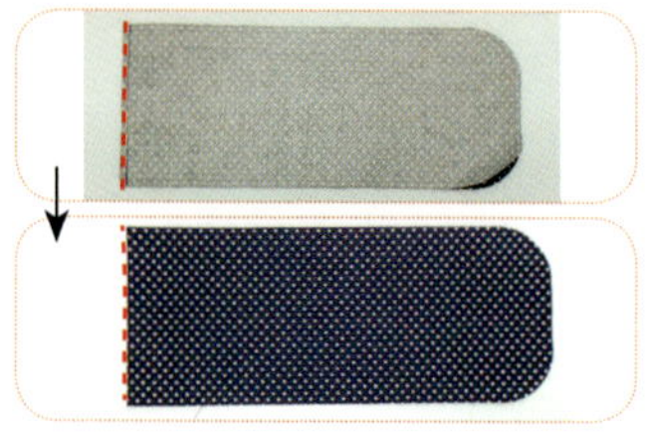

14口袋布F两片，正面相对，车缝平口处。翻面整烫，压线0.2cm。

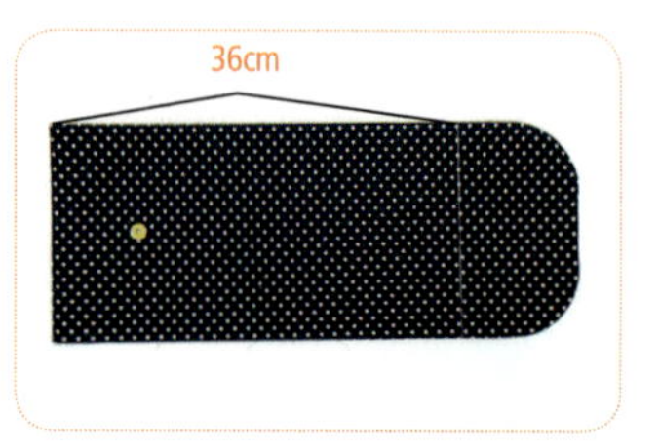

15取纸型标示位置安装14mm磁扣母扣，再于36cm处做记号线。

⑯将平口处依图示内折，对齐36cm记号线。

⑰依图示车缝固定，于袋盖处留5cm返口不车。

⑱从返口翻回正面整烫，袋盖圆弧处边缘压线0.2cm。再安装另一侧磁扣公扣。

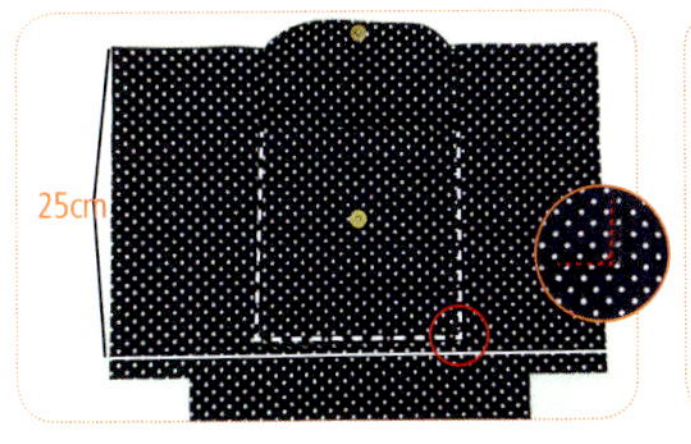

⑲内袋身D另一面中心下25cm处做记号线，带盖口袋置中对齐记号线，车缝三边固定口袋。口袋两端底角车缝三角形加强固定。

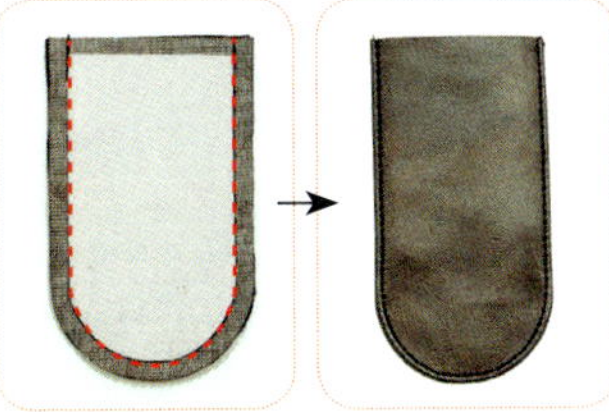

⑳磁扣绊片E两片，正面相对车缝U形，圆弧处缝份修剪至0.3cm，翻回正面压线0.2cm。

㉑将磁扣袢片E置中放于内袋身D拉链口袋上方，与袋身贴边A2一起车缝固定。

㉒缝份往A2倒，压线0.2cm。再于磁扣袢片装上18mm撞钉磁扣公扣。

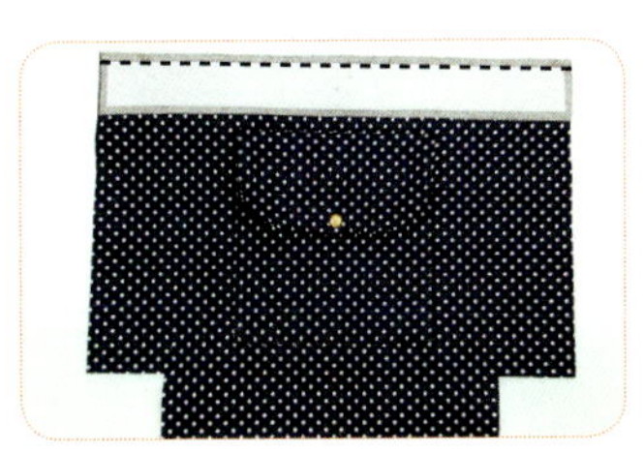

㉓另一边内袋身D上方与袋身贴边A2，正面相对车缝固定。

㉔缝份倒向A2，正面压线。中心点接缝线上2cm处，装上18mm撞钉磁扣母扣。

㉕内袋贴边由中心往外两侧，依图示间隔距离先标示出鸡眼扣位置。前后两边共16个。

㉖将内袋身正面相对对折，车缝两侧固定。缝份烫开，再车缝两侧底角。

组合表、里袋身

㉗里袋身套上表袋身，上方袋口车缝一圈固定，中心后方留16cm返口不车。

㉘由返口翻回正面。于袋物专用底板脚钉安装位置打孔，再从返口装入底板，并装上脚钉。

㉙将袋口及返口整理平顺，沿边压线，并于标示位置安装鸡眼扣，共16个。

㉚皮革下片套上圈环，于袋身两侧中心用铆钉固定。

制作背带

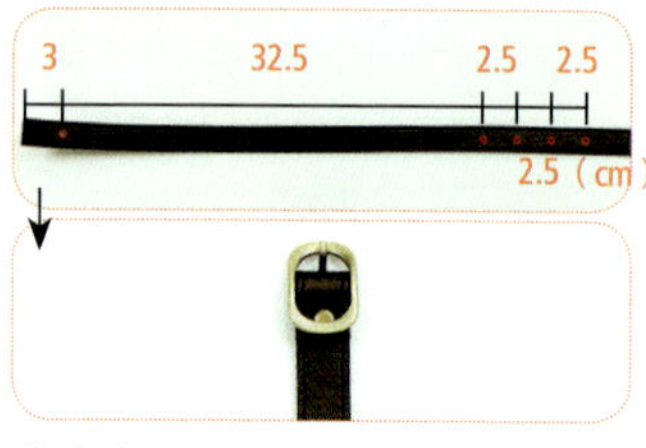

㉛皮条190cm，两端依图示记号打上小圆孔。取一端安装日形针扣，再用铆钉固定。

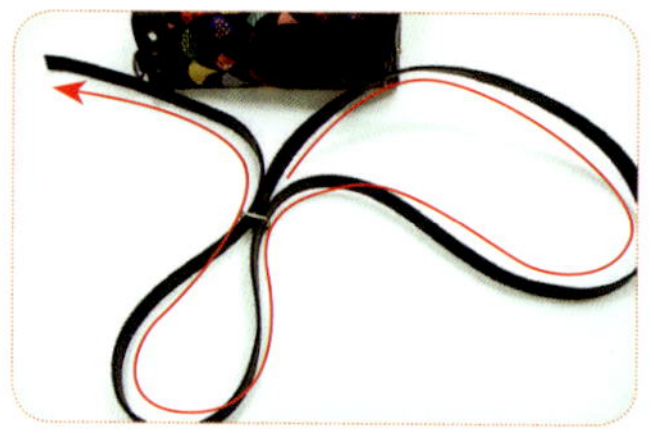

㉜依序将皮条套入袋底一侧圈环，再套回针扣日形环。

㉝将皮条固定于针扣上。再依序套入袋口两边圈环内。

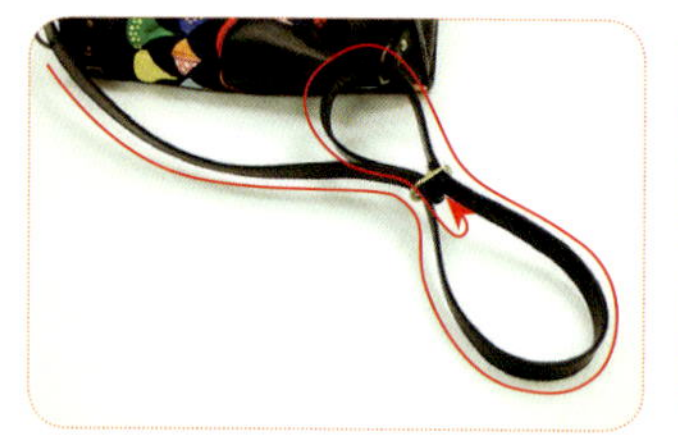

㉞另一边同样依序套入另一个针扣及圈环。

㉟皮条尾端用铆钉固定。

㊱穿入水桶包束绳，两端套入束套。最后将末端打结即可。

㊲完成。

简约风格 后背包

喜爱 3C 产品的你，
绝对需要一个简约风格后背包。
内容量大，外形亮丽简单，
又有减压背带设计，
背再多也不怕！

✲ 完成尺寸：
宽32cm × 高41cm × 厚12cm

【裁布表】纸型缝份外加0.7cm，数字部分已含缝份0.7cm。

部位名称	尺寸	数量	烫衬
表袋身			
表袋身前片	纸型 A1	1	不烫衬
	纸型 A2	1	
	纸型 A3	1	
	纸型 A4	正 1 反 1	厚布衬 3×3cm 2片
表袋身后片	纸型 F	1	不烫衬
配色口袋前片	纸型 B1	1	厚布衬不含缝
	纸型 B2	1	
拉链挡布	① ↔ 2.6cm × ↕ 3cm	2	不烫衬
拉链口袋布	② ↔ 21.5cm × ↕ 30cm	1	
拉链挡布	③ ↔ 2.6cm × ↕ 3cm	表 2 里 2	
装饰边条	④ ↔ 52cm × ↕ 2.5cm	2	

部位名称	尺寸	数量	烫衬
袋底装饰布	⑤ ↔ 21.5cm × ↕ 10.5cm	1	不烫衬
袋盖	纸型 C	表 1	厚布衬不含缝
		里 1	不烫衬
织带衔接布	纸型 D	2	
里袋身			
里袋身前片	纸型 E	1	不烫衬
里袋身后片	纸型 F	1	
里口袋布	⑥ ↔ 34cm × ↕ 60cm	1	
拉链口布前片	⑦ ↔ 63.5cm × ↕ 5.5cm	表 1 里 1	
拉链口布后片	⑧ ↔ 63.5cm × ↕ 11cm	表 1	
	⑨ ↔ 63.5cm × ↕ 7cm	里 1	
背带布	⑩ ↔ 8.5cm × ↕ 55cm	2	
	⑪ ↔ 5.5cm × ↕ 55cm	2	

【其他材料】

★ 2.5cm：口形环×2个、日形环×2个。
★ 2.5cm织带：25cm×1条、5cm×2条、18cm×1条、40cm×2条。
★ 3V塑钢码装拉链：17cm×1条、20cm×1条、拉链头×2个。
★ 5V塑钢码装拉链：64cm×1条、拉链头×2个。
★ EVA软垫30cm×28.5cm×1片、厚棉芯5cm×54cm×2片。
★ 14mm撞钉磁扣×1组。

【裁布示意图】（单位：cm）

8号防泼水帆布（咖）（幅宽110cm×72cm）

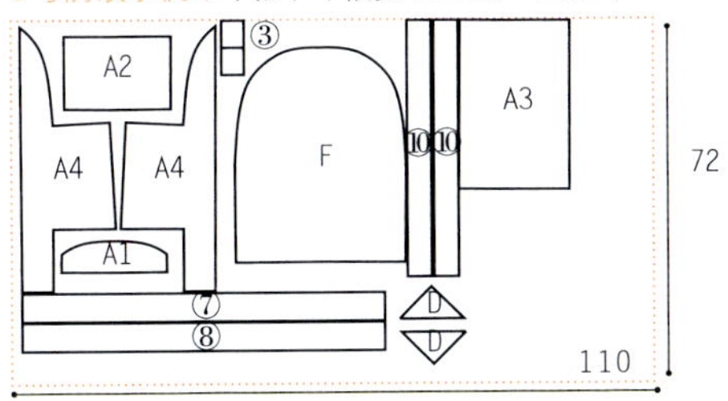

图案厚棉布（幅宽110cm×55cm）

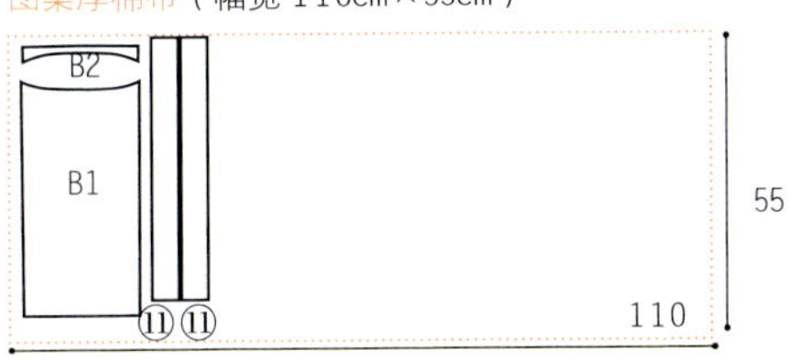

皮革布（幅宽110cm×30cm）

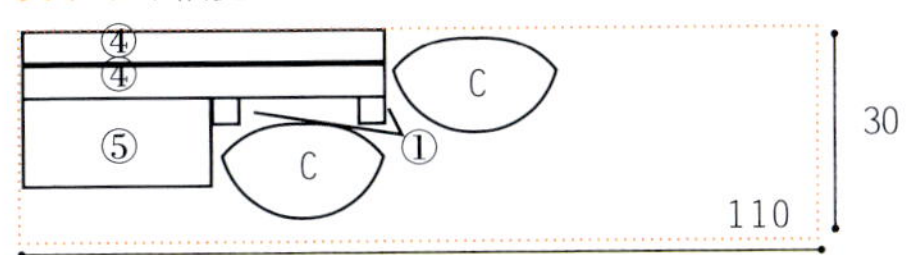

尼龙布（幅宽130cm×70cm）

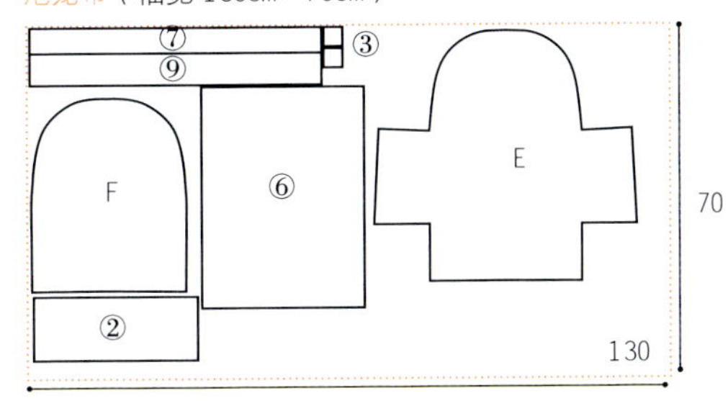

制作口袋

①取3V码装拉链17cm，两端拔齿为15cm，两端车上拉链挡布①。参考时尚典雅两用包步骤1～2，再与B1、B2平面处正对正夹车拉链。

②缝份往B1倒，于B1压线0.2cm。

③B1往上折，正面相对车缝圆弧处，再翻回正面，圆弧处压线。

④口袋拉链另一侧先疏缝在表布A3上方，再与表布A2夹车拉链。

⑤表布A2翻正面，口袋往上掀缝份倒向A3，压线0.2cm。

⑥再将口袋放下，下方压线固定口袋并将口袋两侧疏缝。

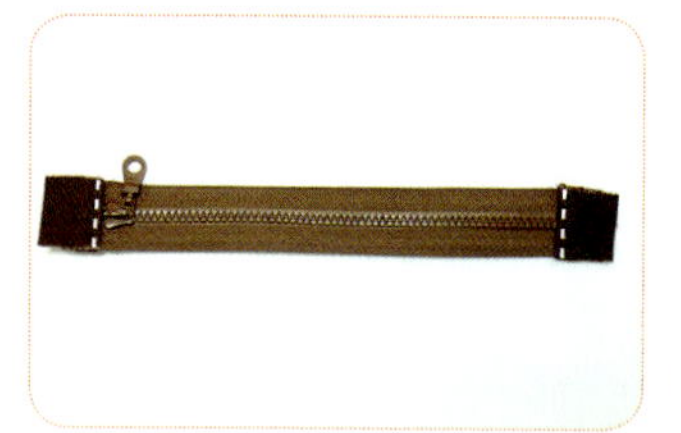

⑦3V码装拉链20cm，两端拔齿为17.5cm，再与拉链挡布③表里夹车拉链，翻正压线。

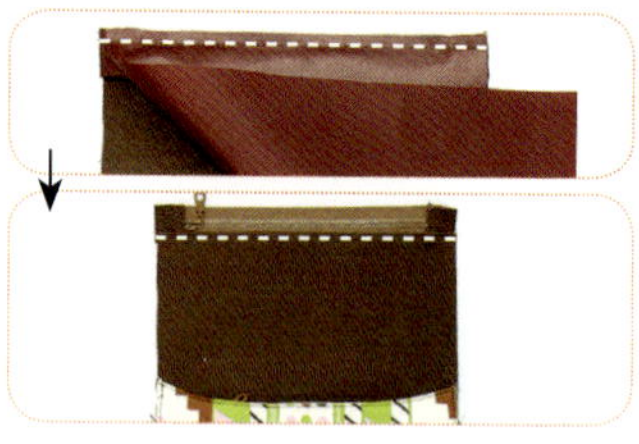

⑧拉链口袋布②与袋身前片A2正对正夹车拉链。再翻回A2正面，压线0.2cm。

⑨将后方拉链口袋布②往上折，再与A1正面对正面夹车拉链另一边。

⑩翻回正面，缝份往A1倒，压线0.2cm。先于图示位置安装磁扣母扣，再将两侧口袋缝份车缝0.5cm固定，完成表袋中心前片。

制作表袋身

⑪将表袋中心前片下方画3cm记号线，再与袋底装饰布⑤对齐记号线，车缝固定。

⑫往上翻回正面压线固定，并将另一侧缝份内折压线0.2cm。

⑬装饰边条④对折后，分别疏缝固定于表袋中心前片两侧。

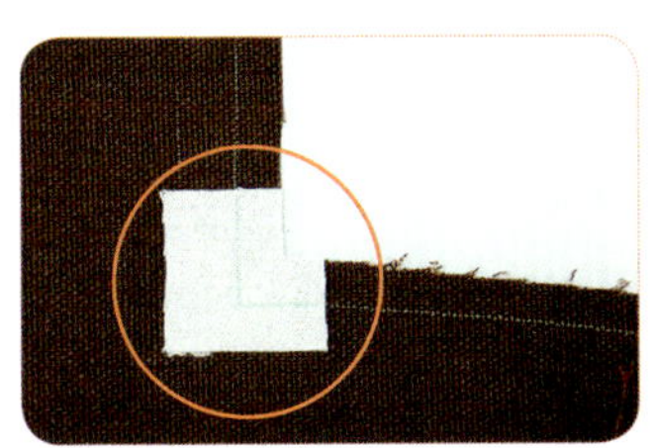

⑭表布A4两片，上方转角处烫厚布衬3cm×3cm，转角处修剪掉多余的布衬，再将缝份线画出来。

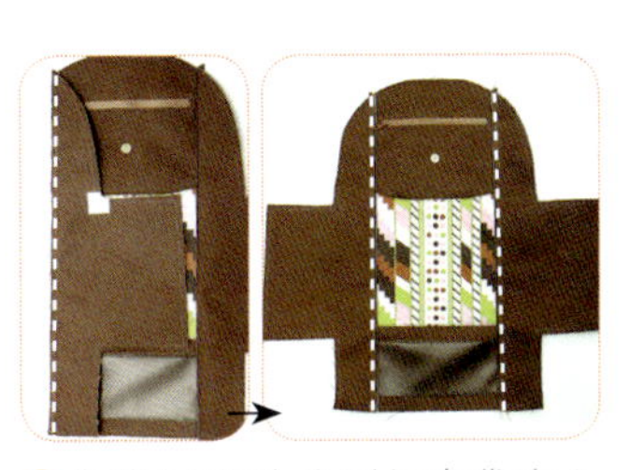

⑮先将A4两片分别与表袋中心前片两侧正面相对车缝固定。缝份倒向A4，由正面再压线0.2cm固定。

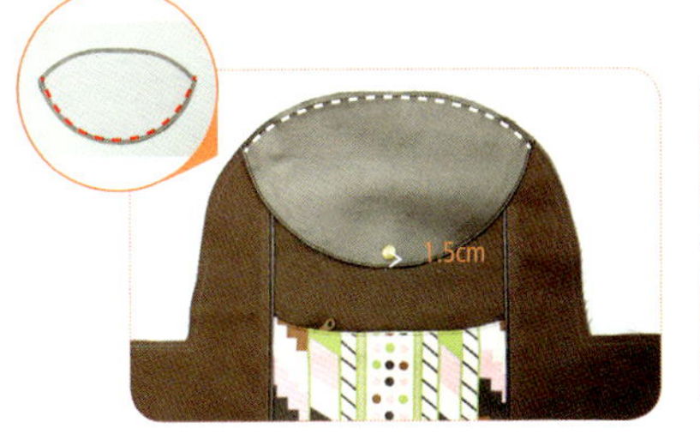

⑯先车合袋盖C的表、里布下方圆弧处，修剪缝份至0.3cm，再翻回正面压线。再将袋盖疏缝于表袋前片上方，装上磁扣公扣。

⑰5V塑钢拉链64cm拔齿为62cm，与拉链口布前片⑦表、里布；及后片⑧、⑨表里布，分别夹车拉链两侧边。再将表、里布边缘对齐，于里布正面压线。

⑱表袋身前片与里袋身前片，袋口正面相对夹车拉链口布前片，两端车到缝份点，并将表布、里布的两端转角处剪牙口。

⑲翻回正面，圆弧处用骨笔刮顺。

⑳将袋身下方表里布分别往上翻，两侧表里布正面相对夹车拉链口布，转角处车到缝份点。

㉑翻回正面，接合处用骨笔刮顺。

㉒分别车缝表袋身前片和里袋身前片的底角。只能车到缝份点。

㉓翻回正面，将表袋里袋前片疏缝固定。

制作背带

㉔背带布⑩与背带装饰布⑪两边往中心折烫。另取织带5cm，套入口形环后疏缝于⑩正面中心，再与背带布⑪正面相对夹车织带。翻至背面，中心置入厚棉芯。

㉕将两侧及缝份内折，沿边压线固定，再将⑪盖上置中对齐，沿边压线0.2cm固定，共制作两条背带，最后将背带修整为53cm长。

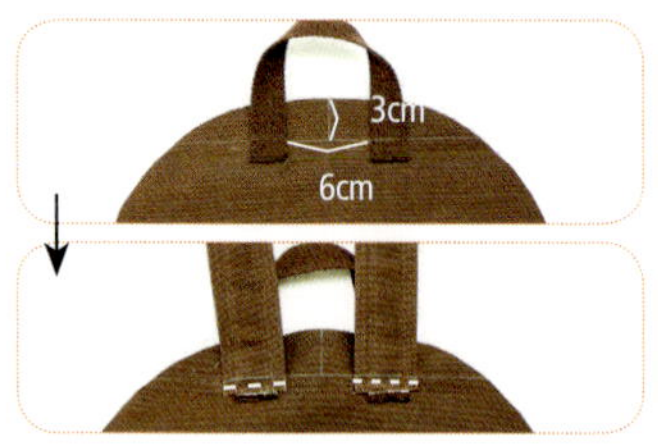

㉖25cm织带2端持出1.5cm，依图示位置车缝固定于表袋后片F上。再将两条背带分别与F正面相对车缝固定。

㉗再将18cm织带两端内折1.5cm后，盖到背带上，并压线0.2cm车缝一圈固定。

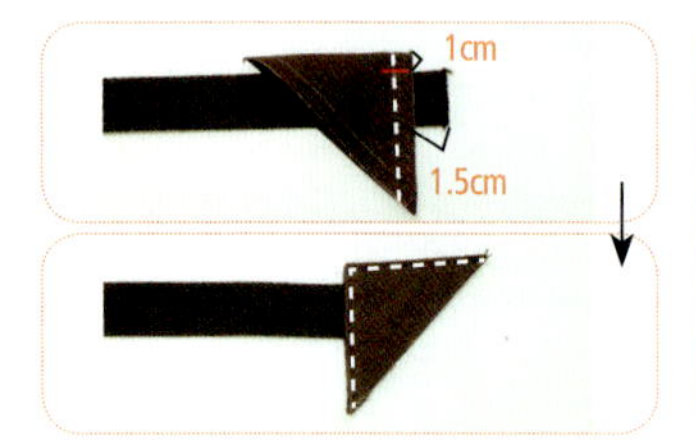

㉘衔接布D正面相对对折，依图示夹车40cm织带，再翻回正面压线固定，共两条。

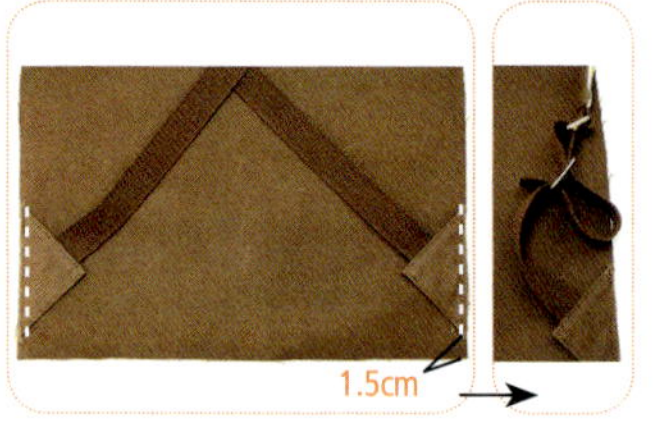

㉙完成的衔接带分别固定于表袋后片F下方两侧。织带依序套入日形环、口形环、日形环后，尾端内折1.5cm车缝固定织带。

组合表里袋身

㉚表袋后片F与表袋身前片，正面相对车缝U形。

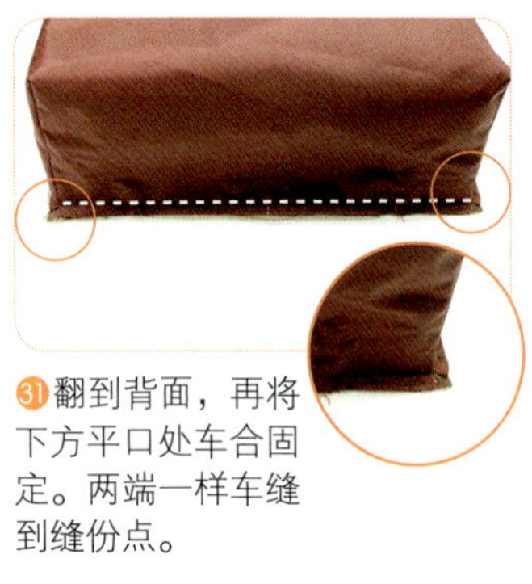

㉛翻到背面，再将下方平口处车合固定。两端一样车缝到缝份点。

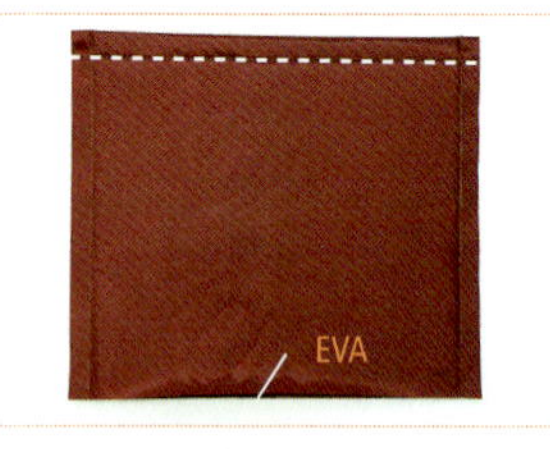

㉜里口袋布⑥背对背对折，两侧1.5cm处车缝固定。由下方塞入EVA软垫后，上方2cm处压线固定。

㉝里口袋两侧疏缝于里袋后片F上，下方缝份则车缝0.7cm固定。

㉞步骤31袋身两侧内凹与里袋身后片F正面相对，车缝固定，下方直线处为返口不车。

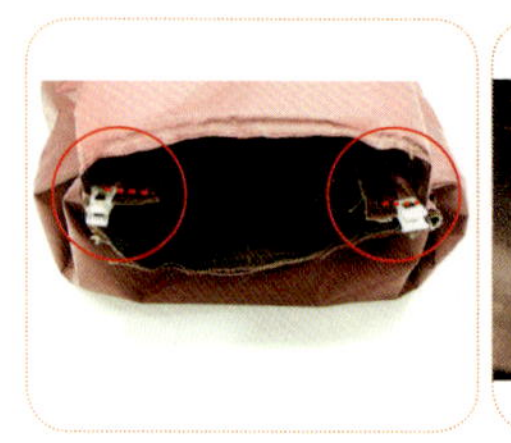

㉟从下方返口将袋身翻回内袋正面。返口两侧约5cm处，正对正固定后，拉出车缝到缝份点约4cm。

㊱将两边底角整好，返口缝份内折缝合，包包翻回正面，完成。

制·作·前·的·秘·笈

减压带制作法

01将表布1两侧各折入4cm后，车缝起来。

02表布1置中放于表布2上，疏缝固定。

03将铺棉置中车于背布。

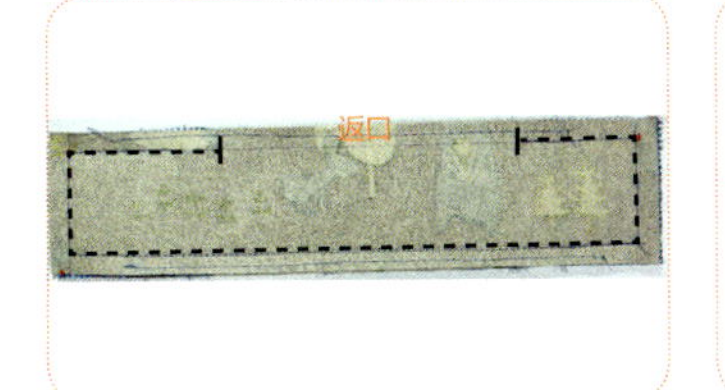

04表布与背布正面相对，留15cm返口，其余车合。

05修剪缝分。

06翻正、压线完成。

减压后背带制作法

01除缝份，表布烫上厚衬及铺棉（只有缝于包身那端需要烫铺棉，其余不用，若为防水布，则摆于指定位置上，待车缝）。车压两道固定线。

02无铺棉的缝份折入，并车缝固定。压棉布则随选一边折入缝份即可。表布与压棉布（背布）正面相对，上缘车缝固定。

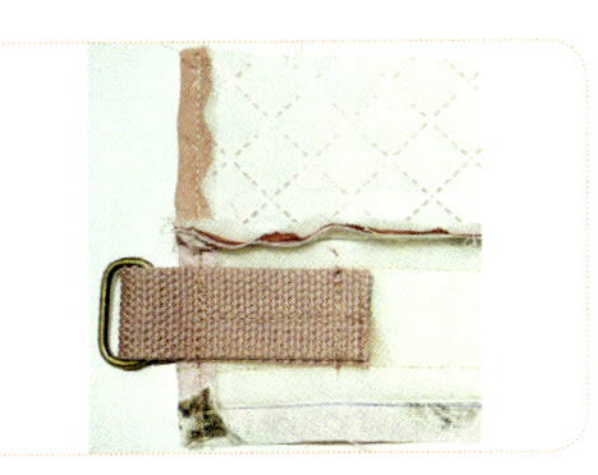

03织带套入口型环后对折，放于铺棉上，再车缝固定。

04将另侧缝份折入，将四边车缝固定。共完成两条。

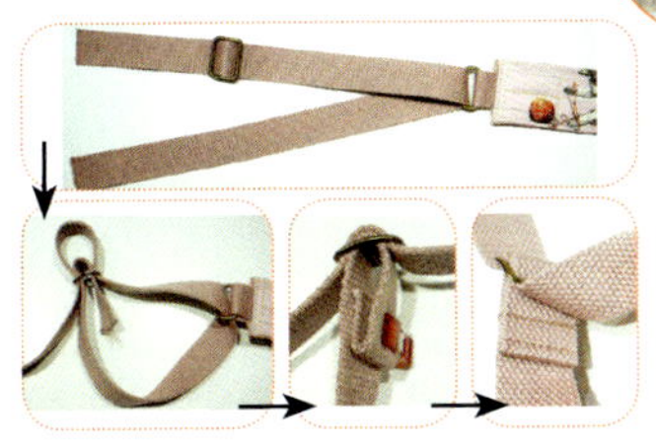

05背带套入日形环后，穿入口形环。一侧回头再穿过日形环后，车缝固定。

06背带固定布，对角线裁开，最长那边折入1cm缝份。放入背带尾端，对折，车合起来。将背带头、尾，车于包包指定位置。完成。

机缝滚边法

01开头如图折起1cm缝份。先车合一边，缝份为1cm。

02剩余滚边条，折二折翻至另一边，折后的缝份会比1cm大（约为1.5cm左右，视布的宽度、厚度而定），用珠针确实固定好。

03翻回另一边，沿着布与布的缝隙车缝固定。请注意：要尽量靠近滚边布车缝，且不要车到滚边布。车好后，您会看到另一边的滚边布上，会有刚才车压的固定线。

皮革包绳法

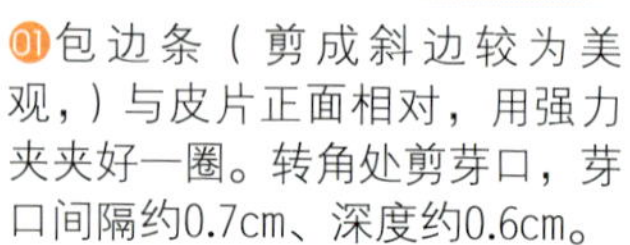

01包边条（剪成斜边较为美观，）与皮片正面相对，用强力夹夹好一圈。转角处剪芽口，芽口间隔约0.7cm、深度约0.6cm。

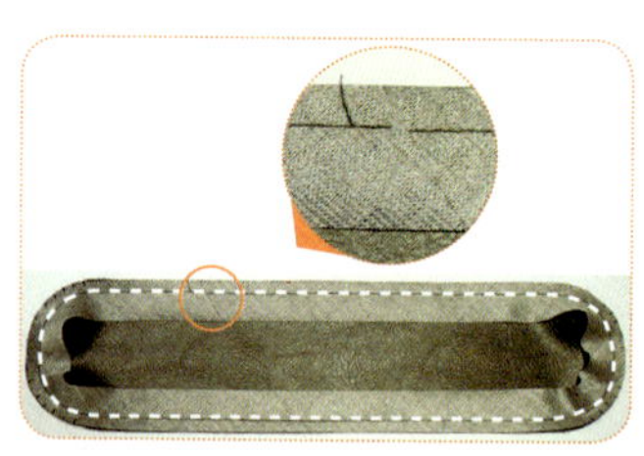

02车缝一圈。包边条头尾要重叠，不可留空隙。

03单边压脚的脚底，贴上纸胶带（隐形胶带亦可，利用身边有的），做成皮革可使用的压布脚。

04包边条将塑胶绳子包入，用强力夹夹好一圈。

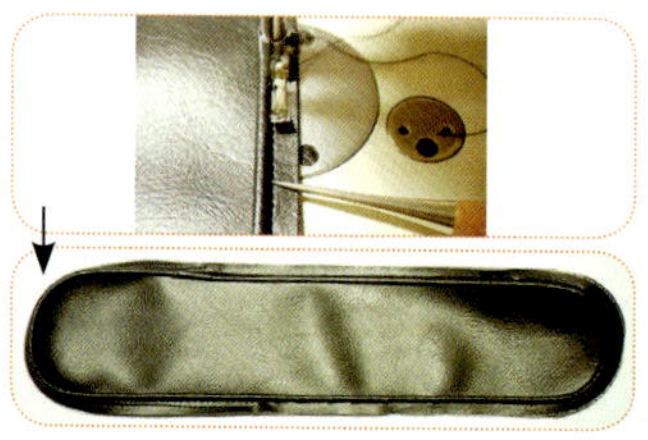

05单边压脚紧靠塑胶绳，并利用锥子在一旁帮忙疏缝。疏缝一圈完成。

TIPS

①皮片不厚的话也可用珠针固定，车缝时会较为方便。
②缝份：1cm。0.3cm 塑胶绳可配合 3cm 包边条使用。0.5cm 塑胶绳可配合 4cm 包边条使用。

有盖拉链口袋做法

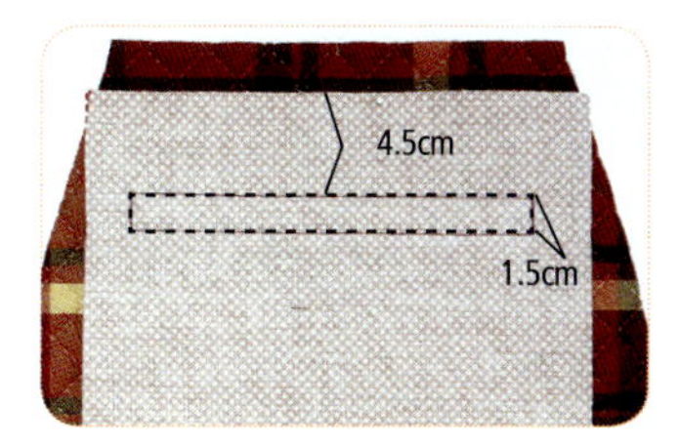

01拉链布与袋身布正面相对，如图距，车缝一圈拉链框。拉链框的长度算法:拉链长度+0.5cm。

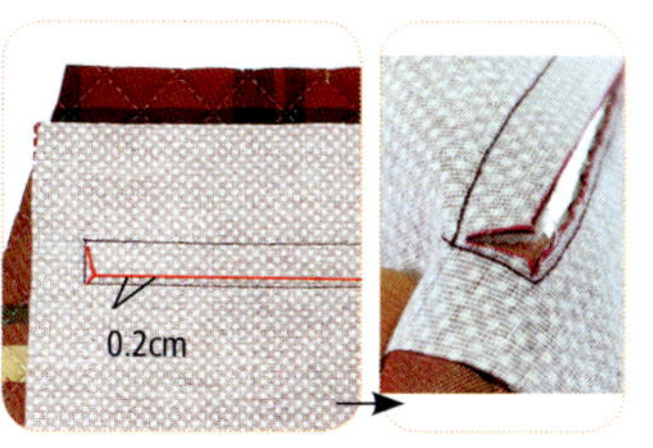

02依框中所画线条剪开，请注意勿剪到缝线。

03将拉链布塞入框中，先将框框的下、左、右三边整烫好。

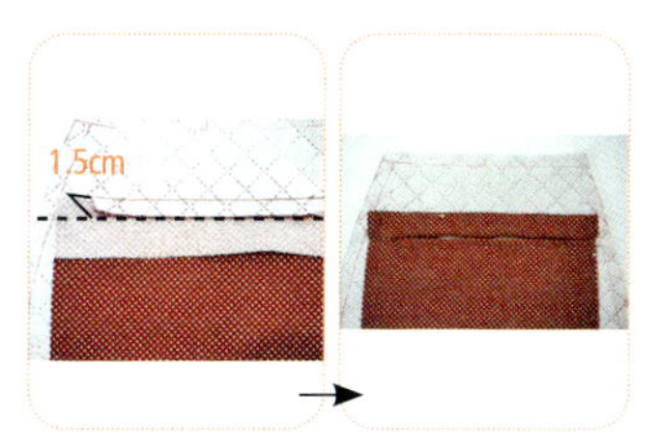

04翻至背面，如图画一折线记号，依记号线往上折，用珠针固定。

05距上缘0.1cm、置中放上拉链，用珠针固定。翻回正面，如图车缝固定。车缝下方框线时，可将盖布稍微拉开。

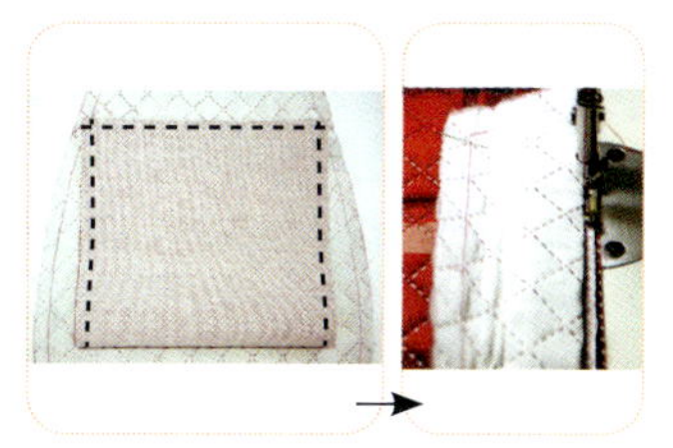

06将拉链布往上对折，避开袋身布，将其余三边车缝起来。袋身布在上、拉链布在下，比较好车。

有盖口袋做法

注步骤5改成不加拉链，直接车好拉链框，再接续步骤6车缝，即可完成无拉链的有盖口袋！

一字拉链口袋做法

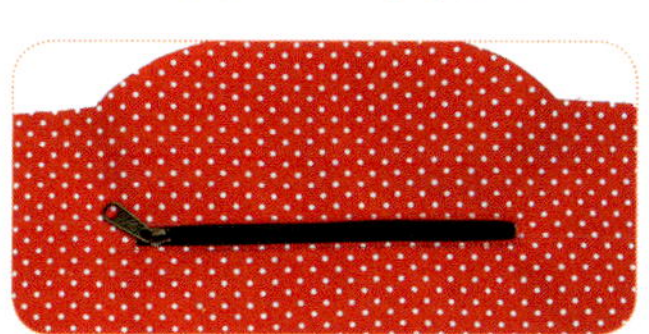

注同理，可参考87页休闲运动随身旅行包步骤7至步骤11以及134页几何多漾后背包步骤18至步骤22，即可完成一字拉链口袋。

拉链口布制作法

01尾端缝份皆折入、夹好。

02拉链头端折入、与表口布正面相对，上缘相距0.5cm，疏缝起来。请注意：摆放时，拉链齿不要放到缝份内，以免车到。

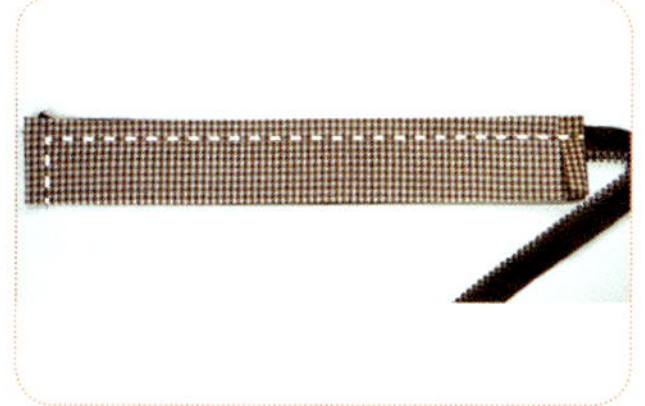

03表里口布正面相对，夹车拉链。

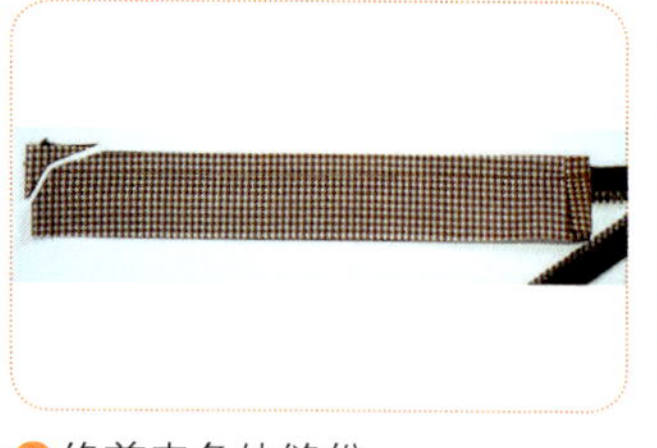

04 修剪直角处缝份。

05 翻正、压线。

06 以相同做法完成另侧拉链口布。

纸·型·索·引

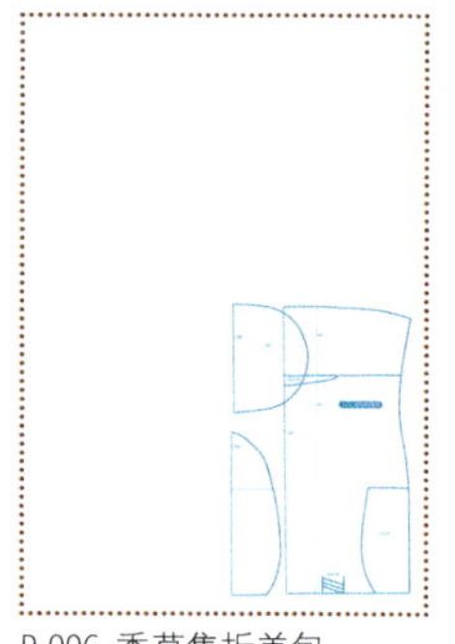

P.006 香草集折盖包
（A 面）

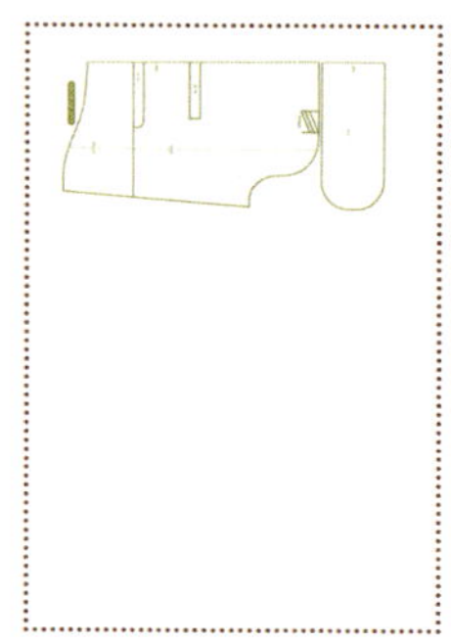

P.012 哈欠猫三用包
（A 面）

P.018 午茶时光休闲包
（B 面）

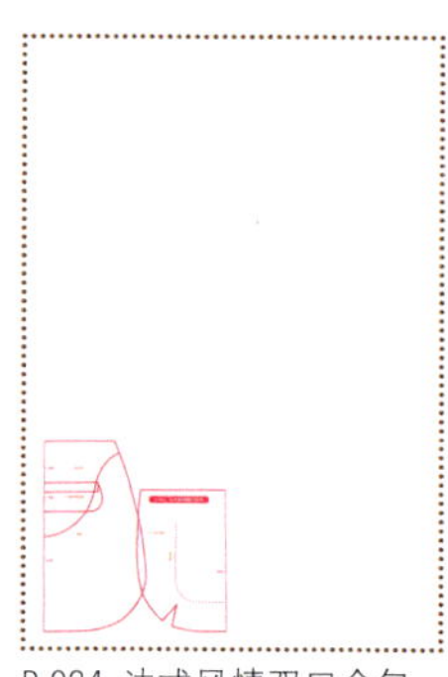

P.024 法式风情双口金包
（A 面）

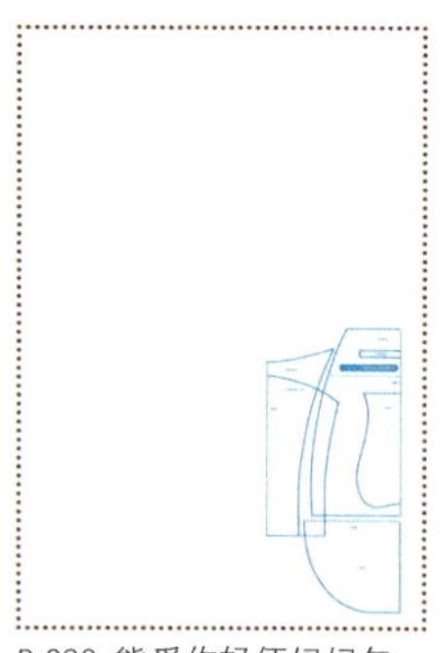

P.030 熊爱你轻便妈妈包
（B 面）

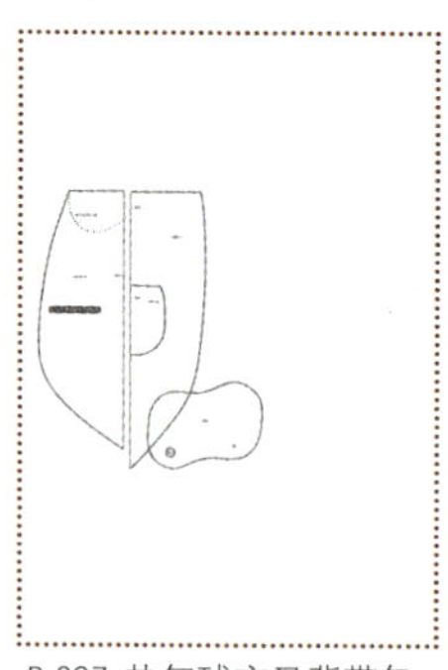

P.037 热气球交叉背带包
（A 面）

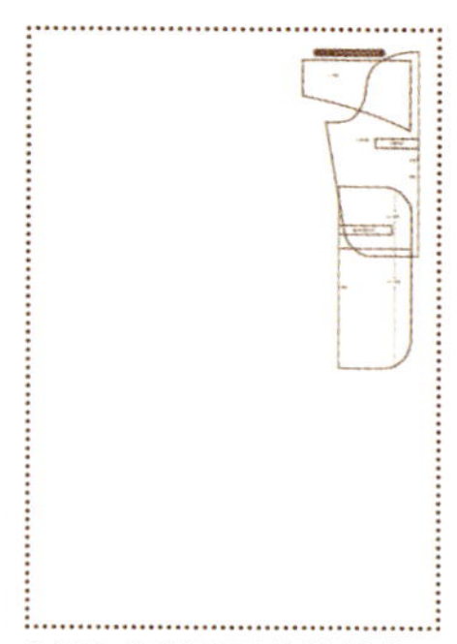

P.042 海洋风双拉链单肩后背包（A 面）

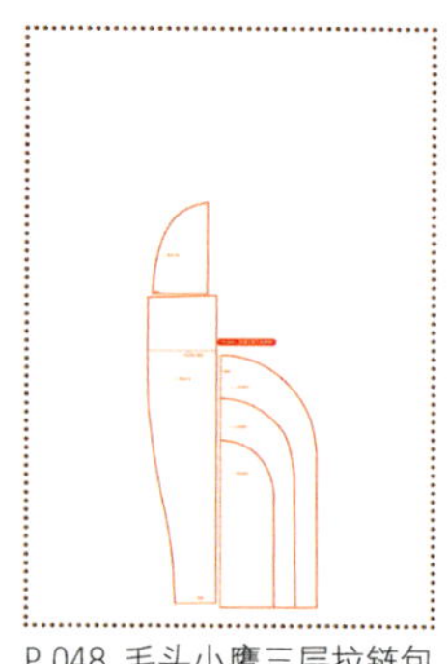

P.048 毛头小鹰三层拉链包
（B 面）

P.055 轻巧随行双拉链三用包
（A 面）

P.060 玩乐猫立体口袋后背包
（B 面）

P.066 法斗犬双束口后背包
（A 面）

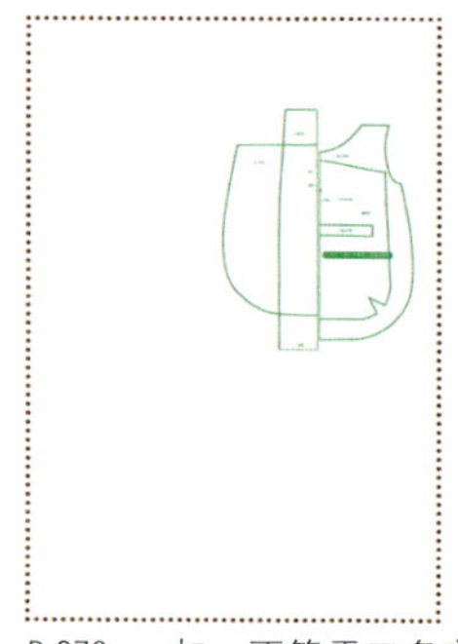

P.070 一加一不等于二多变狐狸包
（B 面）

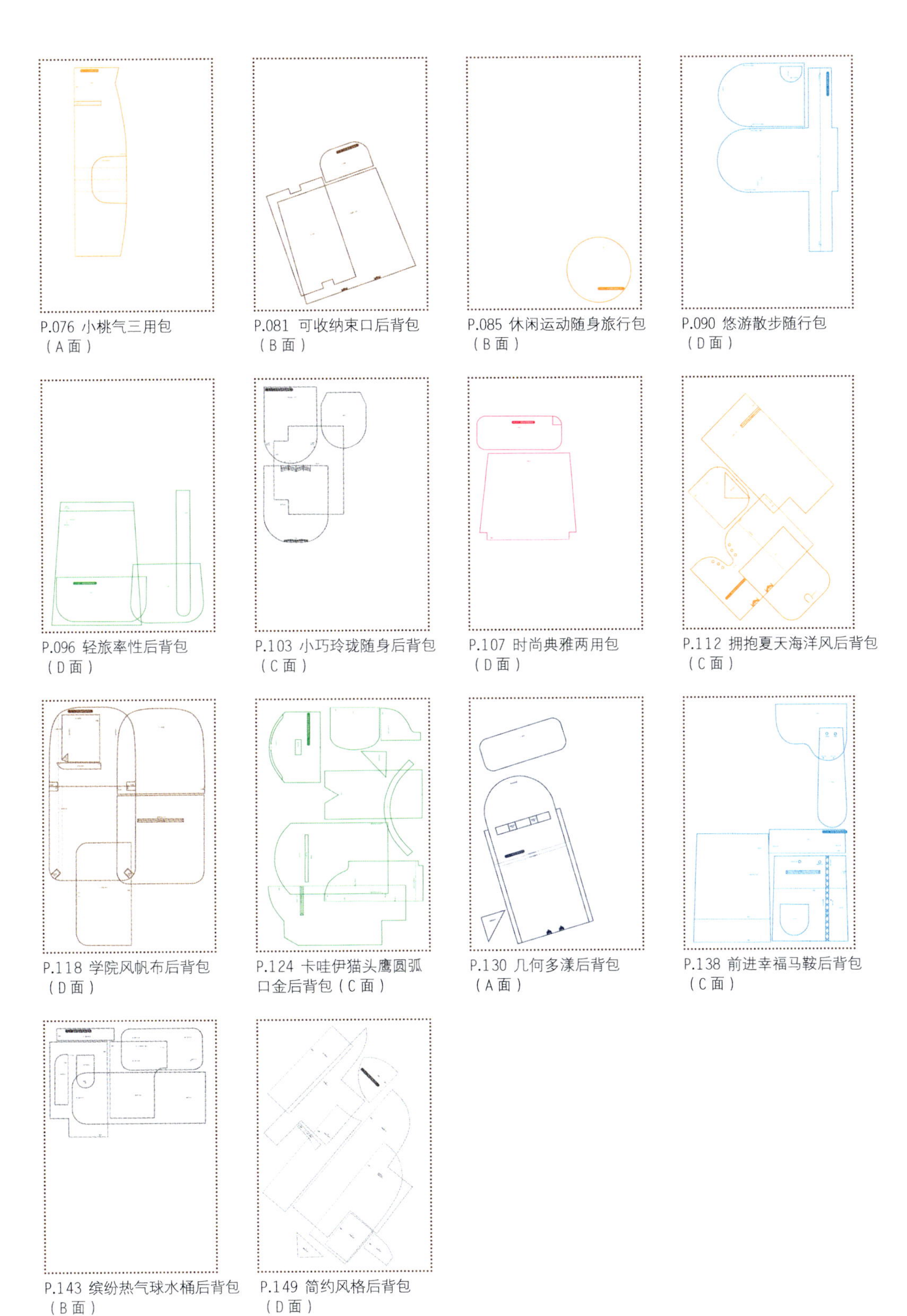

P.076 小桃气三用包（A 面）

P.081 可收纳束口后背包（B 面）

P.085 休闲运动随身旅行包（B 面）

P.090 悠游散步随行包（D 面）

P.096 轻旅率性后背包（D 面）

P.103 小巧玲珑随身后背包（C 面）

P.107 时尚典雅两用包（D 面）

P.112 拥抱夏天海洋风后背包（C 面）

P.118 学院风帆布后背包（D 面）

P.124 卡哇伊猫头鹰圆弧口金后背包（C 面）

P.130 几何多漾后背包（A 面）

P.138 前进幸福马鞍后背包（C 面）

P.143 缤纷热气球水桶后背包（B 面）

P.149 简约风格后背包（D 面）

图书在版编目（CIP）数据

手作创意双肩包 / 吴珮琳，张芫珍著 . — 北京：中国轻工业出版社，2018.6

ISBN 978-7-5184-1820-6

Ⅰ . ①手… Ⅱ . ①吴… ②张… Ⅲ . ①背包—手工艺品—制作 Ⅳ . ① TS563.4

中国版本图书馆 CIP 数据核字（2018）第 006733 号

责任编辑：林　媛　　责任终审：劳国强　　整体设计：锋尚设计

策划编辑：林　媛　　责任校对：晋　洁　　责任监印：张　可

出版发行：中国轻工业出版社（北京东长安街6号，邮编：100740）

印　　刷：北京富诚彩色印刷有限公司

经　　销：各地新华书店

版　　次：2018年6月第1版第1次印刷

开　　本：720×1000　1/16　印张：10

字　　数：201千字

书　　号：ISBN 978-7-5184-1820-6　定价：58.00元

邮购电话：010-65241695

发行电话：010-85119835　传真：85113293

网　　址：http://www.chlip.com.cn

Email：club@chlip.com.cn

如发现图书残缺请与我社邮购联系调换

171218S6X101ZYW